偏光顕微鏡下の世界 ❶

※写真上：開放ポーラ，写真下：直交ポーラ．（　）内は本文解説ページを示す．

堆積岩

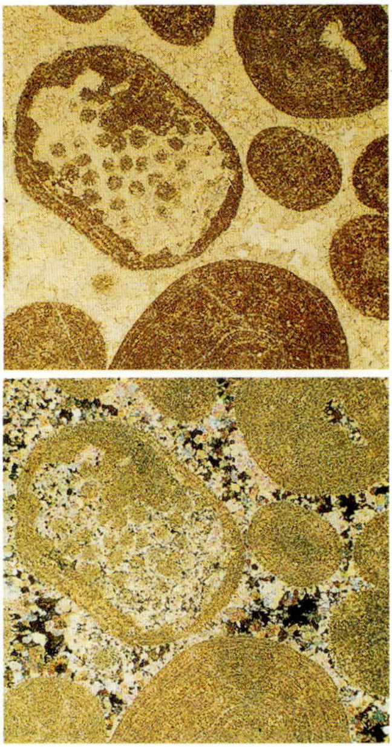

▲魚卵状石灰岩　約20倍　（p.204） 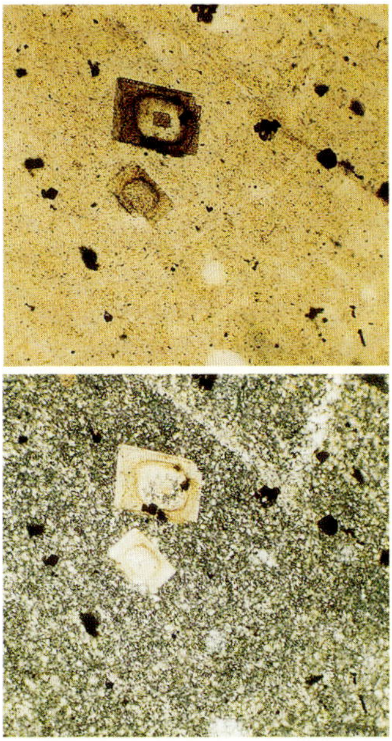　　▲チャート　約20倍　（p.206） 　　▲頁岩（砥石）　約20倍　（p.207）

▲新赤色砂岩　約20倍　（p.202）

▲アメリカ合衆国ユタ州ザイオン国立公園の新赤色砂岩（左の写真の採集地）

偏光顕微鏡下の世界 ❷

※写真上：開放ポーラ，写真下：直交ポーラ．（　）内は本文解説ページを示す．

火成岩

▲ かんらん石玄武岩　約20倍　(p.194)　　▲ 紫蘇輝石普通輝石安山岩　約20倍　(p.194)　　▲ 流紋岩　約20倍　(p.196)

▲ はんれい岩　約20倍　(p.196)　　▲ せん緑岩　約20倍　(p.197)　　▲ 黒雲母花こう岩　約20倍　(p.198)

変成岩

▲両雲母片麻岩　約20倍（p.210） 　　▲緑泥片岩　約20倍（p.210） 　　▲結晶質石灰岩　約20倍（p.211）

▲きん青石ホルンフェルス　約40倍（p.211）
直交ポーラ，右上にきん青石の斑状変晶が見える．

▲隕石　約35倍（p.211）
直交ポーラ，粗粒のかんらん石が黄色く見えている．

▲**化石のクリーニング(上)と整理(右)**
上：エアースクライバーを使って、二枚貝化石の周りの母岩を取り除く。
右：クリーニングが終わった化石標本は、もろぶたに収納し、保管しておく。

▲**ケヤキの葉の化石**
大きな単鋸歯が特徴，新生代の地層からよく発見される。

◀**肉食恐竜 Albertosaurus の歯の化石**
恐竜の歯化石は短剣のような形をしている(左)．カーブした部分を拡大してみると鋸歯があるのがはっきりとわかる(右)。

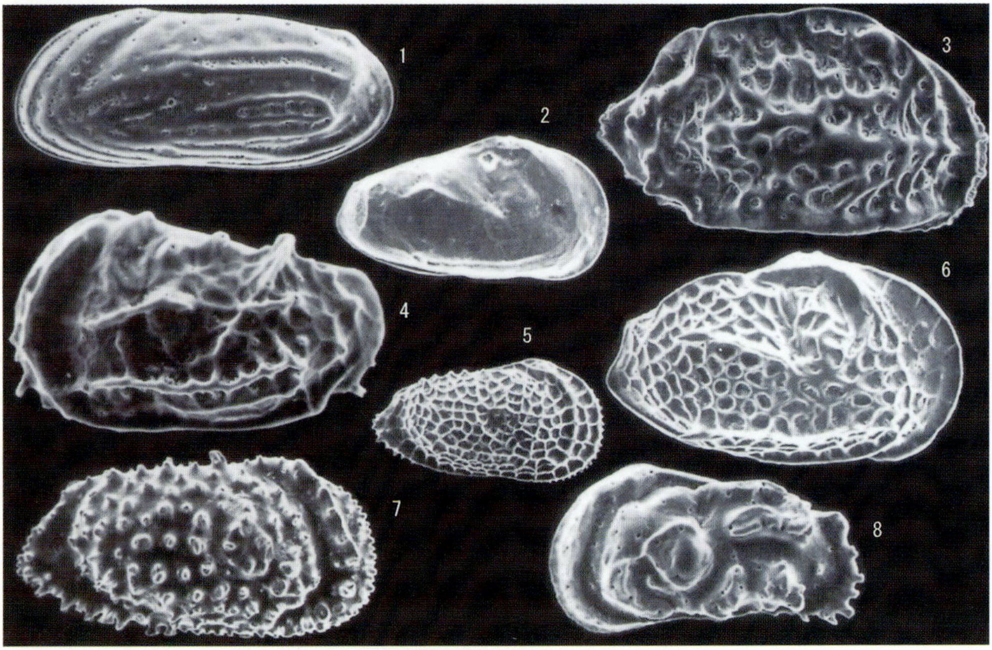

▲**いろいろな貝形虫** 　1：*Moosella tomokoae*（×65），2：*Spinileberis furuyaensis*（×77），
3：*Shizocythere kishinouyei*（×77），4：*Neocytheretta* sp.（×162），5：*Trachyleberis* sp.（×49），
6：*Spinileberis quadriaculeata*（×77），7：*Trachyleberis scabrocuneata*（×49），8：*Cornucoquimba rugosa*（×77）

新版 顕微鏡観察シリーズ 4

岩石・化石の顕微鏡観察

井上 勤 監修

地人書館

まえがき

"ミクロの世界"への手引き書として書かれた「顕微鏡シリーズ」が発刊されてから，18年がたちました．類書が少なかったためか，多くの人々に愛用され，喜ばれたり，ご批判をいただいたりしました．

その間，顕微鏡そのものの機構はもちろん，顕微鏡による実験観察法も飛躍的に進歩し，また，観察の手法や素材にも新しいものが出現してきました．そこで，現状に合わない箇所を訂正し，改訂版として発刊することになりました．

改訂版の制作にあたり，顕微鏡および手法の進歩を考慮し，新しい観察材料・テーマを取り上げるとともに，すでに過去のものと考えられていたものの中に重要なことが見落とされていないか，「温故知新」の気持ちで，顕微鏡による観察と探究を見直してみました．

本シリーズでは，顕微鏡観察の対象となる実験材料を，いつどこで，どうやって採集したらよいか，実験材料はどうすれば飼育・培養できるか，美しく見やすいプレパラートを作るためにはどんな器機器具を用いたらよいか，固定や染色を失敗しないためのコツは何か，写真やスケッチなど観察の記録はどのようにとるのがよいのか，など，顕微鏡を使って観察している人たちが，疑問に思ったり，知りたがったりしている事柄を，わかりやすく解説してあります．

また，旧版の意図を継ぎ，ただ単に「顕微鏡を用いて自然を観察する」だけでなく，「進んで自然の機構を探究する」ための心がけが養えるように編集しました．

このシリーズは全4巻から成っています．第1巻では，顕微鏡の基礎光学と構造および正しい取り扱い方，簡単なプレパラートの作

り方，記録の取り方，写真撮影の仕方など，顕微鏡観察全般にわたる基本的な事柄が述べられています．また，テレビやコンピュータと連動させて，顕微鏡の機能を広げる工夫や画像処理にも触れました．第2巻は応用編パート1として，植物を材料とした顕微鏡による観察とその探究の仕方，第3巻は応用編パート2で動物を材料とした観察・探究法を解説しました．第4巻は応用編パート3として，岩石と化石を材料に，実体顕微鏡を使った化石・微化石の観察，岩石薄片の作り方，および偏光顕微鏡の原理とそれを用いた鉱物識別法などを紹介しました．いずれも，生物や岩石のベテランの先生方に，それぞれ得意な分野を分担執筆いただき，ちょっとしたコツやノウハウをできる限り紹介し，より実践的な内容になっています．

　また，初めて顕微鏡を使って観察する人にも，日頃顕微鏡を使って研究をしている人たちにも充分に利用していただけるよう，初歩から応用までを工夫して解説しました．

　なお，このシリーズでは，学生用の双眼顕微鏡を中心に話を進めていきますが，単眼の鏡筒上下式など，それ以外の顕微鏡でも対応できるように構成してあります．また，岩石や化石を扱う第4巻では，双眼実体顕微鏡と偏光顕微鏡を主に用いますが，中学校や高等学校で普及している簡易型偏光顕微鏡についても解説しています．

　本書を手にされた多くの人たちが，顕微鏡の操作に慣れ，使いこなし，ミクロの世界を楽しみながら，専門家のような新発見をする，本書がそんな手助けになることを期待しています．

平成13年2月　　　　　　　　　　　　　　　　　　　　井上　勤

目　次

まえがき

第1章　岩石や化石を顕微鏡で見るということ　　［榊原雄太郎］
1. 偏光の研究と偏光顕微鏡の歴史 …………………………………… 2
2. 化石の顕微鏡観察 ……………………………………………………… 5

第2章　化石と地層の観察　　［松川正樹・大久保　敦］
1. 化石とはどんなものか？ ……………………………………………… 8
   化石とは何か　8　／　化石から何がわかるのか　8
   化石となった生物の生活の仕方と化石の産状　10
2. 化石がいつの時代にいたのか？ …………………………………… 12
   柱状図　12　／　地層区分と地層名　16
   地質時代の決め方　17　／　堆積した環境を読み取る　23
3. 大型化石の採集・整理法 …………………………………………… 24
   情報を知るには　24　／　化石採集の道具や服装　24
   化石を見つけたら　25　／　何を記録しておくのか　26
   化石のクリーニングと整理　27
4. 化石から過去をさぐってみよう …………………………………… 29
   アンモナイトの進化を調べよう　29
   恐竜の歯か，植物の葉か　41
   二枚貝化石から幼生生態をさぐろう　44
   恐竜の足跡？　それともダイナマイトの爆破孔？　47
   植物化石から古気候を調べよう　55

第3章　微化石の観察　　［猪郷久治・林　慶一］
1. 微化石とは？ ………………………………………………………… 66
   微化石が含まれる岩石　67　／　微化石の採集方法　69
2. 双眼実体顕微鏡の使い方 …………………………………………… 71

3．紡錘虫の顕微鏡観察 ……………………………………………… 73
　　紡錘虫の薄片作成法　73　／　紡錘虫の顕微鏡観察　77
　　紡錘虫の進化　81　／　紡錘虫の分類と属の同定　82
　　紡錘虫からわかること　82
　4．コノドントの抽出法と顕微鏡観察 ………………………………… 93
　　抽出法　93　／　コノドントのピッキングと顕微鏡観察　95
　　コノドントからわかること　97
　5．放散虫の抽出法と顕微鏡観察 ……………………………………… 99
　　抽出法　100　／　生物顕微鏡での観察　100
　　分類　101　／　放散虫化石からわかること　101
　6．有孔虫の抽出法と顕微鏡観察 ………………………………………102
　　有孔虫とは　102　／　有孔虫からわかること　103
　7．けい藻の抽出法と顕微鏡観察 ………………………………………103
　　抽出法と観察法　104　／　けい藻化石からわかること　105
　8．貝形虫の顕微鏡観察と応用 …………………………………………105
　　示準化石として　106　／　示相化石として　109
　　顕微鏡観察　110

第4章　鉱物の光学的性質と偏光顕微鏡のしくみ　［榊原雄太郎］

　1．鉱物の光学的性質 …………………………………………………120
　　方解石と偏光板による実験　120
　　複屈折および光学的等方体と光学的異方体　124
　　光軸　126　／　偏光　126
　2．偏光顕微鏡のしくみ ………………………………………………127
　　偏光顕微鏡の原理　127　／　偏光顕微鏡の構造　130
　3．偏光顕微鏡の使い方 ………………………………………………138
　　偏光顕微鏡の取り扱い上の注意　138
　　偏光顕微鏡の調整　139
　4．簡易型偏光顕微鏡 …………………………………………………144
　　上方ポーラが出し入れできる簡易型偏光顕微鏡　144
　　上方ポーラを回転させる簡易型偏光顕微鏡　146
　5．偏光顕微鏡による光学的観察 ……………………………………149

オルソスコープとコノスコープ　149
　　オルソスコープでの観察　150
　6．偏光顕微鏡観察の記録法 ……………………………………163
　　鉱物のスケッチ　163 ／ 偏光顕微鏡写真の写し方　165
　7．フォトルミネッセンス（発光性）……………………………169

第5章　岩石薄片の作り方と顕微鏡観察の仕方
　　　　　　　　　　　　　［榊原雄太郎・田中義洋・猪郷久治］
　1．岩石薄片の作り方 ……………………………………………172
　　薄片製作の材料　172 ／ 鉄板およびガラス板の面出し　174
　　薄片の作り方　174 ／ 薄片の厚さ　178
　　研磨機を用いた場合の研磨の仕方　179
　　特殊な岩石や鉱物の薄片の製作　182
　　鉱物粒の薄片の作り方　184 ／ 鉱石の表面研磨　185
　2．岩石の染色 ……………………………………………………186
　　カリ長石の染色　187 ／ 方解石の染色　190
　3．岩石の顕微鏡観察 ……………………………………………191
　　火成岩　192 ／ 堆積岩　199
　　変成岩　208 ／ 隕石　211

第6章　偏光顕微鏡による造岩鉱物の見分け方　［榊原雄太郎］
　1．鉱物の種類と分類 ……………………………………………214
　2．けい酸塩鉱物 …………………………………………………215
　　テクトけい酸塩鉱物　215 ／ フィロけい酸塩鉱物　224
　　イノけい酸塩鉱物　228
　　ソロけい酸塩鉱物，サイクロけい酸塩鉱物　235
　　ネソけい酸塩鉱物　237
　3．けい酸塩以外の鉱物 …………………………………………239
　　酸化鉱物・水酸化鉱物　239 ／ 硫化鉱物　241
　　炭酸塩鉱物　242 ／ りん酸塩鉱物　243
　　ハロゲン化鉱物　243
　鉱物の特徴・性質一覧表 ………………………………………244

テクトけい酸塩鉱物　244　／　フィロけい酸塩鉱物　250
イノけい酸塩鉱物　254
ソロけい酸塩鉱物・サイクロけい酸塩鉱物　262
ネソけい酸塩鉱物　268　／　酸化鉱物・水酸化鉱物　274
硫化鉱物　278　／　炭酸塩鉱物　280
りん酸塩鉱物　284　／　ハロゲン化鉱物　284

全国の化石の産地一覧 ……………………………………287
顕微鏡観察に役立つホームページ ………………………295
参考文献と参考書 …………………………………………299
あとがき ………………………………………………………302
索　　引 ………………………………………………………304
監修者・執筆者一覧 …………………………………………316

第 1 章

岩石や化石を顕微鏡で見るということ

1. 偏光の研究と偏光顕微鏡の歴史
2. 化石の顕微鏡観察

Chapter 1

　皆さんは，河原や海辺で小石拾いをしたことがありますか？　大きい石，小さい石，白っぽい石，黒っぽい石，つるつるした石，硬い石など，さまざまな特徴をもつ石が集まったことでしょう．

　拾った石の表面を磨いてみると，つやが出て色が鮮やかになるだけでなく，縞模様がくっきり浮き出てきたり，石を構成している粒の色や形が見えてくるときがあります．ルーペや実体顕微鏡を使って見ると，さらによくわかると思います．

　石がどんなものからできているかを知るために，もっと拡大して観察したい場合は顕微鏡を使います．しかし，石はそのままでは光を通さないので，薄い石の切片（薄片，プレパラート）を作ることが必要になります．植物の茎の断面を観察するとき，かみそりで薄い茎の輪切りを作りますが，それと同じようなものを石でも作るのです．

　ところで，ふつうの光学顕微鏡は，小さなものを拡大し，形や構造を観察することにはたいへん便利な道具です．岩石や鉱物の観察には，偏光顕微鏡という特殊な顕微鏡を用いて，岩石を構成する一つ一つの鉱物を，その光学的性質の違いから見分けます．

　偏光顕微鏡は，観察するものを拡大するだけでなく，偏光を当てて屈折率の違う光を分け，さらにもう一つの偏光装置によって互いに光を合成（干渉）させて特有な色（干渉色）を作り出します．干渉色は，それぞれ鉱物によって異なるので，その鉱物が何であるかがわかります．また，干渉色の特徴を活かせば，石英や長石のように色のない鉱物でも，染色などの処理をせずに鉱物の種類を決めることができるのです．

1 偏光の研究と偏光顕微鏡の歴史

　顕微鏡の発明は，オランダの眼鏡職人ヤンセンが1600年頃に2個

第1章　岩石や化石を顕微鏡で見るということ

の凸レンズを用いて物体を拡大して見たことが始まりで，このことが微小生物の観察の研究の幕開けとなりました．1665年にロバート・フック（イギリスの物理学者）がコルクの観察から細胞の記載を行ったことから細胞についての研究が進み，1838年にシュライデン，1839年にシュワン（ともにドイツ）により，細胞説が提唱されました．

　岩石の分野でも，それらを構成する最小単位についての研究があり，1781年にアユイ（フランス）の提唱した方解石の形態と化学的組織の関係はよく知られています．1895年にレントゲン（ドイツ）によって発見されたX線により結晶の研究が進み，1912年のラウエ（ドイツ）のX線回折，1914年にはブラッグ父子（イギリス）がX線の波長から結晶のイオンの配列などを明らかにしました．鉱物を構成する原子の配列はX線により測定され，結晶構造の最小単位は a_0, b_0, c_0 としてその大きさを表し，単位格子(unit cell)と呼ばれました．細胞というイメージが鉱物にもあることには興味深いものがあります．

　偏光についての研究は，1669年にバルトリン（デンマークの医師）が方解石を用いて複屈折を発見し，1678年にはホイヘンス（オランダ）が光の波動理論の説明を行っており，1808年にマリュス（フランス）は反射した光が偏光であることを方解石を用いて発見しています．1812年にブルースター（スコットランドの物理学者）は，反射光が偏光となるような屈折率と入射角との関係を表す法則を明らかにしました．そして，1829年にニコル（スコットランドの物理学者）は，1本の偏光を得るプリズムを発明しました．これはニコルプリズムといわれ，つい最近まで，すべての偏光顕微鏡に2個ずつ取り付けられていたものです（写真1.1，写真1.2）．

　ニコルは偏光により植物繊維の観察を行っていたともいわれています．偏光を用いた地質鉱物の研究は，1851年にソービーが友人のウイリアムソンから薄片の作り方を学び，作成した論文が最初であるといわれています．そして，ツィルケル（ドイツ）はイギリスに

*）ニコルプリズムの発明年は，1828年，1829年，1830年の3通りの記述がある．

Chapter 1

写真1.1 偏光顕微鏡に使われていた方解石の偏光装置（ニコルプリズム）．左が上方ニコル，右が下方ニコル．

写真1.2 ニコルプリズムの側面．右の下方ニコルでは方解石のプリズムの自然の面を削った両端が見える．

渡り，ソービーから研究方法を学び，ローゼンブッシュ（ドイツ）とともにドイツの偏光顕微鏡による岩石学のメッカとして，活躍した功績はよく知られています．1881年には，日本の小藤文次郎もドイツへ留学しています．

ニコルの発明したニコルプリズム（写真1.1，写真1.2）は，二つの偏光の屈折率の違いを利用して，まず方解石で四角柱を作り，一つの偏光が反射して外に出るような角度で，斜めに切ったもの二つを作り，その二つをカナダバルサムで張り合わせ，1本の偏光のみを通過させるように作られたプリズムです．このニコルプリズムに使われる方解石は，極めて良質なもので完全に透明なものでなければなりません．このため，偏光顕微鏡に使われるほどの大きさの方解石だけでも高価なものになっていました．

1932年にランド（アメリカの発明家）は，たくさんの結晶を一定方向に並べたものを透明のプラスチック板に加工した偏光子を発明し，ポーラロイド（偏光板）という名を付けました．しかし，完全な直線偏光，耐熱性，耐久性などに問題があり，偏光装置として実用化されるまでには時間がかかりました．ニコルプリズムに変わって低価格で偏光が得られるような「偏光板」が実用化されるようになったのは，その十数年後のことですが，現在の偏光顕微鏡のほとんどに，偏光装置として偏光板が用いられています．

近年では，顕微鏡の形式も使いやすいように改良が加えられています．例えば，従来は，顕微鏡のピントを合わせるのに鏡筒を上下

させましたが，ステージ（載物台）を動かすものが多くなっています．また，接眼レンズに傾斜がつけられたり，双眼になっていたりして観察がしやすくなっているものもあります．これらのことは，たいへんな進歩ですが，接眼レンズの部分に傾斜をつけるためにプリズムあるいは鏡が付け加えられているので，観察する偏光の振動方向についての確認が必要です．

　偏光顕微鏡はステージが回転するので，左右のレンズの視点の調整が行われていないと視神経にかなりの疲労が加わることになります．また，接眼部が双眼となっている機種では，一つの偏光をプリズムあるいは鏡によって180°反対方向の左右に分けるので，そのために左右の偏光が異ならないように調節する部品が必要です．

　最近の顕微鏡でよいことは，光源が顕微鏡に内蔵されていることです．したがって，反射鏡のない機種もあり，さらに光源ランプに明るい電球が用いられ，光源にフィルターも付けられており，別個の光源を用意したり，それらの光源の色によるフィルターやそこから出る熱の心配もなくなります．このような機種は，それほど高級なものでなくても部分的に改良されています．このように，偏光顕微鏡の外観や装備はたいへん変わってきていますが，原理や機能は同じなので，一度使い方を覚えれば，高級なものでも簡易型のものでも，どんな機種でもすぐに使えるようになります．

2
化石の顕微鏡観察

　本書では，化石や微化石の顕微鏡観察法も取り上げています．ふつう化石というと，皆さんは何を想像するでしょうか？　三葉虫やアンモナイトでしょうか？「一体化石の何を，どうやって顕微鏡で見るのだろうか？」こんなふうに思われた人もいるかもしれません．

Chapter 1

　大型化石の体全体の観察は顕微鏡を使わなくてもできますが，殻や骨格，歯など分解した部位の化石の観察には，実体顕微鏡や光学顕微鏡が必要になってきます．例えばアンモナイトの殻には縫合線というつなぎ目の線があり，この線のパターンによってグループ分けをするのですが，縫合線の形は複雑なので，実体顕微鏡での観察が不可欠です．

　また，化石の中には，有孔虫やけい藻，貝形虫(かいけいちゅう)，放散虫など，体が微小で，双眼実体顕微鏡を使わないと見分けがつかない微化石もあります．ごく小さな微化石ですが，紡錘虫（フズリナ）やコノドントのように，示準化石として地層の時代を決めるのに役立ったり，貝形虫のように，示相化石として古環境や過去の環境変動の手がかりとなるなど，重要なものがたくさんあります．小さな微化石の抽出や観察は，慎重さと根気のいる作業ですが，それら結果の蓄積から地球史が大きく変わることもあります．また，大型化石に比べて材料を入手しやすいので，取り組まれてみてはいかがでしょうか？

　本書では，まず「化石編」として，第2章で大型化石の採集・観察法を，第3章で微化石の採集・抽出・観察法を述べました．第4章からは「岩石編」で，第4章で鉱物の光学的性質と偏光顕微鏡の仕組み・取り扱い方，第5章で岩石薄片の作り方，第6章で造岩鉱物の識別法を解説しました．

　一見，並列的で盛りだくさんの内容ですが，一貫したテーマがあります．それは，「地球を知る」ということです．岩石を構成している一つ一つの鉱物は，生物体を構成する細胞と同じように，地球を構成する最小単位と考えることができますし，化石や微化石を調べることはすなわち地球の歴史を知ることです．岩石や化石の観察の楽しさを伝えることはもちろん，読者の皆さんが顕微鏡操作や作業に慣れ，やがて自分なりの研究テーマを見つけてほしい，そんな願いを込めて本書は執筆されました．大いに活用してください．

第2章

化石と地層の観察

1. 化石とはどんなものか？
2. 化石がいつの時代にいたのか？
3. 大型化石の採集・整理法
4. 化石から過去をさぐってみよう

Chapter 2

1 化石とはどんなものか？

1 化石とは何か

化石とは，過去の生物の遺骸や生活の痕が地層中に保存されたものです．そのために，動物は殻や骨格，植物は材組織など，生物体の硬くて腐りにくい部分が化石として認められます．化石として観察される生物体は，構成していた硬い組織，それが他の物質に置換されたものやその印象（型）です．ごくまれに，氷づけのマンモスやミイラ化した動物のように，軟体部がそのまま保存されたものもあります．これら生物体が保存されたものを"体化石"と呼びます．また，生活の活動の痕としては，足跡，かじり痕，はい痕，巣孔，糞などがあり，"生痕化石"と呼びます．

"大型化石"とは，一般に，光学顕微鏡や電子顕微鏡を使わないで身体全体を観察できる化石をさします．しかし，大型化石の殻，骨格や歯など分解した部分化石の観察には，顕微鏡が使われます．

2 化石から何がわかるのか

人類はいつ頃から出現したのだろうか？　この地球上で今現在生活している生物は，大昔からその場所で生活していたのだろうか？例えば，1億年前の地球上には，どのような種類の生物が，どのくらいの個体数，どこにすんでいたのだろうか？　また，化石を取り囲む環境や自然はどのようになっていたのだろうか？……

これらの疑問を解くために，1億年の自然が残されている地層や1億年前に生存していた生物の化石を調べます．そうすれば，1億年前の生物の種類，個体数やその生物を取り巻く環境が理解できるようになります．そして，現在との比較により，1億年の時間経過の間に生物種の出現や絶滅があったことを読み取ることができ，ま

た，生物種の出現や絶滅の要因について探ることが可能になるのです．これらの考察のために，化石を調べることは意義のあることなのです．

　化石を調べるときは，(1)その生物自身の生活の仕方について，(2)その生物がいつの時代にいたのかについて，を考察します．

　例えば，私達が化石採集に出かけて，地層の中にある二枚貝の化石を見つけたとき，それが「二枚貝の化石である」とわかったのは，私達が二枚貝の形を知っていたからでしょう．もしも，その化石が食用となるシジミやアサリの仲間であれば，その属や種まで同定することが可能になります．さらに，シジミやアサリが海に生息するものか，川や湖にすむのかまで推定できます．また，このことから，その二枚貝の化石が含まれる地層ができた当時の環境までわかるのです．

　しかし，この推定方法では，地層中に見つけた1個の二枚貝の化石が，その場所で生活を営みそのまま化石になったものか(現地性)，それとも生活していた場所から運ばれてきて化石になったものか(異地性)を判断することはできません．もしも，遠くから運ばれてきたものであるならば，その二枚貝の化石を含む地層のできた環境は必ずしも，その二枚貝が生活していた環境とは一致しません．このことを頭の中に入れておかなければ，誤りをおかすことになります．

　正しく理解するためには，地層中で見つけた1個の二枚貝の化石が，どのように生活を営み，そしてどのようにして化石になったのかということを，地層から読み取らなければなりません．その方法として，化石の種類，産出個体数，化石の産出する状態，化石の埋没している状態，化石が地層から産出する順序，保存状態などの観察があげられます．これらをまとめて化石の産状といい，この観察により，過去の生物の生活の仕方や自然環境について推定できるようになります．

3 化石となった生物の生活の仕方と化石の産状

化石の産状は，化石となった生物の生活の仕方や食性などの生態や堆積環境を推定する際に大きな手がかりとなります．これらの推定には，化石の産状のほかに，化石を含有している地層の種類，粒度や堆積構造などが重要な要素になります．野外における化石の産状観察では，その化石が生息していた当時のままの姿勢で化石となった場合が見つかります．このような化石の産状は，化石となった生物の生活の仕方や食性を知る手がかりとなり，現生生物との比較研究は不可欠です．例えば，二枚貝のような底生生物の生活型は，大きく分けて二つのタイプに区分されます．すなわち，海底または岩石等の内部で生活する内生型と，海底表面で生活する表生型です（図2.1）．

内生型はさらに，以下の二つの型に区分されます．
(a) 水底に潜入する：水底の砂泥に孔をあけてすみ，水管で呼吸，採餌． 例）ハマグリ，ナミガイ
(b) 岩石，木材に穿孔する：岩石または木材に化学的，物理的に穿孔する． 例）キヌマトイガイ

表生型はさらに，以下の三つの型に区分されます．
(c) 殻で固着する：殻で水底の地物に固着．例）カキ
(d) 足糸で固着する：足糸で水底の地物に固着．例）イガイ

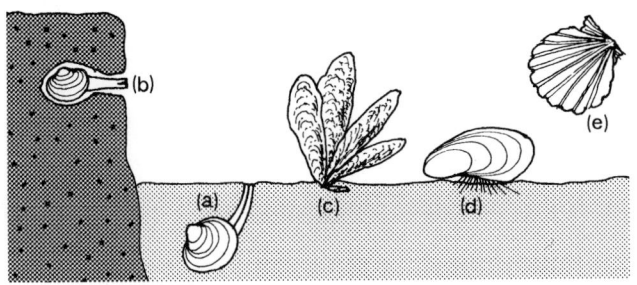

図2.1 二枚貝の生活様式．内生型(a)(b)と表生型(c)(d)(e)．

(e) 一時的に遊泳する：殻の開閉による反動で一時的に遊泳.
　　例）ホタテガイ

それぞれの生活型を示す二枚貝は，殻の形態，筋肉痕に共通な特徴が認められます．その特徴は，以下の通りです．

(A) 等殻，双筋，套線が湾入するものとしないものがあるが，概して水底に深く潜入するものは套線が深く湾入する．
(B) 殻は円筒型，前部に凹凸の模様が発達している．
(C) 右殻または左殻がよくふくれて，殻頂部に固着面ができる．単筋である．
(D) 等殻または左殻が右殻より大きく強くふくれて，耳状部が発達するものもあり，単筋または不等筋.
(E) 右殻が強くふくれ，殻は一般的に薄く，単筋.

したがって，たとえ，絶滅した二枚貝でもその生活の仕方を推定することができ，同じ系統の二枚貝の時代的な生活の仕方の変遷を検討することも可能となります．

このように，さまざまな生活型を示す二枚貝のうち，内生型のものは現地性の化石となりやすいのですが，水底の表面付近にすむ内生型の二枚貝は，流れや波によって洗い出されて移動してしまうことがあります．その場合，二枚貝の殻片の埋没姿勢や配列方向から，堆積時の流体力学的な情報も得られます．例えば，流速の比較的強いところの堆積物の中では，殻片が凹面を下に向いている率が高くなります．このように，野外で観察される化石の産状から，現地性か異地性かを判断します．

例えば，二枚貝の現地性化石の判定基準は，以下のようなものがあげられます．

①両殻片の合わさった個体の頻度が高い．
②殻片が二枚合わさっているうえ，堆積物の中で生息時の姿勢をとっている．
③両殻片がはずれているが，各々の頻度はほぼ同じである．

④殻の表面の磨耗や破損の程度が低い．
⑤殻の表面にフジツボ，コケムシなど，二次的に生物が付着している．
⑥構成種の多くが近接の地点で相伴って産出する．

2 化石がいつの時代にいたのか？

1 柱状図

　化石は，ほとんどの場合，地層中に含まれます．その地層がいつの時代のものであるのかを決定することができれば，化石となった生物が生きていた時代がわかります．ふつうは，より古い時代にできた地層はより下になるし，より新しい時代にできた地層はより上に重なります（地層累重の法則，p.19②参照）．
　ある地域での地層の重なる順序を理解するためには，野外で，できるだけ連続した地層が露出する部分を多く探し出すことです．そして，柱状図と呼ばれる1枚1枚の地層の岩石の種類，粒度，厚さとそれらの重なる順序を示した図を作ります（図2.2）．これにより，ある地域の一番下に存在する地層から一番上に重なる地層の順番がわかるのです．

1）各個柱状図（図2.2）

　一般的には，ある地域の層序（地層の重なる順序）を理解する場合，小さな崖で作られる柱状図をいくつもつなぎ合わせます．このような柱状図を特に各個柱状図と呼んでいます．各個柱状図は，小さい崖で作られる場合やルートマップから作られる場合があります．特に小さい崖で作られる場合は，第四系などの水平層で作成する際に，

図2.2 各個柱状図．柱状図間を結ぶ線は岩相対比を示す．

Chapter 2

写真2.1 ハンドレベルを用いて,水平に近い傾斜角の精度を上げる.

露頭(岩石や鉱脈が地表に露出しているところ)に直接折尺や巻尺を当て,さらにハンドレベルを用い,水平に近い地層の傾斜角の測定などによって作成されます(写真2.1).一方,ルートマップから作られる場合は,中生層や古生層にみられるように,傾斜している地層から作成する際に用いられます.

　各個柱状図作成上の注意事項は,ルートの高度差を考慮することで,特に地層の傾斜が緩い場合には層厚が正確に表されにくいこと,また,ルートマップの精度が悪い場合にも層厚は正確に表されないことを知っておきましょう.

　各個柱状図の表現方法として,柱状図の両側を直線にする場合と,片側に凹凸をつける場合があります.特に図2.2は露頭の実感が表れるように示したもので,侵食や風化作用に対して,強い岩相を凸にし,弱い岩相を凹に表現しています.このようにすれば,地層の区別は明瞭になるし,層厚の薄い地層の見落としが少なくなります.

　柱状図の描き方は次の手順で行います.
①柱状図はグラフ用紙に実測値を縮小して描く.
②岩相の同じ地層を1単位として表現するが,図2.2のように模様を描き入れる.
③岩相の境界,堆積構造の表現もする.観察の細かい調査ほど,模様や記号で表す度合は多くなる.

2)総合柱状図

　ある地域内の各個柱状図を総括して一本にまとめたものを総合柱

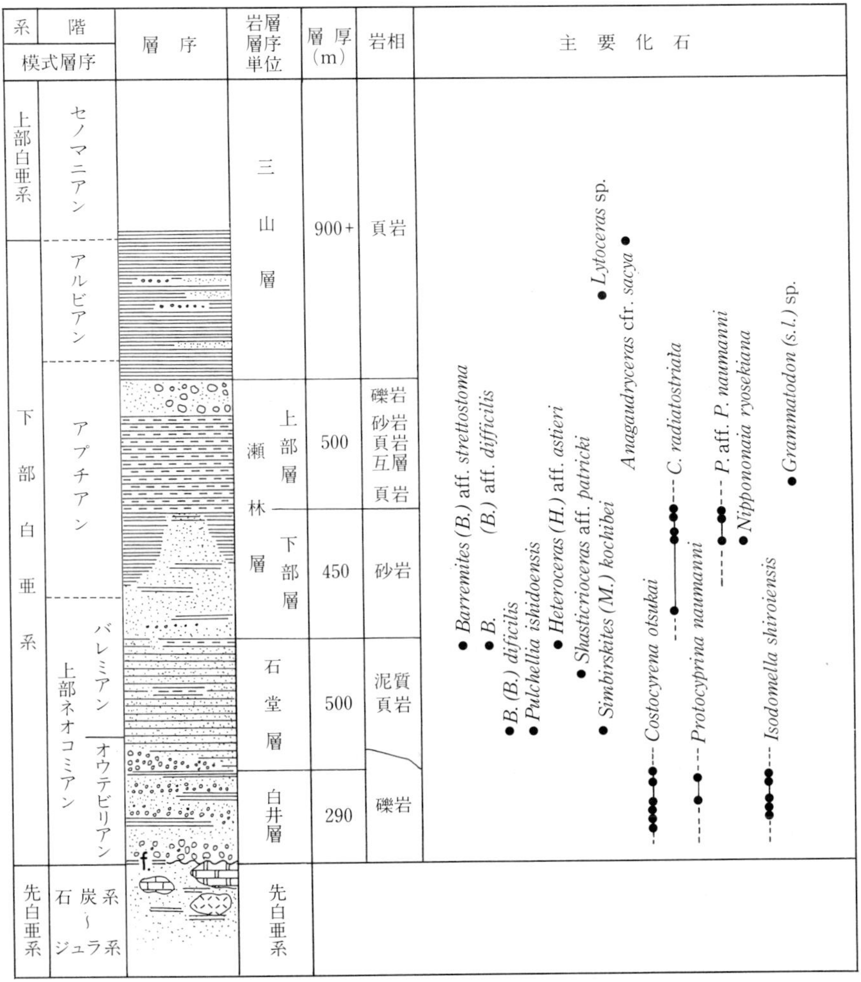

第2章 化石と地層の観察

系 / 模式層序	階	層序	岩層層序単位	層厚(m)	岩相	主要化石
上部白亜系	セノマニアン		三山層	900+	頁岩	
	アルビアン					*Lytoceras sp.*
下部白亜系	アプチアン		上部瀬林層 上部層	500	礫岩 砂岩 頁岩互層 頁岩	*Barremites (B.) aff. strettostoma* ・ *B. (B.) aff. dificilis* ・ *Anagaudryceras* cfr. *sacya* ・ *C. radiatostriata* ・ *P. aff. P. naumanni* ・ *Grammatodon (s.l.) sp.*
			下部層	450	砂岩	*B. (B.) dificilis* ・ *Pulchellia ishidoensis* ・ *Heteroceras (H.) aff. astieri* ・ *Shasticrioceras aff. patricki* ・ *Nipponaia ryosekiana*
	バレミアン / 上部ネオコミアン		石堂層	500	泥質頁岩	*Simbirskites (M.) kochibei* ・ *Costocyrena otsukai* ・ *Protocyprina naumanni* ・ *Isodomella shiroiensis*
	オウテビリアン		白井層	290	礫岩	
先白亜系	石炭系〜ジュラ系		先白亜系			

図2.3 総合柱状図の例

状図といいます．したがって総合柱状図には，ある地域の層序関係，岩相，層厚，化石などが描かれていて，ひと目で理解できるように作成されている必要があります．総合柱状図と地質図が対応するように工夫されていれば便利です．図2.3は総合柱状図の一例です．

②地層区分と地層名

　化石を産出する地層などには，例えば"瀬林層"という具合に名前がついています．日本の場合，地層名は地域ごとに変わるので，その名前を覚えるだけでも大変な労力が必要です．地質学を学ぶ人の中にも，この名前を覚えるだけで地質学が嫌いになる人がいるくらい厄介なものなのです．

　一体，どうして，このようにやっかいな地層名を使わなければならないのでしょうか？　それは，地層名がある地方に分布する地層の特徴を表すためです．また，地層名をつけることにより，研究を進める過程で都合がよくなるからです．すなわち，ある地方の地史(地質学的な歴史；地球の歴史)を組み立てるには，地層の順序，岩相，化石などが利用されます．その際の基礎的単位に地層名が使われます．

　地層名は，地層区分された地層に命名されます．地層区分の方法は，幾通り(一般的には三つまたは四つ)もありますが，岩石の顔つき(岩相と呼ぶ，以下岩相と記す)の特徴とそれら重なり方(層序と呼ぶ，以下層序と記す)に基づいて区分する方法を岩相層序区分といいます．岩相層序区分の基本的な単位は，層(Formation)として観察される物理的性質により認識・定義されます．その定義は以下の通りです．

　①岩石の特徴がある：岩石学的に均一性があり，他から区別できる岩石学的特徴をもつ．すなわち，1種類の岩石または2種類あるいは多種類の岩石のくり返しであること．または，周囲の岩相層序区分単位に比べて一つのまとまった形として認められるほど著しく不均一な組織(例えば，層理面が細かく波打っている漣痕，あるいは，層理面が上下の地層に対して傾いている斜交葉理)をもつこと．さらに，ある地域の層序学的な順序が観察できる(上に重なる地層と下に存在する地層との境界が必ずあ

第2章　化石と地層の観察

る）こと．
②空間的なひろがり：水平的,垂直的な変化が把握できることで，2万5千分の1の地形図に図示できること．すなわち,2万5千分の1スケールの地質図に表現できること．
③命名：岩相層序単位が模式的に発達しているところの地名をつける．この地名は，2万5千分の1の地形図に記されていること．

　このように定着されると初めて地層名がつき，命名された地層は市民権を得ます．しかしながら，炭層(たんそう)，帯水層(たいすいそう)，菊石層(きくせきそう)，三角貝砂岩層，カキ層のようなものには，岩相層序単位の"層"とは別の意味で使われていたり，岩相層序単位の定義のされ方が決められる前に命名されたものがあります．

　岩相層序区分の基本単位は層（Fomation）ですが，部層（Member）や層群（Group）も岩相層序区分の単位です．部層は層より低次の単位であり，ある層で側方に当価に認められる部分，部分に相違がある場合に設けます．したがって，これは特定の形またはひろがりによって定義されず，垂直的な重なりの中での岩相の特徴に対して定義しています．層群は層より高次の単位で，類似する層をいくつかまとめたものです．これは層よりはるかに広いひろがりをもちます．しかしながら，一般的に,部層や層群は必ずしも必要とはしません．

３ 地質時代の決め方

1）地質年代と地質系統

　化石を扱う場合には必ず，石炭紀，白亜紀や第三紀，あるいは古生代，中生代，新生代という言葉が出てきます．これは，地質年代と呼ばれるもので，地質学の対象となり，時代（地質時代）を相対的な時間の関係に基づいて区分した時間単位です.区分の単位は表2.1に示したように，代，紀，世，期の順番に，大区分から小区分までがあります．これは，例えば，中生代・白亜紀・後期という具合に表現されます．

Chapter 2

表2.1　地質年代区分と地質系統区分

地質年代区分の単位	地質系統区分の単位
代（だい）	界（かい）
紀（き）	系（けい）
世（せい）	統（とう）
期（き）	階（かい）

　地質年代は"時間"を表しているので具体的に"物"としては表されません．しかし，実際には，"時間"の概念は地層や岩石や化石などの"物"により理解されます．そこで，その"時間"が"物"として記録されている場合の表し方を別に作る必要性が生じてきます．その必要性に答えてくれるのが地質系統です．これは，前の例と調子を合わせれば，中生界・白亜系・バレミアン階・上部という具合に表現されます．ここに示した例をもう少しくわしく解読すると，中生界という地層，岩石や化石となった生物は，中生代という時代に堆積したり，できたり，生きていたことを示すことになります．この地質時代と地質系統の相違は，砂時計の砂の落ちる時間（地質年代）と砂（地質系統）の相違に例えることができます．

　では，地質年代はどのように，どのくらいの精度で区分されているのかを考えてみましょう．このことが正しく理解されていないと，ある地域の地質の地質年代を決定する際に，その正確度が把握できないことになります．地質年代は，生物の進化により区分されていて，古生代，中生代，新生代という大区分は，動物界にみられる大きな変化（多種類が絶滅し，別の多種類が出現した）に基づいています．生物の進化といっても，動物界の変化が利用されていますが，現実には植物界にも動物界の変化に相当するものが認められ，その時期は動物界に起こる変化より多少時期が早くなっています．

　地質年代の区分の基準となる生物進化は，地層の重なり方と産出する化石の形態変化により説明されます．したがって，地質年代の理解に到達するまでには，

18

第2章 化石と地層の観察

①地層累重の法則に基づく地層の重なり方（岩相層序）
②化石の産出順序（化石層序）

の理解が必要です（地層累重の法則とは，砂や泥が堆積するときには前に堆積したものの上に順に積み重なっていくから，上の地層ほど下の地層に比べて新しいことをいう．層序とは，下から上への地層の積み重なりのこと）．

ところが，岩相層序と化石層序は，上下の変化のみに注目するだけでなく，水平方向の変化も把握されていなければなりません．そこで，対比の概念が必要となります．実は，この対比を正確にできることが，地質年代の理解へとつながります．しかし，対比は，必ずしも時間の同時性を満たさないので，話が多少ややこしくなります．そのことを以下のある地域の地層の地質年代が，決定されるまでの道すじを追って説明してみましょう．

図2.4に示されるように，ある地域をBとしてみます．Bにおける地層の重なり方は，地層累重の法則と岩相の特徴により，下位からa，b，cの順です．これは，同時にBにおける相対的な時間も表し，a，b，cの順に時間が新しくなることを示しています．これと同様に，ある地域Bと距離を隔てたAやCの地域においても，Aでは下位からa→b→c，Cでは下位からd→e→fの順に地層が重なり，それぞれの地域で上下関係に限り相対的な時間が示されます．した

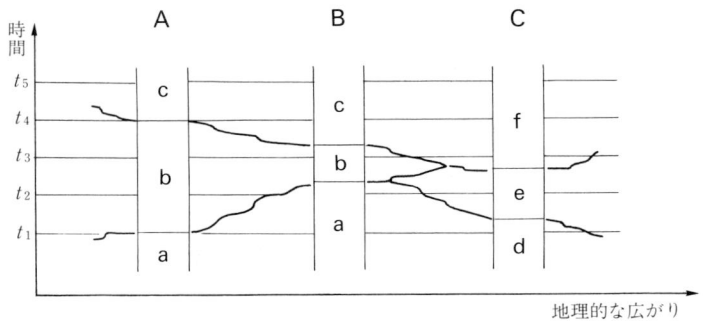

図2.4 岩相対比と同時間面の関係．t_1〜t_5は時間面を表す．

がって，各地域において，それぞれの時間の目盛りを刻むことができるのです．

しかし，各地域で刻んだそれぞれの時間の目盛りは，他地域にも適用できるのでしょうか．答は，図を見てわかる通り，適用できません．その理由として二つ挙げられます．

①地層は他地域まで広がらない（B地域とC地域の関係）．
②たとえ同じ地層が他地域まで広がったとしても，その地層の厚さは同一ではない（A地域とB地域の関係）．

したがって，AとB両地域の地層は対比できますが，時間の同時性を示すことはできません．AとBの関係がこの程度なのですから，A，Bと岩相の異なるCとの関係については，それよりずっと地層の対比が難しくなります．以上のことから，地層は，時間の同時性を示す材料には必ずしもなり得ないのです．

2）示準化石で時代を見分ける

そこで，地層に代わり，時間の同時性を示す材料として利用されている化石，すなわち示準化石について，その精度を考えてみましょう．図2.4のA，B，Cの3地域は，それぞれ距離が隔たり，またそれぞれ岩相，地層の重なり方が異なります．したがって，岩相による対比は不可能です．そこで，化石による対比ができれば，岩相ではできなかった地域間の対比が可能になったと判断されます．

では，時間の同時性は示されるのでしょうか．図2.5を見てください．A，B，Cの3地域において，1～7までの7種の化石（アンモナイトを例とする）が含まれています．各地域におけるアンモナイトの各種の産出層準は，図2.5-（Ⅰ）の柱状図に記号で示してあります．産出層準とは，層序上の化石が産出する位置をさします．ここでは，各々の地域で，多種類のアンモナイトが多層準から産出することが示されています．

次にこの事実から，（Ⅱ）に示されるように，各地域での各種の産

第 2 章　化石と地層の観察

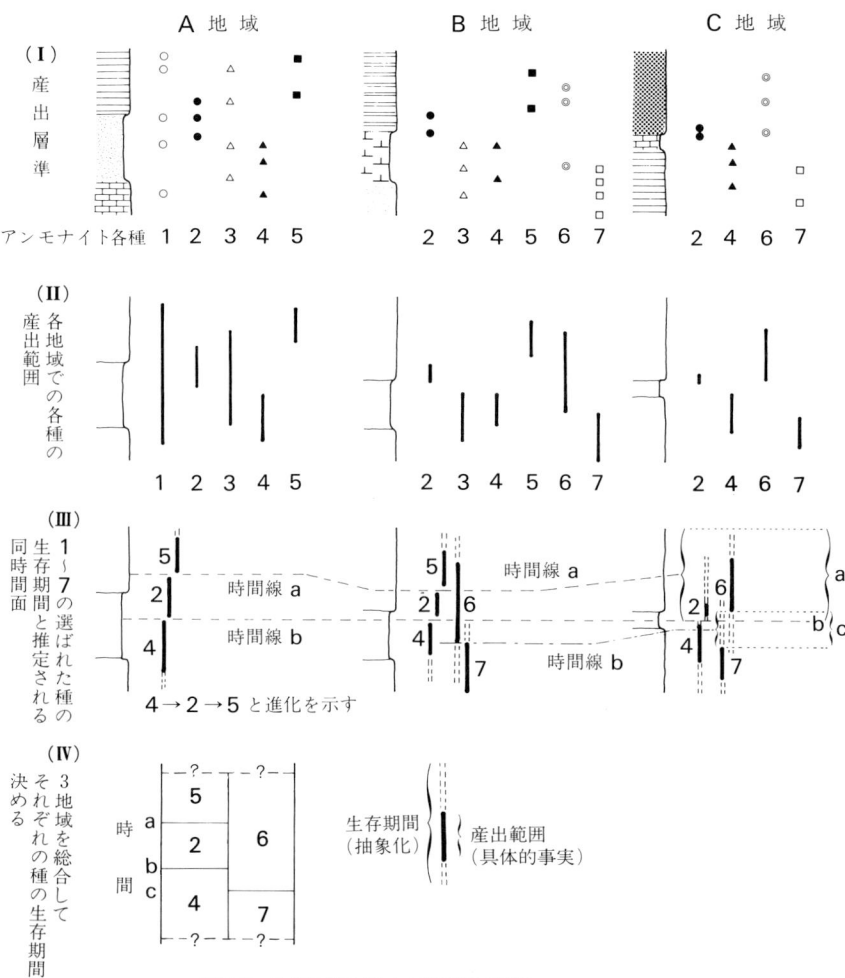

図2.5　化石層序対比と同時間の関係

出期間が決められます．三つの地域を通して，どの地域にも産出する種は，2 と 4 であることがわかります．また，経験的な勘により，三つの地域を通して，産出期間の長い種は 1 と 3 と 6 で，短い種は 2，4，5，7 とわかります．

ここで，産出期間が生存期間にほぼ等しいものと考えれば，各種

21

の生存期間が推定できます．生存期間は時間の長さを表しているので，A地域とB地域，B地域とC地域またはA地域とC地域を比べた場合，同じ種のアンモナイトにより，それぞれの地域の地層の同時性が示されます．この場合，2と4が各地域から産出し，その産出期間が短いので，三つの地域を短い時間の範囲で対比することができます．

　しかし，問題があります．それは，産出期間の長短が環境の相違に起因する場合です．つまり，ある種（例えばアンモナイト5）の産出期間が短いからといって，生存期間も短いということにはならないという解釈です．これは，たまたまA，B，Cの3地域が5の生育環境に適さないために絶滅したように見えるだけで，3地域以外で生存している場合です．その場合には，その種は多地域の同時性を示すための指標でなくなります．

　そこで，各地域の同時性を示すためには，環境に無関係に各地域に共通して産出し，産出期間の短い種が有益になります．しかも，一種だけでなく，多種を組み合わせることにより精度が増します．この例を図2.5-(Ⅲ)で説明してみましょう．アンモナイト6と7はB地域とC地域から産出するので，B地域とC地域の対比に有益であると推定されます．また経験的に，6と7は上下関係があり，B地域とC地域の対比に有益であると推定されます．さらに，6と7に上下関係があることは両地域でのそれぞれの生存期間を示すので6と7の間に時間線cが推定され，時間線cは，BとCの両地域を上下に区分する指標になるのです．

　しかし，時間線cは，A地域での位置を決定することができません．そこで，AとBの両地域から産出するアンモナイトを利用すれば，時間線cの位置は決定できます．A地域とB地域ともにアンモナイト2，4，5が産出し，AとBの両地域とも4→2→5の順に重なり，上下関係が認められます．したがって，それぞれの生存期間が推定され，時間線a，bが設定できます．なお，B地域では，アン

モナイト6，7が産出して時間線cが設定されるので，時間線a，bとの相互関係が明らかになります．これらを総合することにより，A，B，Cの3地域の地層に時間線a，b，cを設定できるのです（図2.5-(Ⅳ)）．

このように，数種の化石の産出期間を組み合せると精度は上がり，時間の同時性を短い誤差の範囲でとらえることが可能になります．しかし，数種のうちには，隣接した地域だけに分布するものも，世界中に広がっていったものもあります．このうち，後者は，岩相が異なっていても，距離が離れても層序上の位置を決めるうえで非常に有益であり，それにより時代を見分けることができます．これが示準化石として利用される理由です．示準化石の例としては，古生代では三葉虫や紡錘虫が，中生代ではアンモナイトが，新生代では貨幣石やビカリアなどがあります．

一方，この示準化石を含む地層が示す地質時代は，層序学上の単元として，それぞれ地質年代の尺度になる可能性をもっています．そして，それらの層序をもちよることにより，地質年代が編纂されます．これが，地質年代が作られるまでの過程です．それぞれの地質年代は地質系統により具体的に示されます．そのそれぞれの地質系統を示す地層の露頭は，模式断面と呼ばれ，それがつくられた地域を模式地といいます．現在認められているすべての地質系統をしめす模式地は，古くから地層の研究が行われていたヨーロッパにあります．ただし，石炭系は，北アメリカにおいては使用されず，かわりにミシシッピ系とペンシルバニア系が使用され，模式地はアメリカ合衆国にあります．

4 堆積した環境を読み取る

示準化石とよく対比して用いられる言葉に示相化石があります．示相化石は，生物が種類ごとにすみ場所が限られていることを利用したもので，地層が堆積した環境（気温，水温，水深など）を推定

するのに役立ちます．

　示相化石の条件として，ある限定された環境に生息していることが重要です．例えばブナは涼しい気候（冷温帯）を示す示相化石，ホタテガイの仲間は冷たい海を示す示相化石です．

3 大型化石の採集・整理法

1 情報を知るには

　化石の採集に出かける前に，化石の産出する新・中・古生代の地層の分布や化石の産地を知る必要があります．それには，その地方の地質や化石の産地にくわしい人に聞くことや，化石採集ガイド，地質調査所発行の5万分の1の地質図，古生物学会発行の雑誌，地学教育学会発行の雑誌「地学教育」，地質学雑誌，大学や博物館の紀要，市町村発行の地方誌や化石の同好会誌を見るのがよいでしょう．これらの文献を見るには，学会員になるか，大学や博物館の図書館，教育センターへ行って調べる方法があります．巻末の資料「全国の化石の産地一覧」も参考にしてください．

2 化石採集の道具や服装

　化石を採集するためには，次のような道具をそろえましょう．
　ハンマー（大型の数kg前後のものと小型の1kg前後のもの），クリノメーター，タガネ（平のみ，丸のみ），地形図（できるだけ縮尺の大きなもの），フィールドノート，ルーペ，筆記具（消しゴム付きシャープペン，色鉛筆，マジックインキ），接着剤，歯ブラシ，新聞紙，サンプル袋，軍手，弁当，お菓子，水筒など．これらを調査かばんとリュックサックに詰めて持っていきます．

第2章 化石と地層の観察

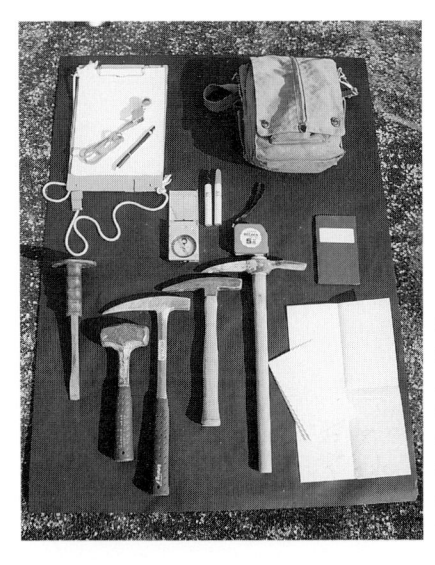

写真2.2 化石採集の道具
右上から，リュックサック，記録用紙とルーペと消しゴム付きシャープペン．中央右から，フィールドノート，メジャー，マジックインキ，クリノメーター．右下から，地形図（2万5000分の1），ハンマー類3種，タガネ用ハンマー，タガネ．

採集の服装は，ハイキングや魚釣りなどの服装と共通の，動きやすくてポケットがたくさんある能率的なものがよいでしょう．

③ 化石を見つけたら

　化石を採集するには，まず新鮮な母岩の出ている露頭を探すことです．露頭のある場所は，海岸，道路の切り割り，沢，川沿いの崖，採石場や工事現場などです．それらの場所が，国有林や都道府県有林などであれば，管轄の森林管理署や林務事務所に行って入林許可証をもらう必要があります．また，個人のものであれば，許可を得なければなりません．

　これらの場所で丹念に探します．地層の中にところどころ丸い塊が入っていることがありますが，これをノジュールといいます．ノジュール（結核，団塊）には，保存のよいアンモナイトや二枚貝などの大型化石が含まれることが多いのですが，これは，一般に砂岩や泥岩にみられることが多く，数cmから1m以上に達するものまであり，しかも周りの岩石とは容易に区別できます．ノジュールの表面

Chapter 2

には，アンモナイトや二枚貝などの大型化石の一部が露出していることがあります．野外で化石の入っていることが確認されたならば，あまり小割りにせずに新聞紙に包んで持ち帰り，室内で取り出しましょう．

　ノジュール以外の泥岩や砂岩にも化石が含まれます．そこで化石を見つけたら，採集しようとする化石は周りにある岩石とともにブロック状に採取し，室内に持ち帰ってから取り出します．

　万が一，化石を破損した場合には，採集に持参した歯ブラシ，接着剤を使って，破損部のゴミを取り除いて，接着・固定して持ち帰ります．化石産地の発見は，すでに見つかっている産地の化石を含む地層の走向・傾斜からその地層の水平方向の延びを予測することや，層序を考えたり，類似の岩相を丹念に探すと，よい結果が得られます．こうして数カ所の化石産地が発見されると，それらの産地の相対的な層序関係がわかるのです．

4 何を記録しておくのか

　化石は，古生物としての研究対象になる反面，地層中に含まれるので，砂や礫(れき)と同様に堆積物としての性質を持っています．そのため，まず化石産地を，地形図・ルートマップに×または⊗印と産地番号で示します．示し方は，例えば，1999年12月6日の第1番目の産地ならば9912061と記入します．また，地域・沢の名前を利用して，例えば間物沢(まものざわ)の10番目の産地ならば Ma-010 とします．ある露頭の近くの転石や，その露頭に由来した転石と思われるものには，その露頭番号のあとにPやFなどの記号をつけます．

　化石を含む地層の岩相・粒度・堆積構造・含有物なども記録します．化石の相対量，保存状態，産状——地層中に含まれているままの姿のスケッチ，化石と地層の層理面との関係，配列状態，二枚貝では凹凸の方向，合弁か離弁か(殻の両殻がぴたりと合わさっているか，ばらばらか)，殻が完全か破片か，幼殻か成殻か——を記録しま

第2章 化石と地層の観察

す．化石が密集する場合には，その水平・垂直方向への変化を記録します．それらは，一般的に露頭のスケッチや見取図に記入し，また，含化石の層準を柱状図中に表現します．これらの観察は，その化石が堆積した当時の物理条件，現地性か異地性か，誘導化石かなどの判断基準となります（p.10～12参照）．

5 化石のクリーニングと整理

野外から持ち帰った標本は，荷ほどきをして整理・整頓します．採集した標本の全体の形や特徴がわかるように，余分な岩石を取り除く作業を室内で行います．この作業をクリーニングと言います．クリーニングの作業は，化石の入った母岩を砂袋にのせて安定させ，気長に，慎重に，根気よく標本についた余分な岩石を取り除きます．

クリーニングには，小型ハンマー，小型タガネ，解剖針などを使います．クリーニングのコツは，タガネにより化石を掘り出そうとせず，衝撃で化石の表面に付した母岩を取り外すつもりで行うことです．小型ハンマー，小型タガネでほぼ岩石を取り除いたら，最後にルーペや顕微鏡で見ながら解剖針を使ってさらに細かな岩石を取り除いて仕上げます．

ノジュールを割るために，万力や油圧式トリマーを使うこともあります．また，クリーニング作業の時間の短縮化のために，エアースクライバー（写真2.4），エアーブラスターやサンドブラスターなどの高価な機械を使うこともあります．ク

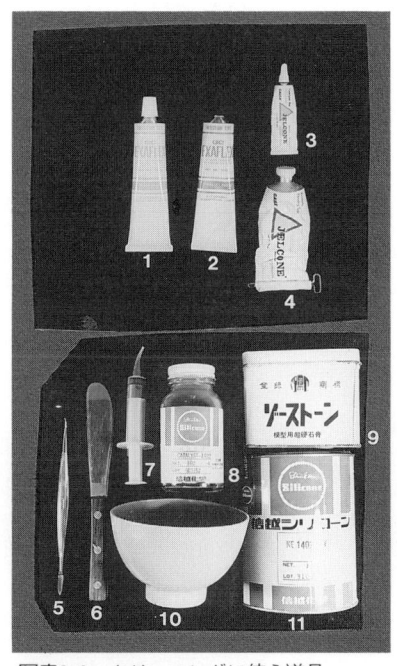

写真2.3 クリーニングに使う道具
1～4：印象材，5：セメントへら（充填・修正用），6：石膏へら（混和用），7：シリンジ（印象材注入器），8：硬化剤，9：石膏，10：ラバーボール，11：印象材

Chapter 2

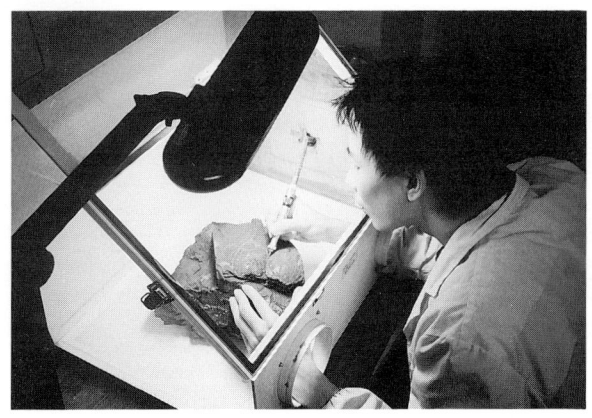

写真2.4　エアースクライバーを使ったクリーニング．
二枚貝化石の周りの母岩を取り除いている．

リーニング中に標本を破損した場合には，破損した部分を即座に探し出して接着剤でつなぎ合わせます．

アンモナイト，二枚貝や巻貝は，多少なりとも不完全で断片的な場合であったり，雌型として産出することも少なくありません．雌型として産する場合には，シリコンゴム印象材や，アルギン酸ソーダや粘土などで雄型をつくり保存しておきます．ちなみに，雌型とは化石が抜けた跡，雄型とは化石本体のことです．

ただし，これらの材料はしばしば時間とともに変形することがあるので，何回かの雌型雄型作成の作業を繰り返して石膏模型をつくるのが一般的です．また，アンモナイトの内部構造や断面の形を調べるために標本を切断する場合には，石膏模型をつくって保存しておきます．これらの材料は，歯科材料を扱っている店に行けば入手

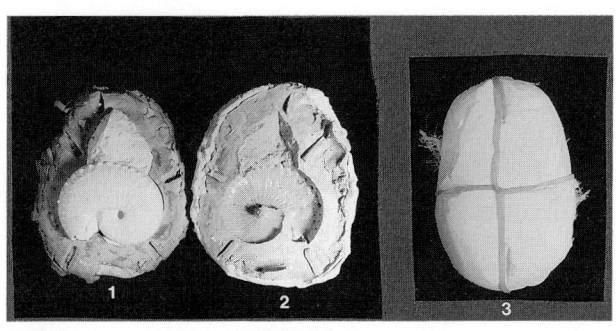

写真2.5　アンモナイトの石膏模型作り
1：雄型，2：雌型，3：石膏模型作製中（輪ゴムなどでしばっておく）

28

第2章　化石と地層の観察

できます．

　クリーニングを済ませ，標本の同定ができたならば，標本を保管しておかなければなりません．化石標本は，同一産地の同一種のものを同一の小箱に入れて整理します．できればガラス付きのものがよいでしょう．小箱の中には，ラベルを必ず入れます．一般

写真2.6　もろぶたに収納された化石標本

には，標本整理番号，分類名（属種の二名法*を用いる，場合により和名を加えてもよい），産地名，産地番号，標本の含まれていた地層名，地質時代，採集年月日，採集者名，備考などを記します．また，標本台帳を作成して，標本ラベルと同じ事項を記載しておきます．標本の入った小箱は，もろぶたと呼ばれる木箱やプラスチック箱または引出しに収納します．また，標本写真，スケッチ，産状の写真やスケッチなどを付け加えておけば万全です．

　＊二名法：18世紀のスウェーデンの博物学者リンネによって考え出された，世界共通の生物名（学名）の表し方．ラテン語を用い，属名＋種小名で生物の種名を示す．例えば，*Venericardia panda* は二枚貝の1種の学名であるが，*Venericardia* が属名，*panda* が種小名である．

4
化石から過去をさぐってみよう

1 アンモナイトの進化を調べよう

1）進化とは
進化とは，ある生物グループから別の生物グループへ分化発展す

Chapter 2

るのに伴い，その生物グループの形態や構造の一部または全体が，地質時代の経過と共に一定の変化（例えば，大きくなる，複雑になるなど）を示すことをいいます．そして，その事実は，化石や遺伝，発生，機能，変異，生化学などのさまざまな証拠により証明され，生物自身の遺伝や変異という必然性と，環境や刺激という偶然性の相互の作用によって進化が起こると解釈されています．

　生物が進化したことは，次の二つの場合から理解することが可能です．一つは地質時代の経過に伴い，あるグループを特徴づける形態の一部または全体が一定の変化を示す場合で，もう一つは同一祖先から枝分れした生物が同一時間面に複数種存在する場合です．いずれの場合も，同一祖先を示す共通の形態をもつことと，枝分かれしたそれぞれの生物が独自の特徴をもつことによって，「進化」したことが示されます．

2）化石から進化をさぐる

　進化は直接観察したり，実験によって再現したりすることができません．すでに絶滅してしまった生物の特徴は化石からしか得られず，逆に言えば，化石からできるだけ多くの情報を読み取ることが重要になります．

　皆さんも知っているたいへん有名な化石に，アンモナイトがあります．このアンモナイトは全世界の海に分布し，異なる地質時代はもちろん，同一時間面においてもさまざまな形態のものが存在します．しかし，殻の内部に見られる縫合線はすべてのアンモナイトに共通の保守性の強い形質で，祖先と子孫の関係を明らかにする際に，また同一祖先から枝分かれした子孫が同一時間面に複数種類存在することを示す際に指標となります（つまり，示準化石です）．

　したがって，アンモナイトは，進化の事実を証明する有力な証拠の一つに数えられ，進化の要因を解釈するうえでの材料にもなっています．

3）アンモナイトとは

　アンモナイトとは，デボン紀に出現し，中生代に繁栄し，白亜紀まで存続した軟体動物門頭足（亜）綱の化石の総称です．

　さまざまな形の種類が知られていますが，多くのものがらせん状に巻いた殻をもっています．殻の内部は，殻口側（軟体部が入る側）に膨らんだ隔壁（セプタ）と呼ばれる仕切りにより，多数の部屋に分かれています．各部屋は殻の見かけ上外側（腹側）にある細い管でつながれていて，最後の部屋（住房）には軟体部が入っています．軟体部はタコに似た形をしていたと推定されますが，成長するに従って，新しい殻を継ぎ足して体の後ろ側に隔壁を作り，最も前にある住房で生活していたようです．

　アンモナイトは，現在，フィリピンやニューカレドニアなどの美しい海にすむオウムガイによく似ています（図2.6）．両者は，殻の基本的な作りはほぼ一致しますが，細かな特徴は異なっています．その外形の異なる点は以下のようなものがあげられます．

　①外殻の厚さ：アンモナイトはオウムガイに比べて薄い．
　②隔壁の凸曲面：アンモナイトが殻口側で，オウムガイは幼殻側．
　③体管の位置：アンモナイトは成長の大部分において背側にあり，オウムガイでは中央部にある．

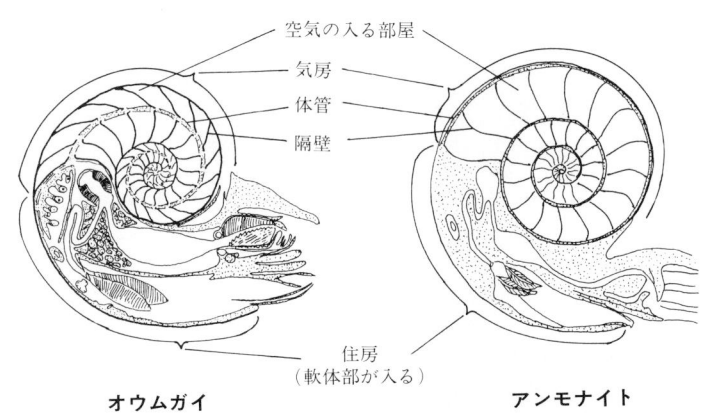

図2.6　オウムガイとアンモナイトの比較

Chapter 2

④縫合線：アンモナイトは複雑で，オウムガイは単純である．アンモナイトの縫合線は，幼殻から成年殻へ成長するにつれて複雑になる．

⑤アンモナイトの殻の厚さは，幼殻から成年殻へ成長するにつれて薄くなる．

⑥アンモナイトの隔壁は，成年殻になるにつれて間隔が狭くなる．

4）縫合線の観察

縫合線とは，隔壁の末端（周縁部）と外殻が接合してできる線のことです．これを観察するためには，歯科技工用へらやナイフを使用して，外殻を丁寧に壊さなければなりません（図2.7）．

外殻をはずすと，ギザギザ模様の縫合線が現れます（図2.8，写真2.7）．この縫合線の褶曲の特徴は複雑なので，実体顕微鏡を用いて観察します．特に，小型のアンモナイト標本には実体顕微鏡が不可

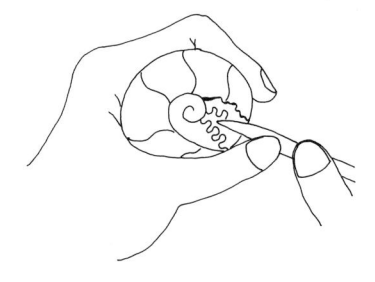

図2.7 外殻の外し方

写真2.7 縫合線と連室細管

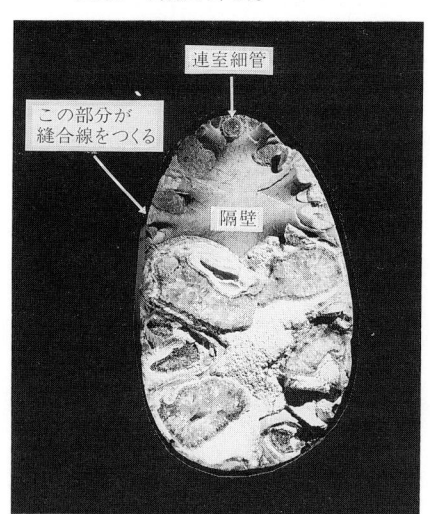

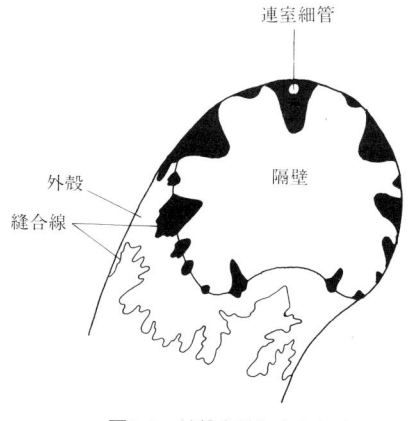

図2.8 外殻を外したところ

第2章　化石と地層の観察

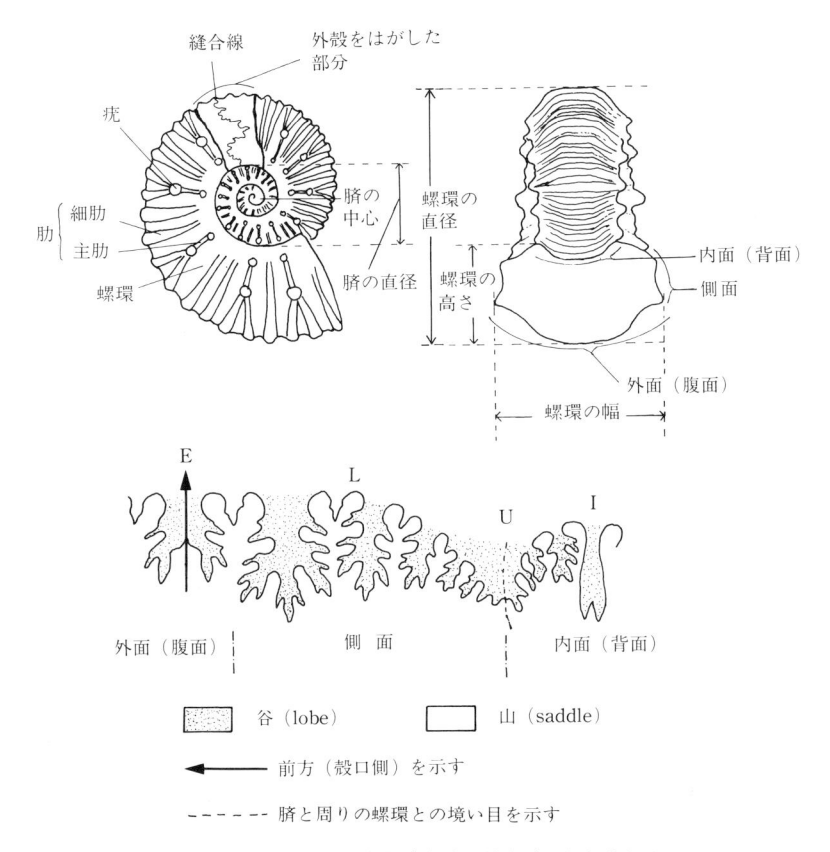

図2.9　アンモナイトの部位名(上)と縫合線の部位名(下)

欠です．描画装置付きの実体顕微鏡があれば，双眼に見える縫合線の褶曲を，ミラーに映されるスケッチ用紙にあてた先の細い鉛筆の先でたどるだけで，スケッチ用紙に縫合線の褶曲が描けます．

　描画装置付きの実体顕微鏡がない場合は，接眼レンズの一方の筒の中にメッシュの切ってあるガラスを入れ，縫合線をスケッチするための方眼紙のマス目と接眼レンズ中のメッシュの切ってあるガラスの位置の対応を確認します．そして，縫合線の褶曲を接眼レンズ中のメッシュの切る位置やメッシュの線と線の間の褶曲を方眼紙に描いていきます．メッシュを使うことで，褶曲をより精確に描くこ

33

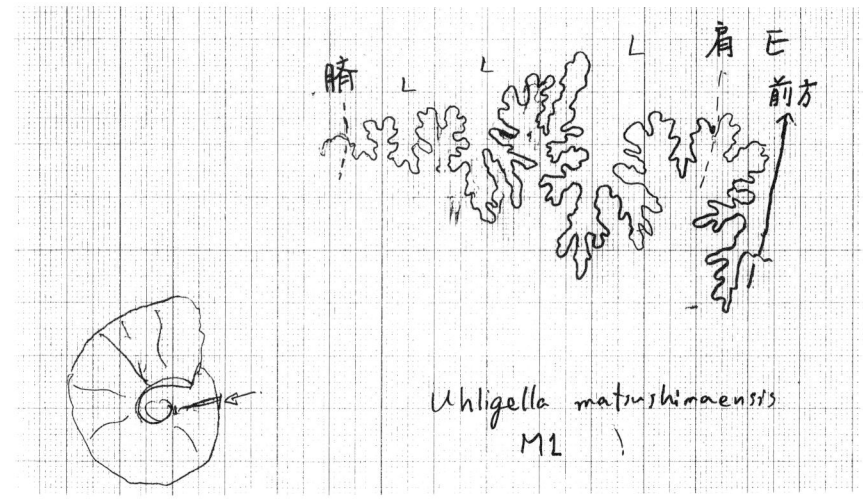

図2.10 メッシュを使い，方眼紙へ縫合線の褶曲を描いていく．

とができます（図2.10）．縫合線は，アンモナイト標本の背側から側面を通って腹側に同じ線をたどります．また，隣り合った縫合線もたどり，その線を描きます．

5）縫合線の特徴

縫合線を見ると，前方（殻口）方向に対して凸の部分と凹の部分があり，凸の部分を山（saddle），凹の部分を谷（lobe）と呼んでいます．

縫合線を表現する方法として，一般的に記号化が利用されています（図2.9-下）．殻の覆面（外殻側の面）をE，側面に位置する谷をL，臍の部分の谷をU，殻の背面（内側の面）をIというように記号化しています．これにより，縫合線の基本的なパターンはELI，またはELUIと表されます．

縫合線のパターンとアンモナイトの産出順序を対応させてみると，おもしろいことがわかります（図2.11および図2.12）．古生代末に繁栄したゴニアタイト目は，基本的なパターンELIまたはELUIに近く，なめらかな曲線をもって示されて単純です．ゴニアタイト目よりあとに出現して三畳紀に繁栄したセラタイト目は，Uの

第 2 章　化石と地層の観察

部分の二次の谷の増加により要素が増加してより複雑化します．さらに子孫のアンモナイト目では，縫合線の複雑化が進みます．

6）アンモナイトの分類

　現生生物は，進化の道筋や系統を反映させて，界―門―綱―目(もく)―科―属―種の単位で，ランクをつけて分類されています（各ランクに超，亜をつけてさらに細分することもあります）．古生物であるアンモナイトも同様に区分することが可能です．

　一般的に，アンモナイトというのは，p.31で述べたような定義に従うものの総称（亜綱）で，イカやタコと同じ軟体動物門頭足（亜）綱に属しています．目(もく)の単位の分類基準は，縫合線の特徴に基づき，次の三つに区分されます．

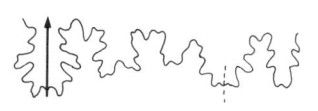

ゴードリセラス
（アンモナイト目）

オフィセラス
（セラタイト目）

トルノセラス
（ゴニアタイト目）

図2.11　縫合線のいろいろ
↑が前方，点線は臍との境界．

①縫合線の山と谷がなめらかである……………ゴニアタイト目
②縫合線の山や谷に丸みがあり，主に谷に切れ込みがある
　　　　　　　　　　　　　　　　　………セラタイト目
③縫合線の山と谷に切れ込みがある………アンモナイト目

　科・属・種の分類には，殻形（殻の巻き方，らせん断面の形，臍(へそ)の大きさや深さ）と装飾（肋(ろく)の数，肋の分岐の状態や切片の形，くびれの状態，疣(いぼ)の数，強さと位置など）の特徴が注目され，それらの組み合わせが利用されます（図2.13）．

7）縫合線の意味を読み取る

　縫合線は，隔壁の末端（周縁部）と外殻の接合部にできます（p.32の図2.8，写真2.7）．外殻が，軟体部や空気の入る部屋を水圧から耐

Chapter 2

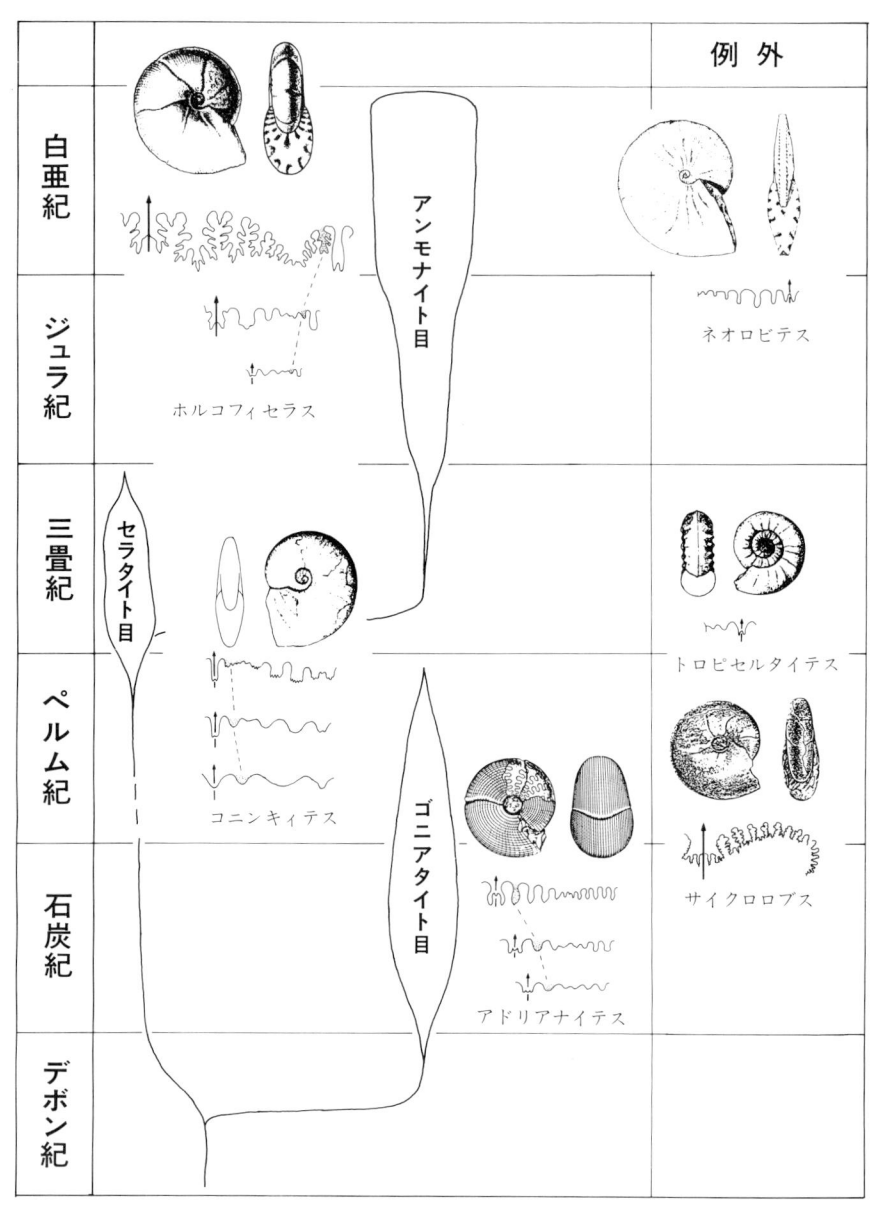

図2.12 縫合線のパターンとアンモナイトの産出順序との対応
(ARKELL, *et al.*(1957)を改変)

第2章　化石と地層の観察

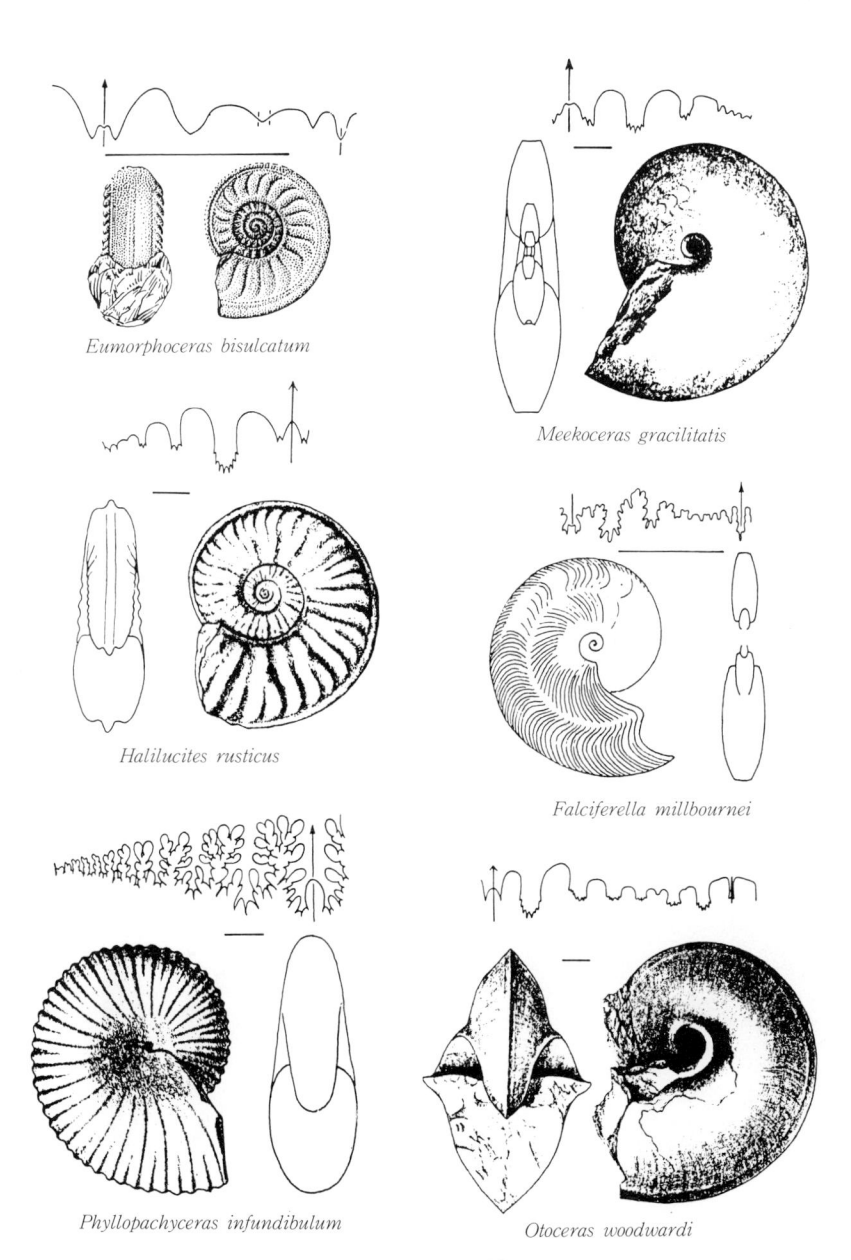

Eumorphoceras bisulcatum

Meekoceras gracilitatis

Halilucites rusticus

Falciferella millbournei

Phyllopachyceras infundibulum

Otoceras woodwardi

図2.13　アンモナイトの分類(1)
(ARKELL, *et al.*(1957)より引用)

Chapter 2

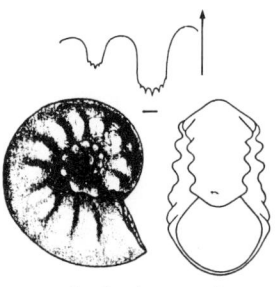

Stephanites superbus

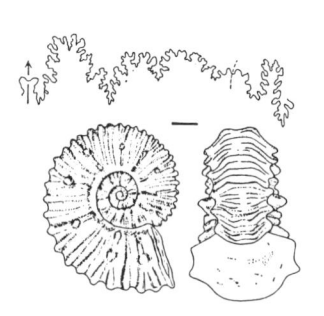

Cheloniceras cornuelianum

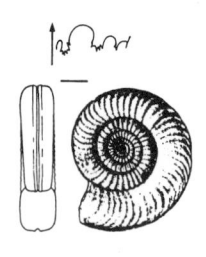

Ectolcites pseudoaries

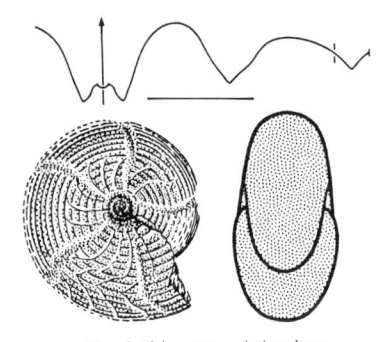

Neoglyphioceras subcirculare

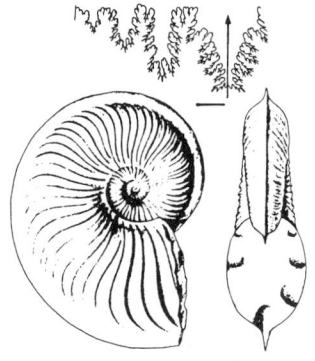

Oxytropidoceras roissyanum

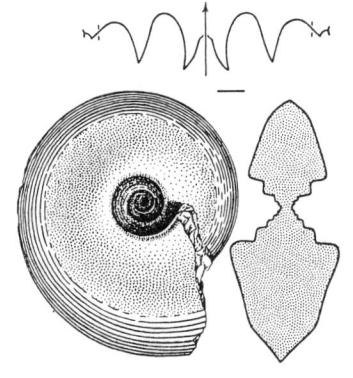

Strigogoniatites angulatus

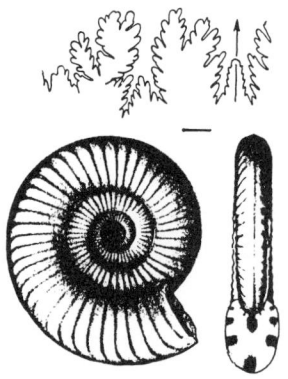

Dumortieria levesquei

図2.13　アンモナイトの分類(2)
（ARKELL, et al.(1957)より引用）

第2章　化石と地層の観察

Spiroceras sp.

Baculites sp.

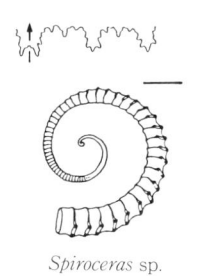

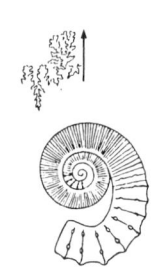

Australiceras
(group of *A.tuberculatum* SINZOW)

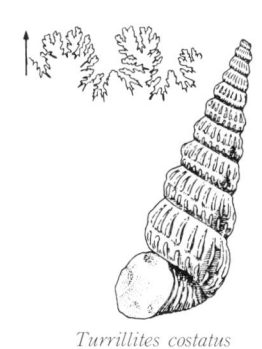

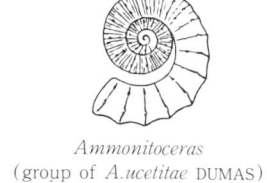

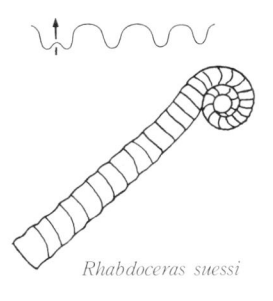

Turrillites costatus

Ammonitoceras
(group of *A.ucetitae* DUMAS)

Rhabdoceras suessi

Choristoceras marshi

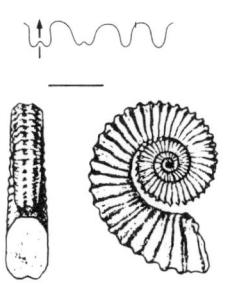

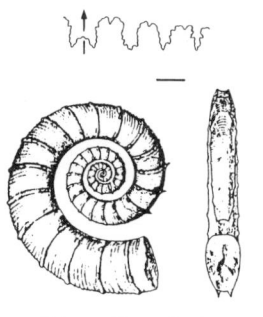

Crioceratites nolani

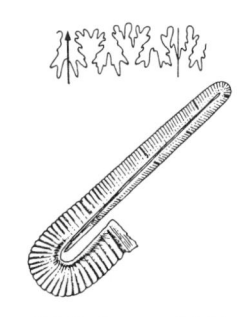

Polyptychoceras obstrictum

図2.13　アンモナイトの分類(3)
(ARKELL, *et al.* (1957)より引用)

Chapter 2

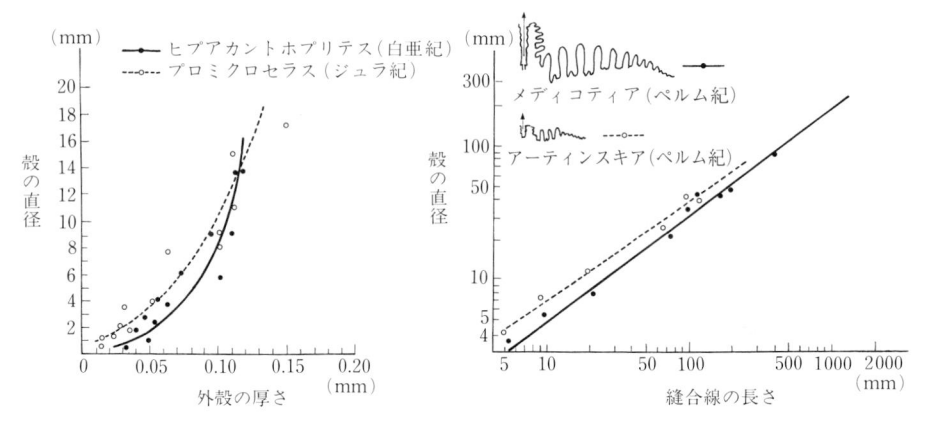

図2.14 殻の直径と外殻の厚さの関係(左)、殻の直径と縫合線の長さの関係(右)

えさせるためにあるとすれば、殻の作りは殻全体を厚くするか、あるいは殻がつぶされないように、支えとして縫合線を利用する構造が考えられます。このうち、支えとして縫合線を利用する構造のほうが、少ない原材料で殻を強化することができます。

　殻が大きくなる（成長する）と、縫合線の長さは増します。一方、殻が大きくなる（成長する）と殻の厚さは増しますが、一定以上には厚くなりません。このことから、殻が大きくなると、縫合線の長さは長くなり殻の厚さは増しますが、殻の厚さには限界があるので、その後は縫合線だけが長くなることがわかります（図2.14）。なお、アンモナイトの殻の直径は数mmから数百mm、縫合線の長さも数mmから数千mmと幅があるので、図2.14-右のように両対数目盛りのグラフを用いるとたいへん便利です。

　縫合線が複雑化することによって殻の耐水圧性が増すのであれば、縫合線の単純なものから複雑なものへの変化は、低水圧から高水圧へ耐水圧性が増したことを示します。さらに、ゴニアタイト目からセラタイト目を経てアンモナイト目への三つのグループ間で見られる縫合線の複雑化は、低水圧から高水圧への耐水圧性の変化を示すと考えられ、浅海から深海へ生息域を拡大するための適応であ

ると機能的に説明できることになります．また逆に，この縫合線のパターンから細かい地質年代や生息環境を推定することができるので，遠く離れた場所から産出したアンモナイトの類縁関係や，当時の地理などを考察することも可能になります．よって，アンモナイトは中生代の示準化石として重要視されているのです．

2 恐竜の歯か，植物の葉か

1）生物の形と働き

「恐竜」というと，何をイメージしますか？「鋭い歯」や「大きな体」を思い浮かべる人が多いのではないでしょうか．「鋭い歯」から，大きな草食恐竜を襲い，肉を刻む肉食恐竜の姿が連想されるからでしょう．それは，「鋭い歯」がステーキナイフと同じ特徴をもつことを知っているために，絶滅動物の生活の仕方を推定するための方法を無意識に用いていることによります．

生物の体の各部分はその生物が生きていくために何らかの役割をもち，それを果たすために都合のよい形態をもっています．このように解釈する方法を「機能形態学」と呼んでいますが，この方法を利用すれば，化石の形態をくわしく調べることで古生物の生活の仕方を推定できます．

しかし，この方法を絶滅動物に利用するときの最大の問題点は，形態を解析して，それから導かれる古生物の生活の仕方を，必ずしも確かめられないことです．つまり，「鋭い歯」をもった肉食恐竜が草食恐竜を襲っている状態の化石が産出すれば，これ以上確かなものはありません．しかし，現実にはこのような状況は極めてまれで，ほとんどの場合は，化石の機能形態学的解析による，いわば間接的な証拠に基づいて解釈するしかないのです．

2）恐竜の歯の特徴

恐竜を分類する一つの方法として，食習性に注目した区分があり

Chapter 2

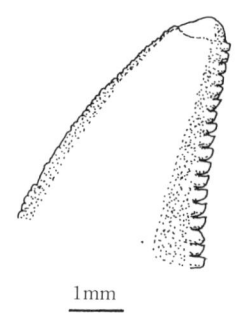

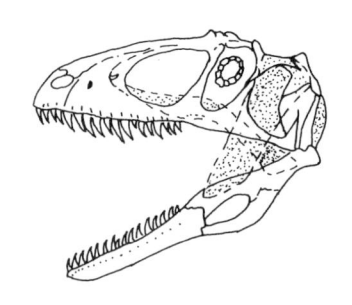

図2.15 肉食恐竜の歯(左)と頭蓋骨(右).
網かけの部分は筋肉を示す.

ます.「肉食恐竜」あるいは「草食恐竜」とは,それぞれ肉を食する恐竜と植物を食する恐竜に対して与えられている名称で,これらは,現生の動物を肉食動物（肉食者）や草食動物（植物食者または植食者）などと区分するのと同様の分け方です.

　肉食恐竜の歯は,先端が尖っていて,多くのものはカーブした短剣のような形です.そして周りには,鋸の歯のように細かなギザギザ（鋸歯）がついていて（図2.15-左）,手を鋸歯に当ててこすると痛さを感じます（口絵写真参照）.

3）肉食恐竜の歯に隠された秘密をさぐる

　肉食動物の鋭い歯と力強い顎は,主に餌となる獲物を刺し殺し,すばやく大きな肉の塊を引き裂き,それを丸飲みにして胃の中で消化できるようにすることと関係しています.これを逆に応用することで,恐竜の食習性が推定できます.そのため,歯の形と鋸歯から,その持ち主の恐竜の肉食の習性が解釈されるのです.

　さらに,この解釈を補う,ほかの形態上の特徴も知られています.肉食恐竜は,顎での噛む力を増加させるために,頭蓋骨に筋肉が付着した大きな穴があります（図2.15-右）.この穴の面積は草食恐竜のそれより大きく,また,特にいくつものパーツから成るティラノサウルスの頭骨は,上下の顎をできるだけ大きく開けられるように,

第2章　化石と地層の観察

それらのパーツが自由に動く仕組みになっています．

　史上最大の肉食動物といわれるティラノサウルスの歯には，鋸歯の根元に小さな丸い穴がついていますが，これは岩石を切断するためのダイヤモンドカッターの刃の強度を上げる工夫と同じです．この小さな丸い穴の存在により，鋸歯にかかる力が分散されるのです．

4）植物の葉と見誤る

　野外調査や化石採集で，珍しい化石を見つけたときのワクワクする興奮は，何事にも代えがたいものです．カーブした短剣のような形を石の中から見つけたとき，その形から，「恐竜の歯」とハッとすることがあります．

　しかし，このような形をしている石すべてが恐竜の歯ではないし，とりわけ植物の葉の化石の中に同じような形をしたものが知られていて，肉眼でわかる形からだけでは結論が出せません．そこで，顕微鏡を使って，「恐竜の歯か」，「植物の葉か」，世紀の大発見に決着をつけてみましょう．

　「恐竜の歯」であるならば，鋸歯がある，エナメル質の光沢をもつ等の特徴が見つかります．一方，後期ジュラ紀から前期白亜紀の手取層群から出る「植物の葉」のポドザマイテス・ランセオラータス（*Podozamites lanceolatus*）という裸子植物の若い葉の中には，カー

写真2.8　肉食恐竜（*Albertosaurus*）の歯の化石

Chapter 2

肉食恐竜(*Albertosaurus*)の歯　　　　植物(*Podozamites lanceolatus*)の葉
写真2.9　肉食恐竜の歯(左)と植物の葉(右)の比較．
植物の葉には鋸歯がなく，葉脈があり，エナメル質の光沢がない．

ブした短剣のような形をしたものがあります（写真2.9-右）．しかし，この葉の特徴は，鋸歯がない，エナメル質の光沢がない，短剣のカーブと同じ方向の筋（葉脈）があるなどで，両者の特徴は異なっています（写真2.9）．

③ 二枚貝化石から幼生生態をさぐろう

　二枚貝や巻貝を含む底生動物は，孵化後，浮遊生活を送る幼生期を経て着底，変態し，成体となります．特に，幼生期は自然環境のわずかな変動や他の動物による捕食などにより死亡率が極端に高い時期なので，幼生生態は適応的に分化しています．その適応には，莫大な数の卵を産み消耗に耐え個体数を維持するタイプ，産卵数は多くなくとも卵から変態までの幼生期を外界から保護し，死亡率を少なくして生き残るタイプなどが認められます．

　また，卵の大きさは，発生の様式に大きな影響をもっています．卵黄の小さい種は発生初期に卵黄を消費してしまうので，その後は栄養源を体外に求め，プランクトン生活をしながら微小植物プランクトンを食べて成長すると考えられています．そして小さい卵を多

第2章　化石と地層の観察

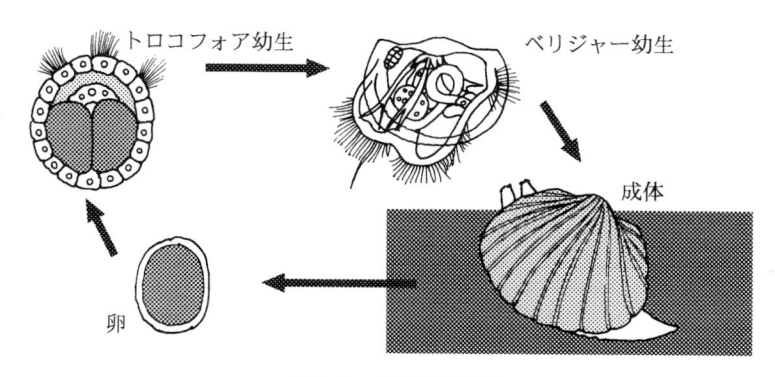

図2.16　二枚貝の生活史

産し，長期の浮遊生活を送ります．この型は，プランクトン栄養型と呼ばれています．

　一方，卵黄の大きい種は，幼生期の大部分を卵黄を栄養源として卵嚢（らんのう）の中で過ごします．孵化後のわずかの浮遊期間を経て着底する卵栄養浮遊タイプと，浮遊期間をもたない直接発生タイプがあり，卵栄養型と呼ばれています．卵栄養型の種のほうが，卵から幼生期にかけて発生の生き残る率が高くなります．

　プランクトン栄養型と卵栄養型の発生様式の相違は，種の地理的分布や種の分化の様式に影響します．したがってこれを利用すれば，化石種の幼生生態の考察から，地理的分布や種分化を読み取ることができます．

1）化石二枚貝に見られる幼生生態

　二枚貝の殻は，原殻と終殻から構成されています（図2.17）．原殻はさらに，孵化前に形成された原殻Ⅰと孵化後の変態までに形成された原殻Ⅱから成り，終殻は変態後に形成されたものです．

　プランクトン栄養型の種では，原殻Ⅰと原殻Ⅱが明瞭に区別されます．しかし，卵栄養型では両者の区別がなかったり，浮遊期の長さに応じて原殻Ⅰの周りに原殻Ⅱが幅狭く付いています．したがって，浮遊生活の期間が長いほど，原殻Ⅰと原殻Ⅱの差は大きくなり

45

ます．

原殻Ⅰは無装飾ですが，原殻Ⅱは同心円状の縞模様になっています．また，両者の境界は，強い同心円状のくびれがあるので，区分しやすいでしょう．一方，原殻Ⅱと終殻の境界は，原殻Ⅰと原殻Ⅱの境界ほど明瞭には区別できません．しかし，殻の膨らみの変化，成長線の間隔が終殻になると急に広くなることから，区別が可能です．走査型電子顕微鏡では，境界部を明瞭に区別することができます．

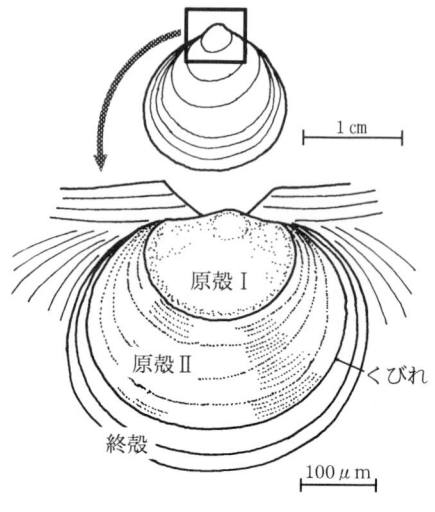

図2.17 二枚貝の殻の構成

原殻は多くの化石に保存されているので，原殻を調べることで化石の幼生生態を考察することが可能になります．

原殻から幼生の生態が推定された例を紹介しましょう．西南日本の太平洋岸の，沖縄県，宮崎県，静岡県の今から約200〜300万年前の鮮新世の地層（島尻層群，宮崎層群，掛川層群）から産出した二枚貝のうち，ベネリカルディア・パンダ（*Venericardia panda*）は，大型の原殻Ⅰのみをもつことから直接発生タイプの卵栄養型の種と考えられています（写真2.10）．グリシメリス・ロットゥンダ（*Glycymeris rotunda*）やリモプシス・タジマエ（*Limopsis tajimae*）は，大型の原殻Ⅰと原殻Ⅱをもつことから，わずかの浮遊期間を経て着底する卵栄養浮遊タイプの種と推定されています．

2）二枚貝の幼生生態から海洋古地理を復元する

同時期に生存し，分布地域が異なる化石二枚貝群を，原殻を用いて幼生生態を推定し，その見地から両地域の環境を比較することができます．

第2章　化石と地層の観察

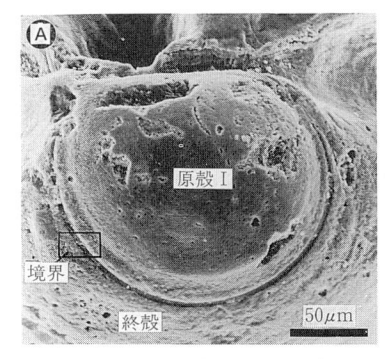

ベネリカルディア・パンダ

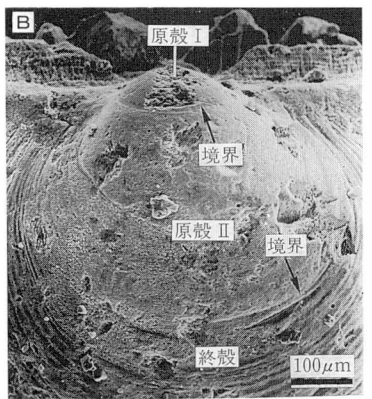

グリシメリス・ロットゥンダ

写真2.10　直接発生タイプの卵栄養型の種(A)と卵栄養浮遊タイプの種(B)の原殻の違い
出典：KAZUSHIGE TANABE & YOSHIKI ZUSHI(1988),Trans.Proc.Palaeont.Soc.Japan,No.150,p.494

　両者の化石二枚貝群の間で共通にみられる種を選び出し，原殻を調べて，幼生がプランクトン栄養型であるか卵栄養型であるかを決定します．プランクトン栄養型と卵栄養型の種数を比較して，プランクトン栄養型の種が多ければ，幼生は古海流に乗って運ばれてきた，つまり，そこには昔海流が流れていた，と推定できます．

4 恐竜の足跡？　それともダイナマイトの爆破孔？
　　　　　　　　　　　　　　～顕微鏡観察で判定しよう

　動物が歩くと足跡が印されます．足跡が残るためには地面に適度の水気が含まれていることが必要です．陸地の固い泥や砂でできた土地では足跡は残りません．また,砂漠や砂丘のさらさらの砂地や，溜まり水の泥地の底でも，足跡は残りにくいのです．

　ほとんどの恐竜は体が大きく，重たいので，恐竜は地層となる堆積層に加重をかけることになります．恐竜の体重が余りにも重たいと，より下に重なっている堆積層まで足裏の加重がかかります．足跡が，より下の堆積層まで荷重をかけて足跡の凹みをつくると，恐竜が足跡をつけた堆積層の表面が水の流れや波により洗い流された

Chapter 2

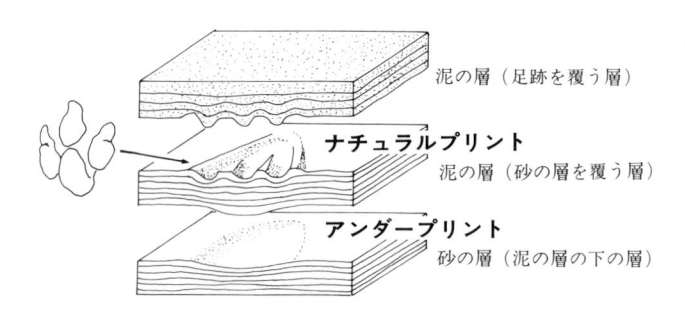

図2.18 アンダープリントとナチュラルプリントの模式図

としても，より下に重なっている堆積層につけられた凹みは保存されることになります．恐竜が堆積層の表面に直接つけた凹みをナチュラルプリント（真の足跡）といい，足跡を印した堆積層より下に重なっている堆積層に印された足跡をアンダープリント（ゴーストプリント）と呼びます．アンダープリントは，恐竜が堆積層の表面に直接つけた凹みではないので，ナチュラルプリントより輪郭が不明瞭です（図2.18）．

1）凹み，うね，同心状や放射状の割れ目

足跡の凹みには，「うね」に伴う同心円状や放射状の割れ目が見られることがあります．これは，水気を含んだ堆積物が，足跡が印される際に移動するためです．

堆積物は，砂粒や泥のような細かな粒子からなります．これらの粒子が，水中を沈降し，水底に静下したことにより，堆積物ができます．水気が堆積物から抜け，固化すると地層になります．堆積粒子は一般的に水底ではほぼ水平に堆積しますから，固化した地層の断面を顕微鏡で観察すると，砂粒や泥の粒子はかつての水底面に平行に並んでいることがわかります（図2.20）．

水気を含んだ堆積物の表面に恐竜の足が乗ると，その重みにより，凹みが形成されます．これは，堆積粒子が移動したことによります．太陽光の日射により足跡の凹みが乾くと，足跡の輪郭は地面に明瞭

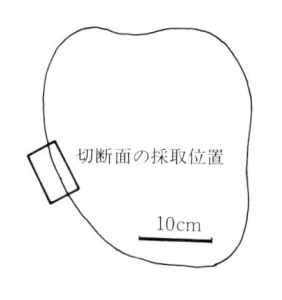

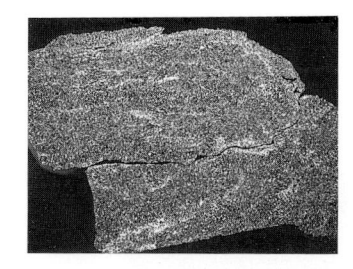

第2章　化石と地層の観察

図2.19　竜脚類の足跡の側壁の堆積粒子配列
上：切断面を作った部位，
中：断面の堆積粒子配列(写真)，
下：堆積粒子配列のトレース．
足跡は，米国コロラド州のモリソン層から産出した竜脚類のもの．

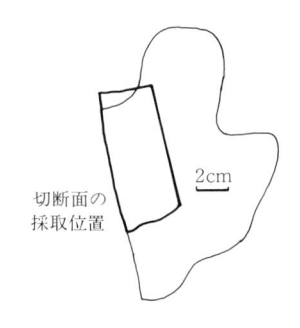

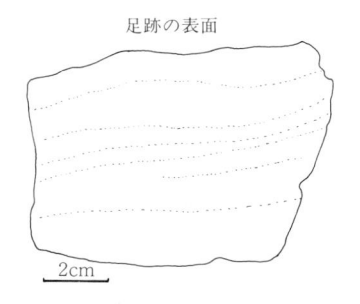

図2.20　鳥脚類の足跡の側壁の堆積粒子配列
上：切断面を作った部位，
中：断面の堆積粒子配列(写真)，
下：堆積粒子配列のトレース．
足跡は，米国コロラド州のダコタ層から産出した鳥脚類のもの．

に残されることになります．堆積粒子の移動した痕が固化されているためです．

49

Chapter 2

写真2.11　図2.19で示した足跡の周辺

写真2.12　図2.20で示した足跡の周辺

2）堆積粒子の配列

　図2.19-中,下は，恐竜の足跡の凹みの周りの一部を採取して，凹みの垂直方向の断面を示したものです．堆積粒子は，凹みの縁に沿ってカーブし，乱れています．また，足跡の凹みの中央部の堆積粒子は，凹み内の凸凹に平行してカーブしています(図2.20)．これは，足裏が堆積物にかけた加重の程度を反映しているのです．加重がたくさんかかった箇所はたくさん凹み，少なくかかった箇所は余り凹みません．水気を含んだ堆積物の中の堆積粒子は加重の程度に応じて移動したことを意味します．

　さて，ダイナマイトの爆発によっても，地面に穴ができます（図

0　　　　　100cm

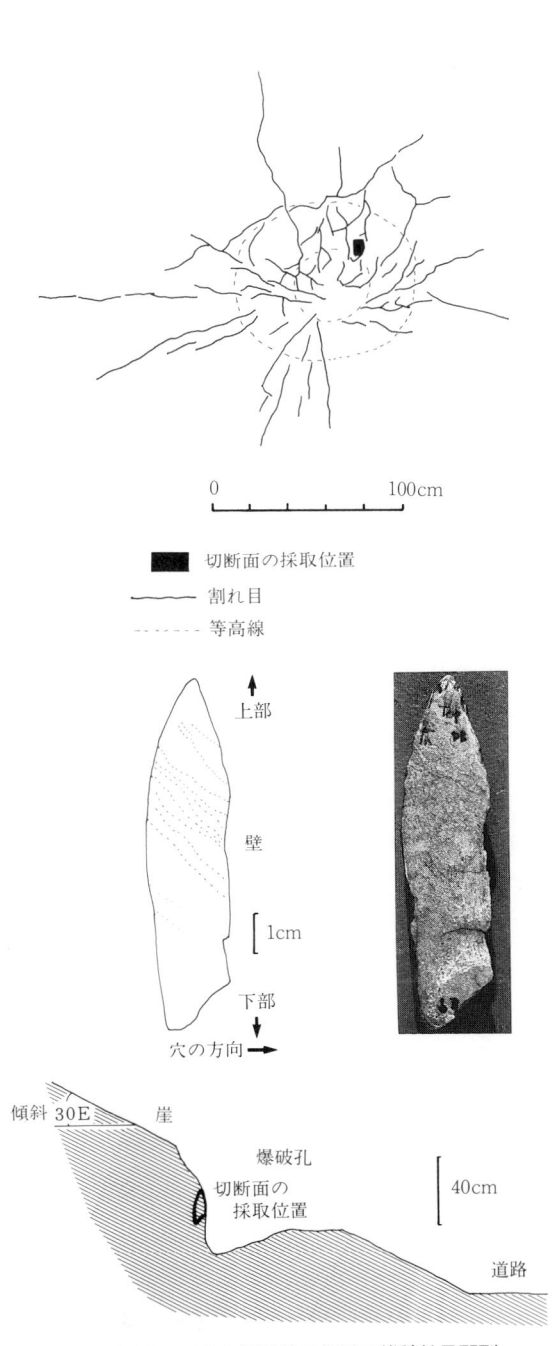

■ 切断面の採取位置
── 割れ目
----- 等高線

↑ 上部
壁
[1cm
↓ 下部
穴の方向 →

傾斜 30E　崖
爆破孔
切断面の採取位置
[40cm
道路

図2.21　ダイナマイトの爆破孔の側壁の堆積粒子配列
上：爆破孔の放射状の割れ目．黒四角の部分を採取，
中右：断面の堆積粒子配列（写真），中左：堆積粒子配
列のトレース，下：爆破孔断面と切断面を作った部位．
爆破孔は米国コロラド州のダコタ層の砂岩層に作られ
たもの．

Chapter 2

写真2.13 図2.21で示したダイナマイトの爆破孔

2.21).爆破孔の壁の一部を採取して断面を観察しました．堆積粒子は，壁の面に斜交して配列しています．これは，堆積物中の水が抜け固化した地層では，堆積粒子の移動が起こらないことを意味します．

このように，穴の壁の堆積粒子の配列を調べることで，その穴が固まる前に形成されたものか，固まった後に作られたのかがわかります．地層面にいくつも穴があることがありますが，その穴が，恐竜の足跡かどうかを判定するための証拠の一つになるのです．

3）恐竜の足跡？ それともダイナマイトの爆破孔？

写真2.14は，群馬県中里村のおよそ1億年前の地層面に見られる穴です．地元では，古くから「不思議な穴」とされていました．「不思議な穴」の原因に関して，地元のバス会社が懸賞をかけたこともあるそうです．

この「不思議な穴」は，1億年ほど前の河口で堆積した地層の表面につけられています．「不思議な穴」は，崖の上部と右上から左下に斜めの部分に点々とあります．穴の配列が規則的にありますから，動物の足跡が考えられます．

1億年前に存在した「不思議な穴」を印する陸上の大型動物は恐竜です．崖の上部にある「不思議な穴」には，同心円状や放射状の割れ目が見られます．恐竜が水気を含んだ堆積物に足を踏み入れ，抜いた際に，堆積粒子が移動したためにこれらの割れ目ができ，そのまま固化した考えられます．この解釈が正しいかどうかを調べるために，崖の上部にある「不思議な穴」の側壁の一部を採取して，

第2章　化石と地層の観察

写真2.14　群馬県中里村の1億年前の恐竜の足跡．日本で初めて恐竜の足跡が確認されたもの．

Chapter 2

(A)

崖の表面

穴の壁

穴の方向

(B)

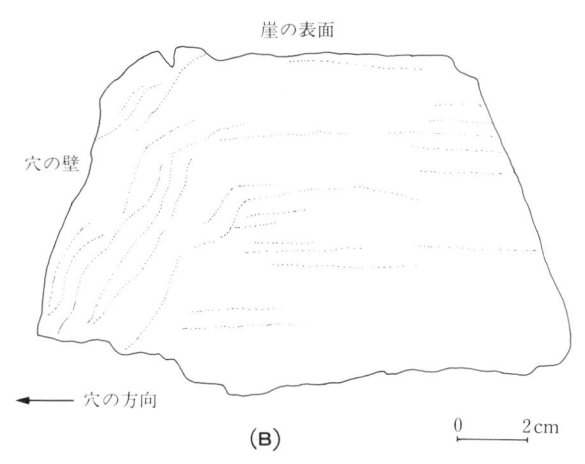

0　　2cm

図2.22　「不思議な穴」は恐竜の足跡であった．
(A)：断面の堆積粒子配列(写真)，
(B)：堆積粒子配列のトレース．
(Matsukawa and Obata（1985）を引用)

　固化した地層の断面を顕微鏡で観察しました(図2.22)．堆積粒子は，側壁にカーブし，乱れています．これは，穴が固化する前に形成されたことを意味します．1億年ほど前にできた穴なのです．「不思議な穴」が恐竜の足跡とする解釈を支持しています．

5 植物化石から古気候を調べよう

1）葉化石からわかること

　植物化石は，アンモナイトや恐竜化石に比べ地味な存在です．事実，博物館や化石の展示会でも，主役になる機会は圧倒的に少ないのが現実です．そんな植物化石ですが，過去の情報を記録したメディアとしてはたいへん優れものなのです．ここでは，葉の簡単な特徴を調べることによって，記録された過去の気候情報（気温）を読み取る方法を紹介します．

　なお，これまでにも陸上の古気候情報を読み取る研究は，花粉化石を用いて，新生代の第四紀を中心に行われてきました．花粉は，その種類に特徴的な形や表面の模様を残し，しかも非常に長い間腐らないため，当時その土地にどんな植物が生えていて，どのような気候だったかを推定するのに有効です．しかし，この方法では，現生種(あるいは近似原生種)の花粉化石がある程度含まれていないと気候推定の制度が低下するという欠点があります．したがって，得られる気候情報は新しい時代に限られます．

　一方，これから紹介する方法（全縁率法）では，花粉化石では難しい，より古い時代（白亜紀後期まで）の気候情報を読み取ることができます．

2）全縁葉と非全縁葉

　アサガオ，サクラ，フジ，チューリップなど，皆さんが知っている植物の葉をいくつか思い浮かべてみてください．葉の形というのは実にさまざまで，それを言葉で表現することも難しいことがわかります．このため，葉の形態的特徴に関する用語は数多くありますが，ここでは葉縁に着目し，葉の縁にぎざぎざ（鋸歯）があるかないかによって大きく二つに分けます．鋸歯のない葉を全縁葉，鋸歯のある葉を非全縁葉といいます（図2.23）．

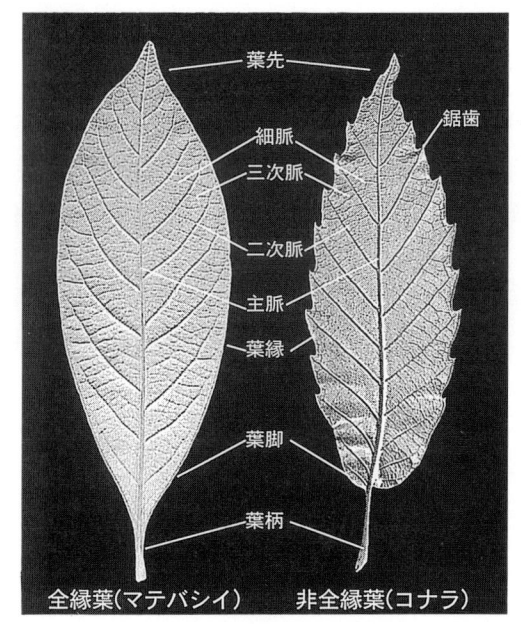

図2.23　全縁葉と非全縁葉

3）全縁率と気温の関係

　関東以南の温暖な地域の低地では，葉肉が厚く，表面がつやつや光り，葉縁に鋸歯のない全縁葉をつける広葉樹（例えば，シイやクスノキなど）が一般的にみられます．一方，関東以北の冷涼な地域の低地では，葉肉が薄く，葉縁に鋸歯のある非全縁葉をつける広葉樹（例えば，ブナやミズナラなど）がやはり一般的にみられます（図2.23）．このような葉の外形的特徴と気候との関係は，全世界的に同様の傾向があることが確認されています．

　一般に，気候の情報の読み取りに用いられる葉の形態的特徴を表2.2に示します．特に，葉縁，葉面積，葉肉の厚さは，気温と降水量に密接に関係しているといわれています．このうち，葉縁の特徴と年平均気温の関係は特によく調べられていて，葉の化石から古気候を推定する方法として広く用いられています．

第 2 章　化石と地層の観察

表2.2　古気候情報の読み取りに用いられる葉の形態的特徴

- 葉縁（全縁-非全縁）
- 葉面積（大きさ）
- 葉肉組織の厚さ（常緑-落葉）
- 器官（単葉-複葉）
- 脈系（羽状脈-掌状脈）
- 葉先形態（先端が特に鋭くとがっているかいないか）
- 葉脚形態
  補助的にこのほか，つる植物や刺植物の多少，葉脈の密度，表皮組織の厚さ，毛状突起の有無や多少，気孔の形態，気孔の密度，細胞壁の屈曲度　など

　米国の古植物学者ウォルフは，アジア大陸東部の熱帯雨林から温帯林北部までの森林を構成するすべての広葉樹について，全縁葉か非全縁葉かを調べ，全広葉樹種に対する全縁葉を持つ樹種の比率，つまり全縁率を求めました．そして，全縁率と気温とがよく対応した関係にあることを示しました．特に，東アジアの適湿から中湿性の森林では，全縁率と年平均気温の間に極めて高い相関関係があり（図2.24），全縁率3％が1℃に相当するそうです．しかし，なぜ広葉樹の全縁率と年平均気温との間に相関関係がみられるのか，まだ統一した見解は得られていません．

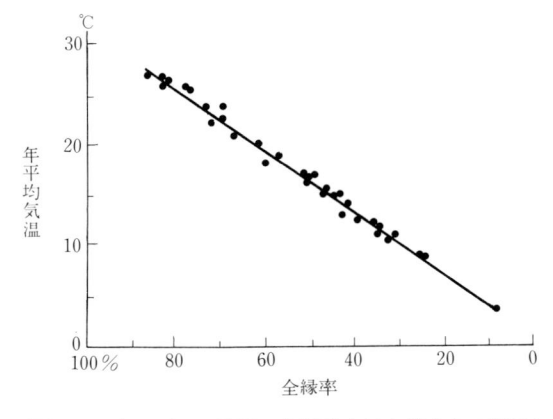

図2.24　東アジアの適湿〜中湿性森林を構成する樹種の全縁率と年平均気温の関係（Wolf, 1979をもとに作図）

4）古気温を推定してみよう

①化石採集

　葉化石の全縁率を求める際に，信頼性のある情報を読み取るためには，最低20種以上の広葉樹の化石が必要です．しかも，それらが充分な採集量に基づいて識別されていることも重要です．何種類とったかを把握しながら採集することは困難ですが，できれば，30種以上を採集してください．それ以下の数では，1種が全体の結果に及ぼす影響は3℃以上となり，誤差が大きくなるので注意してください．

　なお，日本各地の第三紀の植物化石産地では広葉樹の構成種数が多く，20種以上採集することは比較的容易な場合が多いようです（p.62～63の表2.3参照）．

　堆積地の周辺の局所的な植生のみを反映した化石群集は，全縁率法を用いるのには適しません．例えば，新生代の地層からはメタセコイアの葉だけが密集して産出する場合がよくありますが，このように同じ種類の葉のみが密集して産出する場合などは，この方法を用いるには不適当です．後背地のできるだけ広い範囲から供給された化石群集であることが理想的です．これらは，岩相や堆積相（堆積構造など）を観察し，どのような環境（河川のデルタとか干潟とか）で堆積したかを推定します．

　したがって，同じ地層で複数の化石産地がある場合には，場所を変えて採集しておくことをすすめます．情報の読み取り精度を高めるためには，地層や化石の産状（密度や保存状態など）の観察も同時に行うとよいでしょう（p.10～12，およびp.26～27参照）．

②標本整理（クリーニング，ナンバーリング）

　葉が岩石で隠されている場合には，慎重にクリーニングしてください．クリーニング法の詳細はp.27～28を参照してください．くれぐれも，葉縁を壊さないように注意しましょう．クリーニングが済んだら，ワープロなどで標本番号を作り，化石に木工用ボンドなど

第 2 章　化石と地層の観察

図2.25　広葉樹の葉縁の種類
①全縁葉：マテバシイ（ブナ科），②波状縁：イヌブナ（ブナ科），③歯状縁：ガマズミ（スイカズラ科），④単鋸歯状縁：ケヤキ（ニレ科），⑤単鋸歯(歯牙)状縁：ヒイラギモクセイ（モクセイ科），⑥単鋸歯(針)状縁：クヌギ（ブナ科），⑦重鋸歯状縁：サワシバ（カバノキ科），⑧重鋸歯縁：ツノハシバミ（カバノキ科），⑨小鋸歯状縁：サクラ（バラ科），⑩小鋸歯状縁：ツバキ（ツバキ科），⑪浅裂状縁：ミズナラ（ブナ科），⑫中裂状縁：オガラバナ（カエデ科）

で張り付けます．

③形態観察

葉を観察するポイントは，全形，大きさ，葉先，葉脚，葉柄，葉脈のパターン，そして葉縁の特徴（図2.25）です（表2.2も参照）．これらをよく観察し，比較してください．葉脈や葉縁の観察は，肉眼で行うほかに，実体顕微鏡またはルーペなどを用いて確認しましょう．

まず，全縁葉と非全縁葉に分類します．次に，それぞれのグループで同じ種類と思われる化石をまとめます．

化石葉の同定はたいへん難しく，時間，エネルギー，知識，そしてかなりの訓練が必要です．現生葉でも他人のそら似等があり難しいのですが，化石葉は保存状態によって情報が欠けるので，さらに難しくなるのです．しかし，この方法では同定は必要ありません．葉の形が正しく識別されてさえいればよいのです．化石の名前がわからなくても結果には影響しません．

④全縁葉と非全縁葉の種数を数え，全縁率を求める

産出個体数を数えるのではなく，全縁葉，非全縁葉それぞれの種数を数えます．シダ植物（シダ，トクサほか），裸子植物（針葉樹，イチョウ，ソテツほか），単子葉類（ヤシ，ササほか），また双子葉類の草本（ハスほか）などの葉は除きます．

例えば，p.63の表2.3のNo.62（山口県宇部市）では，全縁葉30種，非全縁葉16種ですから，

$$全縁率 = \frac{30}{30+16} \times 100 = 65.2 （\%）$$

と求められます．

⑤全縁率を換算式に代入して平均気温を求める

ここでは，年平均気温（T℃）を計算式で換算する方法（植村，1991）を紹介します．次の式に全縁率を代入して求めます．

$$T℃ = \frac{1}{3}E + 1.7 \qquad （T℃：年平均気温，E：全縁率）$$

④と同様に表2.3のNo.62でやってみると，

$$T\,℃ = \frac{1}{3} \times 65.2 + 1.7 = 23.4\,(℃)$$

となり，山口県宇部市あたりは亜熱帯気候だったと推定されます．同じ時代の地層である表2.3のNo.63を見ると，年平均気温が19.2℃と，北海道美唄市でも亜熱帯気候にかなり近かったと考えられ，中期始新世後期は今よりずっと暖かい時代だったことが読み取れます．

　このように，同時代の他地域のデータと比較すると，当時の気候が広い範囲で推定できます．また，同じ地域で別の時代のデータを加えれば，気候変動の様子がわかります．著者は，日本各地の様々な時代・場所の葉化石の産出報告を調べ，全縁率および年平均気温をまとめてみました．一覧表にしたのが表2.3ですが，日本各地の気候も，時代によって変わってきたことが読み取れます．皆さんも，葉化石の全縁率のデータに，花粉化石をはじめとするその他のいろいろなデータを組み合わせ，過去の地球環境の様子の復元にチャレンジしてみてください．

　これまで述べてきたように，化石を調べることは，それが何であるかやいつの時代のものかを知るというだけではありません．長い時間に渡る進化の歴史を読み取り，当時その生物が生きていた環境を推定し，古地理を復元するなど，多くの情報を得ることが可能になるのです．まさに，化石は，過去を語る証人であり，いかに多く語らせるかは皆さんの訓練と工夫次第といえるかもしれません．

Chapter 2

表 2.3 日本各地の葉化石の全縁率および年平均気温

	植物群名	場 所	地 層 名	地質年代	広葉樹種数	全縁率	年平均気温	引用文献
1	仏子	埼玉県入間市	仏子粘土層	鮮新世-洪積世	23	21	8.7	Horiuchi, J., 1996
2	茂木	長崎県長崎市茂木	茂木植物化石層	後期鮮新世	51	27.5	10.9	Tanai, T., 1976
3	余	大分県宇佐郡院内町	津房川層	後期鮮新世	28	32.1	12.4	岩内明子・長谷義隆, 1986
4	留辺蘂	北海道常呂郡留辺蘂町	小松沢層	初期鮮新世	46	17.4	7.5	Tanai, T. & Suzuki, N., 1965
5	花山	岩手県和賀郡湯田町	花山層	初期鮮新世	23	21.7	8.9	Murai, S., 1968
6	新庄	山形県新庄市	折渡層	初期鮮新世	18	22.2	9.1	Tanai, T., 1961
7	小柳津津	福島県河沼郡柳津町	和泉層	初期鮮新世	46	21.7	8.9	鈴木敬治・真鍋健一・吉田義, 1977
8	兜岩	群馬県甘楽郡南牧村	本宿層	初期鮮新世	98	22.4	9.2	Horiuchi, J., 1996
9	秋間	群馬県安中市	秋間層	初期鮮新世	19	21	8.7	Horiuchi, J., 1996
10	社名淵	北海道紋別郡遠軽町	遠軽層	後期中新世	61	18	7.7	Tanai, T. & Suzuki, N., 1965
11	三途川	秋田県湯沢市	三途川層	後期中新世	39	12.8	6	Huzioka, K. & Uemura, K., 1974
12	田山	岩手県二戸郡安代町	坂元川層	後期中新世	37	18.9	8	Uemura, K., 1988
13	宮田	秋田県仙北郡西木村	宮田層	後期中新世	53	28.3	11.1	Huzioka, K. & Uemura, K., 1973
14	高峯	山形県西置賜郡飯豊町	高峯層	後期中新世	46	34.8	13.3	Uemura, K., 1988
15	根の白石	宮城県仙台市	白沢層	後期中新世	92	20.7	8.6	Okutsu, H., 1955
16	天王寺	福島県福島市	天王寺層	後期中新世	38	31.5	12.2	Suzuki, K., 1959
17	楊井上部	埼玉県大里郡川本町	楊井層上部層	後期中新世	36	27.7	10.9	Horiuchi, J., 1996
18	楊井中部	埼玉県大里郡川本町	楊井層中部層	後期中新世	41	31.7	12.3	Horiuchi, J., 1996
19	板鼻上部	群馬県安中市	板鼻層	後期中新世	65	32.3	12.5	Ozaki, K., 1991
20	板鼻下部	群馬県安中市	板鼻層	後期中新世	47	36.2	13.8	Ozaki, K., 1991
21	大岡	長野県更級郡大岡村	大下層	後期中新世	34	29.4	11.5	Ozaki, K., 1991
22	茶臼山	長野県長野市	茶臼山層	後期中新世	25	36	13.7	Ozaki, K., 1991
23	差切	長野県東筑摩郡麻績村	差切層	後期中新世	88	34.1	13.1	Ozaki, K., 1991
24	瀬戸	岐阜県瀬戸市	瀬戸層群	後期中新世	62	35.5	13.5	Ozaki, K., 1991
25	恩原	岡山県苫田郡上斉原村	恩原層	後期中新世	46	23.9	9.7	Uemura, K., 1986
26	辰巳峠	鳥取県八頭郡佐治村	栃原層	後期中新世	125	28.5	11.2	Ozaki, K., 1981
27	中山	鹿児島県加世田市	南薩層群下部層	後期中新世	46	26.1	10.4	Ina, H. & Ishikawa, T., 1982
28	報徳	北海道中川郡美深町	報徳層	中期中新世	—	(16)	(7)	棚井敏雅, 1991
29	タチカラウシナイ	北海道中川郡歌登町	タチカラウシナイ層	中期中新世	—	(25)	(10)	棚井敏雅, 1991
30	米ヶ脇	福井県坂井郡三国町	米ヶ脇果層	中期中新世	21	29	11.4	植村和彦・安野敏勝, 1991
31	藤倉	青森県舟打鉱山	—	前期中新世後期	28	28.6	11.2	棚井敏雅・植村和彦, 1988

第 2 章　化石と地層の観察

No.	地点名	所在地	地層名	時代				文献
32	滝ノ上	北海道夕張市	滝ノ上層	前期中新世後期	22	22	9	棚井敏雅・植村和彦, 1988
33	サキペンペツ	北海道戸別市	サキペンペツ層	中期中新世前期	29	6.8	4	Tanai, T., 1971
34	芝石峠	愛知県北設楽郡東栄町	設楽層群	前期中新世後期	56	48.2	17.8	Ina, H., 1983
35	宗谷	北海道稚内市	宗谷夾炭層	前期中新世後期	25	18	7.7	棚井敏雅・植村和彦, 1988
36	吉岡	北海道松前郡福島町	吉岡層	前期中新世後期	66	23	9.3	棚井敏雅・植村和彦, 1988
37	若松	北海道瀬棚郡瀬棚町	関内層	前期中新世後期	46	16	7	棚井敏雅・植村和彦, 1988
38	虹羅	北海道瀬棚郡瀬棚町	大櫓層	前期中新世後期	38	8	4.4	棚井敏雅・植村和彦, 1988
39	打当	秋田県北秋田郡阿仁町	打当層	前期中新世後期	92	40	15	棚井敏雅・植村和彦, 1988
40	沖庭	山形県西置賜郡小国町	今市層	前期中新世後期	55	50	18.4	Onoe, T., 1974
41	小国	山形県西置賜郡小国町	小国層	前期中新世後期	58	46	17	棚井敏雅・植村和彦, 1988
42	日暮山	新潟県岩船郡朝日村	日暮山層	前期中新世後期	34	32.4	12.5	棚井幸彦, 1981
43	大須戸	新潟県岩船郡朝日村	朝日層	前期中新世後期	54	41.5	15.3	棚井幸彦・小林巌雄・鈴木敬治, 1978
44	浅川	茨城県久慈郡大子町	浅川層	前期中新世後期	20	40	15	Horiuchi, J., 1996
45	北田気	茨城県久慈郡大子町	北田気層	前期中新世後期	33	27.3	10.8	Horiuchi, J., 1996
46	日吉	岐阜県可児市他	中村累層	前期中新世中期	29	20.7	8.6	Huzioka, K., 1964
47	平牧	岐阜県可児市他	平牧累層	前期中新世中期	84	27.4	13.7	Ina, H., 1981
48	能登中島	石川県鹿島郡中島町	世保層	前期中新世前期	50	46	17	棚井敏雅・植村和彦, 1988
49	狼煙	石川県珠洲市	柳田累層	前期中新世前期	30	42	15.7	Ishida, S., 1970
50	久遠	北海道久遠郡大成町	左俣川層	前期中新世前期	31	13	6	Tanai, T. & Suzuki, N., 1972
51	阿仁合	秋田県北秋田郡阿仁町	阿仁合層	後期漸新世	40	25	10	Huzioka, K., 1964
52	西田川	山形県西田川郡温海町	温海層	後期漸新世	38	13	6	Huzioka, K., 1964
53	紫竹	福島県いわき市	紫竹層	前期漸新世	38	8	4.4	Huzioka, K., 1964
54	与謝	京都府宮津市	世屋層	前期漸新世	30	17	7.4	尾上, 1978
55	上ノ国	北海道檜山郡上ノ国町	上ノ国層	後期始新世	33	2.9	2.7	Tanai, T. & Suzuki, N., 1963
56	春別	山口県大津郡油谷町	人丸層	後期始新世	37	34	13	Huzioka, 1974
57	野田	山口県大津郡油谷町	黄波戸層	中期始新世後期	33	36	13.7	Tanai, T. & Uemura, K., 1991
58	相浦	長崎県佐世保市	相浦層	前期漸新世	38	24	9.7	棚井敏雅・植村和彦, 1983
59	若松沢	北海道北見市	若松沢層	前期漸新世	26	3.8	3	Tanai, T., 1961
60	春採	北海道釧路市	春採層	後期始新世	—	(34)	(13)	Tanai, T., 1961
61	幾春別	北海道三笠市	幾春別層	後期始新世	—	(40)	(15)	棚井敏雅・植村和彦, 1983
62	宇部	山口県宇部市	沖ノ山層	中期始新世後期	46	65	23.4	Huzioka, K. & Takahashi, E., 1970
63	美唄	北海道美唄市	美唄層	中期始新世後期	48	52.1	19.2	Endo, S., 1968
64	夕張	北海道夕張市	夕張層	中期始新世中期	—	35	13.4	藤岡一男・小林政雄, 1961

大久保 (1998)

第 3 章

微化石の観察

1. 微化石とは？
2. 双眼実体顕微鏡の使い方
3. 紡錘虫の顕微鏡観察
4. コノドントの抽出法と顕微鏡観察
5. 放散虫の抽出法と顕微鏡観察
6. 有孔虫の抽出法と顕微鏡観察
7. けい藻の抽出法と顕微鏡観察
8. 貝形虫の顕微鏡観察と応用

Chapter 3

1 微化石とは？

　化石は，大きさにより大型化石，微化石，超微化石などに区別されます．厳密な定義があるわけではありませんが，一般に数十μmから数mmの大きさのものを微化石と呼んでいます．

　石灰質の小さな殻を体表に着けて生活するプランクトンを石灰質ナンノプランクトンといい，それらの大部分を占めるものにコッコリトフォリード(cocolithophorids)と呼ばれる微小な単細胞の鞭毛藻類があります．この藻類の表面を覆う石灰質の殻はココリスと呼ばれ，化石として堆積物中に保存されます．その大きさは，1μm以下から20μmを超すものまでさまざまです．このような特に小さい化石を，超微化石(nanno-fossil)と呼んでいます．

　微化石の例としては主に石灰質の殻を持った有孔虫類が有名で，地質時代のほとんどの時代に棲息していました．特に，古生代の前期石炭紀後期からペルム後期に栄えた紡錘虫(フズリナ)は示準化石として有名です．

　古生代のカンブリア紀後期から中生代の三畳紀後期まで栄え，長い間所属不明の微化石とされていたコノドント(Conodont)も，多くの種類に進化して示準化石として利用されています．その他には，二酸化けい素の殻を持った放散虫(ラジオラリア)，節足動物の貝形虫(オストラコーダ)，魚の鱗，植物の花粉，胞子，石灰藻，けい藻，それから日本ではほとんど研究がされていませんが，キチン質の殻を持ち，前期古生代に栄えたカイチノゾア(Chitinozoa)などがあります．

　これらの微化石には，生物の体そのものの体化石，コノドントや魚の鱗のように生物のある部分だけが残る部分化石の2種類があります．

第3章　微化石の観察

1 微化石が含まれる岩石

1）石灰岩（limestone）

石灰岩は，主に炭酸カルシウム（$CaCO_3$）からなる方解石やあられ石から構成される堆積岩です．色は堆積した環境などによりさまざまで，白色，黒色，灰色，褐色などがあります．先カンブリア代から現在まで，各地質時代の温かい海に堆積したことが知られており，現在のサンゴ礁のような環境で堆積したと考えられ，炭酸カルシウムの殻を持つ生物の紡錘虫，四射サンゴ，腕足類（わんそくるい），苔虫類（こけむしるい），巻き貝，二枚貝，ウミユリ，石灰藻などの化石が豊富に含まれています．

わが国では，石炭紀からペルム紀に堆積したものが多く，秋吉台，帝釈台（たいしゃくだい），阿哲台（あてつだい）のような石灰岩台地を形成し，カルスト地形が発達しています．

現在，石灰岩はカリブ海のバハマバンクに堆積していますが，地質時代の石灰岩には淡水の環境で堆積したものも知られています．

2）チャート（chert）

チャートは二酸化けい素（SiO_2）を90％以上含んだ，細粒緻密な堆積岩です．色は白色，赤色，緑色，黒色などがあります．わが国では，北海道から沖縄までの古生代後期のペルム紀，中生代の三畳紀，新生代の古第三紀などの時代のものがあります．

チャートは風化に対して強く，周囲の堆積岩から独立した急峻な地

写真3.1　チャート層の露頭

形を作ります．また，川の両岸に切り立った崖や急流からなる美しい景観を作ることもあり，岐阜県の犬山付近のチャート層を流れる木曽川は，日本ラインとして有名な景勝地になっています．

　三畳紀の大部分のチャートは，厚さ数cmのけい酸質の緻密な部分と，数mmの粘土質のフィルム状の部分の繰り返しからなる層状チャートから構成されています．

　層状チャートは，主に二酸化けい素でできた殻を持つ放散虫や海綿の骨針で作られています．チャートをフッ化水素酸で腐食し，ルーペや双眼実体顕微鏡で観察すると，放散虫と海綿の骨針が密集しているようすが観察できます．

　栃木県葛生町の鍋山層の石灰岩に介在する団塊状チャートには紡錘虫が含まれていて，石灰岩が後からチャートに置換されたと考えられる例もあります．中生代には，二酸化けい素の量が少ないけい質頁岩と呼ばれるチャートに似た岩石もあります．

3）シルト岩（siltstone）と泥岩（mudstone）

　砕屑物の粒径が1/256〜1/16 mmの大きさのものをシルトと呼び，それらが固まった岩石をシルト岩（siltstone）といいます．シルトとそれより細かい粘土からなる岩石を泥岩（mudstone），そしてそれがより硬く固まり比較的薄く割れるものを頁岩（shale）といいます．これらの岩石は，堆積した環境により，色や硬さ，構成鉱物がさまざまで，変化に富んでいます．これらの岩石は，わが国の古生代から新生代までのさまざまな地質時代に分布し，有孔虫，放散虫などの微化石を含んでいます．

4）けい藻土

　けい藻の殻と粘土鉱物から作られている岩石で，海成と淡水成のものとがあります．色は一般に淡灰色ないし淡黄色です．わが国の新生代新第三紀中新世から第四紀の地層に分布し，名前の通りけい

第3章 微化石の観察

藻類の化石が含まれています．昔，どこの家にもあった炭をおこす七輪(しちりん)は，このけい藻土で作られていました．

2 微化石の採集方法

1）石灰岩の採集方法

　石灰岩はセメントや肥料の原料になるため，セメント会社が各地で石灰岩の山を採石場としています．採石場は石灰岩がよく露出していて微化石の採集に好都合ですが，重機が動いていたり，発破(はっぱ)をしたりしていてたいへん危険なので，一般の人の立ち入りを禁止しているところがほとんどです．採石場に入って採集をするときは，前もって会社から許可をもらってください．

　石灰岩を採集するときは，ルートマップや柱状図（2章，p.12～15参照）を作りながら採集をします．谷や沢に石灰岩が分布するときも，ルートマップを作りながら石灰岩を採集し，あとで柱状図を作ります．

　紡錘虫のようにルーペで確認できる場合は，石灰岩の風化面をよく観察して，化石が含まれている石灰岩を採集するとよいでしょう．採集の間隔は，研究の内容や露出の状態で違いますが，石灰岩の下位から地層の厚さにして数十cmから数m間隔で採集します．

　石灰岩では，コノドントはルーペでは確認できない場合が多いので，ある間隔で一定量，筆者の場合は10～100cmの間隔でそれぞれ約2kgずつ採集しています．石灰岩の表面に付いたコケなどを取って10cm×10cmぐらいの大きさに割り，厚手のビニール袋か布袋に入れ，袋の口を園芸用ビニタイなどでしっかり結んで持ち帰ります．その際，採集地点の番号を油性のフェルトペンで直接石灰岩に書いたり，袋に書いたり

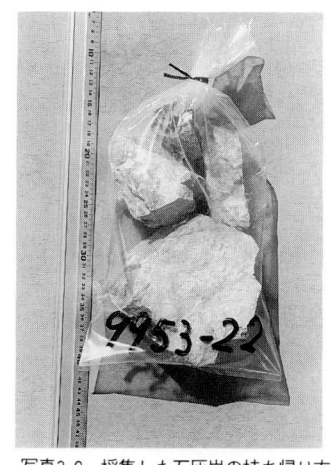

写真3.2　採集した石灰岩の持ち帰り方

69

Chapter 3

しておきます(写真3.2).

　他の堆積岩の場合でも同じですが,別の採集地点の石灰岩が混入し汚染(コンタミネーション)されないよう充分気をつけましょう.微化石は小さいので,小さな岩片でも混ざると,層位学的な研究をする場合などはまちがった結論を出すことがあります.

2) チャートの採集方法

　前述したように,チャートからはコノドントと放散虫が産出します.ただし,ジュラ紀のチャートからはコノドントが産出しません.コノドントは三畳紀末で絶滅しているからです.

　チャートの採集方法ですが,研究対象がコノドントと放散虫では方法が多少違います.

　古生代や中生代のチャート層は厚さ数cmで,よく成層した層状チャートです.微古生物学者がくわしく研究するときは,チャートの単層1枚ずつを,下位から上位に柱状図を作りながら採集していきます.放散虫の研究の場合はチャートの量は大人のこぶし大ほどで充分ですが,風化の進んでいないできるだけ新鮮なチャートを採集します.コノドントを研究の対象とするときは,コノドントが単層の層理面付近に密集していることが多いので,層理面を広く取るように採集したほうがよい結果が得られます(写真3.3).

　石灰岩と違って,チャートの層理面を15倍ぐらいの良質なルーペを使って観察すると,コノドン

写真3.3　層状チャート.「層理面を広く取る」とは,階段状になった各面を広く採集することをいう.

第3章 微化石の観察

トを発見することができます。したがって、野外でコノドントが含まれることを確認したチャートを採集すると、よい結果が得られます。石灰岩と同様に、別の層の岩片が混入しないように注意しましょう。採集したチャートは厚手のビニール袋に入れて、採集番号を油性ペンで書き、袋の口を園芸用ビニタイでしっかり結んで持ち帰ります。

写真3.4 採集番号を油性ペンで書いておく。

シルト岩(siltstone)および泥岩(mudstone)の採集方法も、石灰岩やチャートと同様です。

2 双眼実体顕微鏡の使い方

双眼実体顕微鏡は、1個の対物レンズと2個の接眼レンズにより、左右の眼で同時に標本を観察する顕微鏡です（写真3.5）。倍率はそれほど大きくありませんが、標本を立体的に見ることができます。ルーペ(虫めがね)の大きなものと解釈すればよいでしょう。

双眼実体顕微鏡は、現在各社からいろいろな機種が売り出されています。最近は、双眼鏡のように携帯できるような簡易型の機種もあり、野外で微化石を観察するのに便利です（写真3.6）。

双眼実体顕微鏡の使い方には、ステージに載せた微化石を落射式の照明装置で直接照明して観察する場合と、透過照明架台を使い紡錘虫の薄片などを観察する場合があります。取り扱いは、偏光顕微鏡よりはやさしく、それぞれの使用説明書をよく読めばすぐに使用できます。

使用上特に注意する点は他の顕微鏡と同じです。取り扱いは慎重

71

Chapter 3

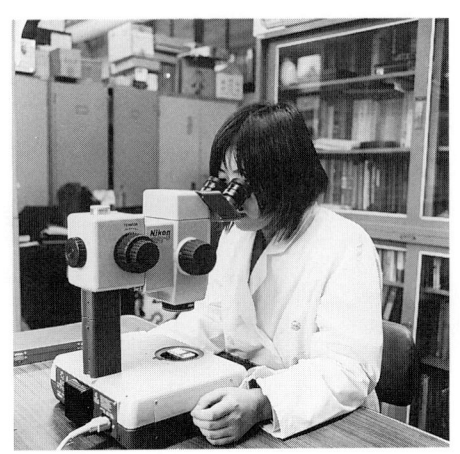

写真3.5 双眼実体顕微鏡（透過照明架台）での観察の仕方

写真3.6 携帯型双眼実体顕微鏡（ニコンネイチャースコープ「ファーブル」）

にして衝撃を与えないようにしましょう．振動などのない場所に置き，直射日光の当たる所や高温多湿の所での使用は避けます．また，レンズはほこりや指紋をつけないように気をつけ，カメラ用のブロアーでごみを吹き飛ばすとよいでしょう．

　双眼実体顕微鏡は両目で見るために接眼レンズが二つありますから，前もって観察者の目に合わせて左右のレンズの視度を調節しておきます．機種によっては，双眼鏡と同じように右側の接眼レンズだけに視度調節リングが付いたものがありますが，この場合は左目で対象物を見て微動調節ノブでピントを合わせ，その位置で右目で対象物を見て視度調節リングを動かしてピントを合わせます．

　双眼実体顕微鏡の多くは，ズームで倍率が変わるようになっています．この機種ではズームで変倍してもピントがぼけないように，説明書を参考に前もって調節するようにしましょう．透過照明架台を使う場合，ステージのガラスが傷つきやすいので，石灰岩やチャートの岩片を直接載せて観察することは避けましょう．

3

紡錘虫の顕微鏡観察

1 紡錘虫の薄片作成法

　紡錘虫類は，古生代前期石炭紀末からペルム紀末近くまで生存していた原生動物です．形はその名が示すように紡錘形のものが多いのですが，球形に近いもの，凸レンズ状のもの，円筒形のものなどもあります（図3.1）．

　紡錘虫は，内部構造を双眼実体顕微鏡で観察しなければ，属・種を鑑定することができません．したがって，内部構造観察のために紡錘虫の薄片を作ることから始めます．

　薄片の作り方は岩石薄片とほぼ同じです．まず，石灰岩を岩石カッターで切断したり，ハンマーで割ってチップを作ります．その中から以下に述べるような方法で定方位の薄片に適した石灰岩を，粗ずり，中ずり，仕上げずりと研磨して，レーキサイトセメントやエポキシ系の接着剤を用いてスライドガラスに貼り付け，次に反対側を研磨して適当な厚さにします．くわしくは5章の「1．岩石薄片の作り方」を参考にしてください．

　紡錘虫の研究には定方位の薄片，すなわち正縦断面（axial section）と正横断面（sagittal section）が必要になります．特に種の同定には，正縦断面が必要になります（図3.2）．そこで，紡錘虫を含む石灰岩を岩石カッターで切断したり，ハンマーでチップを作り，その中か

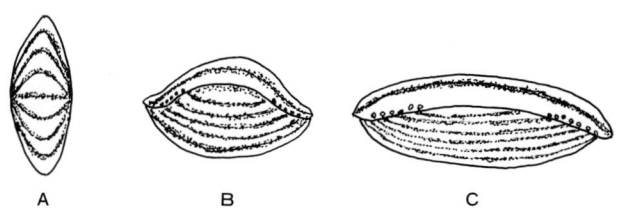

図3.1　紡錘虫の外形．A：凸レンズ状，B：亜球形，C：円筒形．

Chapter 3

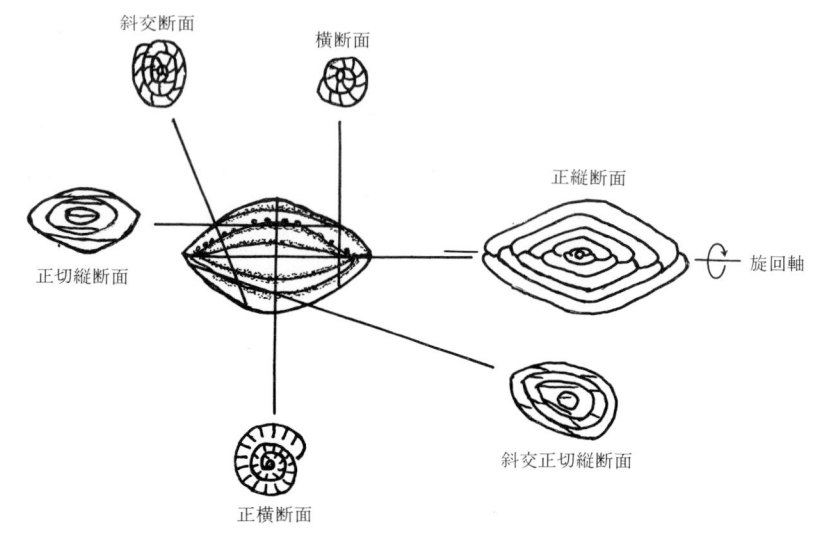

図3.2　薄片の方向（REICHEL 原図に加筆）

ら正縦断面を作らなければなりません．
　この定方位の薄片作成の方法には，次の三つがあります．
（A）スライスした石灰岩中の紡錘虫から正切縦断面に近いものを選び，それを研磨して正縦断面を作る．
（B）スライスした石灰岩の中から正縦断面に近いものを選び，少し研磨して正縦断面を作る．
（C）スライスした石灰岩中の斜交正切断面から，研磨面を修正して正縦断面を作る．
　技術的には（A）と（B）から作るのが作りやすいのですが，紡錘虫の個体数が多い場合や，石灰岩中の紡錘虫が一定方向に並んでいる場合にしか適用できません．個体数が少なかったり，紡錘虫がさまざまな方向に並んでいるときは（C）の方法をとらねばなりません．
　一般に，紡錘形や円筒形の紡錘虫は，堆積するときに旋回軸（図3.2参照）をある一定方向に向けていることが多いので，その方向を

第3章 微化石の観察

見つけて石灰岩を切断すると，正縦断面に近いものや正切縦断面を得ることができます．以下に(A)，(B)の場合の上手な面出し方法について説明します．

① 石灰岩を希塩酸に漬け，切断面やチップの表面を腐食させた後，よく水洗をして表面がよく見えるようにします．

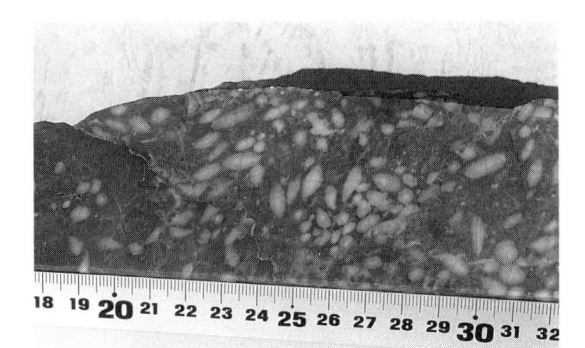

写真3.7 石灰岩の表面に紡錘虫が見える．

② 石灰岩の切断面やチップの表面をルーペでよく観察すると，写真3.7のように紡錘虫やウミユリの茎が見えます．これらの長軸の方向が，層理面に含まれる線方向です．

③ 層理面に含まれる線方向に平行な面で，石灰岩を厚さ約1cmで連続して切断します．

④ 切断面を希塩酸で腐食させたあと水洗し，紡錘虫の並んでいる方向や断面を観察します．

以上の工程を経た石灰岩をルーペで目的に合う個体を選び，それを中心に岩石カッター（写真3.8)で3cm×3cmくらいの石灰岩チップを切り出します．

次に，紡錘虫の出ている面を研磨して，正縦断面を作ります．初房(しょぼう)(後述，図3.4参照)がこれから出てくるのか，初房を通り過ぎているのか判断が難しいのですが，どちらにしても研磨してみましょう．このとき，岩石薄片の作り方と同じようにカーボランダムを使い鉄板上で研磨してもよいのですが，石灰岩は比較的柔らかい

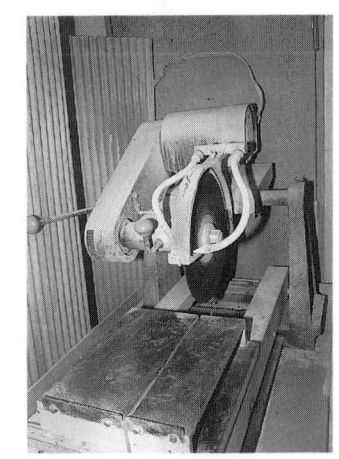

写真3.8 岩石カッター

75

Chapter 3

写真3.9 砥石の全体を使って研磨する．

ので筆者は1000番の人工砥石で研磨しています．よく水に浸した2枚の砥石を用意し，完全な平面を保つために2枚の砥石をよく擦り合わせておきます．写真3.9のように，親指，人さし指，中指でチップを挟み，あまり力を入れずに砥石の全体を使って研磨します．しばらく研磨したら，ルーペでよく見て初房が出てくる手前でやめます．

砥石は頻繁に擦り合わせをして，常に平面を保つようにします．次に，ガラス板の上でアランダム1200番を使って研磨します．ルーペや双眼実体顕微鏡で時々見ながら，初房が出てくるまで研磨します．最後に瑪瑙板の上で，3000番のアランダムで少し研磨するとよいでしょう．次に，レーキサイトセメントやエポキシ系の接着剤を用いて岩石用のスライドガラスに貼り付けて，岩石薄片の作り方と同様に反対側を研磨していきます．エポキシ系の接着剤の場合は，短時間で固まるものより，10時間ぐらいで完全に固まるタイプを利用します（「ボンドEセット90分」コニシ株式会社が使いやすい）．

石灰岩の薄片の厚さは，岩石薄片より少し厚めのほうがよい結果が得られます．厚すぎたり薄すぎたりすると，紡錘虫の殻壁の構造が見えにくいことがあります．研磨途中で薄片に水をつけて，双眼実体顕微鏡で石灰岩の厚さをチェックしましょう．

反対側の研磨が終了したら，カバーガラスをかけます．このとき，カナダバルサムをキシレンで薄めておくと泡を追い出しやすく，またカバーガラスをかけやすくなります．カナダバルサムの量が多いとカバーガラスの周りにはみ出して，手に付いたりして扱いにくくなるので，カバーガラスからわずかにはみ出るぐらいの量を工夫し

てください．カバーガラスを押し付けるときは，とがったものを使うとカバーガラスが割れるので，人さし指の腹で爪を立てずに円を描くように押し付けるのがコツです．そのまま1週間ぐらい放置し，カナダバルサムが固まったら綿棒にキシレンをつけて余分なカナダバルサムをふき取り，カバーガラスの両脇にラベルを貼って薄片の完成です．

> ①紡錘虫を含む石灰岩からチップを作る→②面出し（粗ずり→中ずり→仕上げずり）→③スライドガラスに接着→④接着面の反対側の研磨（粗ずり→中ずり→仕上げずり）→⑤カバーガラスをかける
>
> 図3.3　紡錘虫の薄片作成法のまとめ

2 紡錘虫の顕微鏡観察

1）殻の構造（図3.4）

紡錘虫は原生動物に分類されますが，石灰質の複雑な内部構造の殻をもっているため，外形だけでは分類ができません．正縦断面と正横断面の薄片を観察して，属・種の同定ができます．

初房(しょほう)：すべての紡錘虫の殻の中心にある，ほぼ球形をした室のことです．大きさは直径数μmから数mmで，小さな穴が開いていて次の

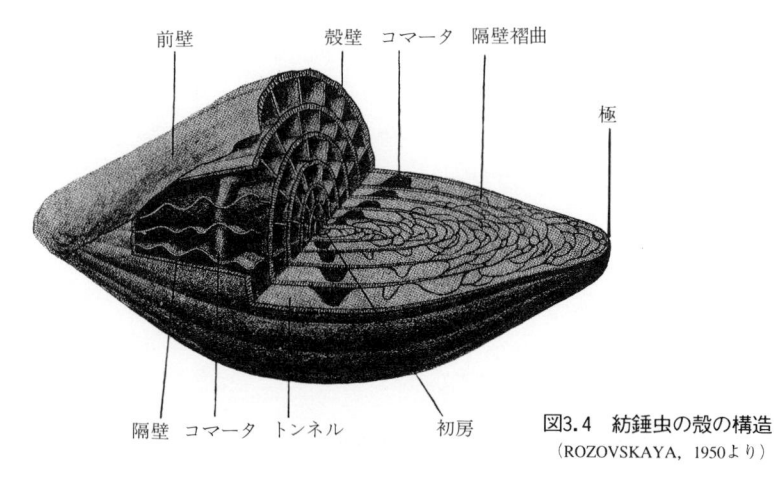

図3.4　紡錘虫の殻の構造
（ROZOVSKAYA, 1950より）

Chapter 3

室へ通じています．

殻壁構造：殻壁は，初房から外側へぐるぐる巻いて殻を成長させている室の天井に相当します．殻壁は薄い方解石の層からできていて，その構造は紡錘虫の分類の重要な要素となっており，次のような構造が知られています（図3.5参照）．

- **上部テクトリウム**：殻壁のいちばん外側に発達し，ほとんど無構造で鏡下では薄暗く見えます．
- **テクタム**：プロフズリネラ（*Profusulinella*）属などの殻壁の中層部に発達し，鏡下では濃い黒い線として見えます．
- **下部テクトリウム**：上部テクトリウムと同じ構造で，殻壁の下部に発達します．鏡下の見え方も，上部テクトリウムと同じように薄暗く見えます．
- **デイアファノテーカ**：フズリネラ（*Fusulinella*）属等に見られ，テクタムと下部テクトリウムの間に発達する透明な方解石の層です．
- **ケリオテーカ**：テクタムから垂直に下がった黒い線と透明な方解石からできています．立体的には無数の穴を持った層からなり，鏡下では櫛の歯状に見えます．

これらの各構造がいろいろ組み合わさって，次のような殻壁を形成しています．また，(a)→(d)の殻壁構造の変化は，時間の経過とともにフズリナの進化に伴って変化していったことがわかっています（図3.5参照）．

(a) プロフズリネラ（***Profusulinella***）型（3層構造ともいう）
 上部テクトリウム＋テクタム＋下部テクトリウム
 代表属：プロフズリネラ（*Profusulinella*）

(b) フズリネラ（***Fusulinella***）型（4層構造ともいう）
 上部テクトリウム＋テクタム＋デイアファノテーカ＋下部テクトリウム
 代表属：フズリネラ（*Fusulinella*），フズリナ（*Fusulina*），

ビーダイナ(*Beedina*).
(c) トリティシーテス(*Triticites*)型
テクタム＋細かく短いケリオテーカ
代表属：トリティシーテス(*Triticites*)
(d) シュワゲリナ(*Schwagerina*)型
テクタム＋太く長いケリオテーカ
代表属：シュワゲリナ(*Schwagerina*)，シュードフズリナ(*Pseudofusulina*)

　_{かくへき}
隔壁：室と室の境の仕切りを隔壁といい，最後の室と外界との仕切りを前壁(アンテセーカ)といいます．進化した属では皺のよったカーテンのように褶曲していますが，原始的な属ではほとんど平らです．

副隔壁：ネオシュワゲリナ(*Neoschwagerina*)亜科には，隔壁のほかに副隔壁が発達しています．旋回軸に平行で隔壁と隔壁の間にできるものを軸副隔壁(axial septula)といい，正横断面の薄片で観察されます．

ヤベイナ (*Yabeina*)などの最も進化した属では，隔壁の間に二つ以上の副隔壁が発達します．副隔壁が旋回軸に垂直な方向にできるものを旋回副隔壁(transverse septula)といい，正旋回副隔壁(primary transverse septula)と副旋回副隔壁(secondary transverse septula)があります．マクライア(*Maklaya*)属やカンセリナ(*Cancellina*)属やネオシュワゲリナ(*Neoschwagerina*)属ではケリオテーカが下方へ垂れ下がり，正旋回副隔壁を形成しています．ヤベイナ属では，正旋回副隔壁の間に副旋回副隔

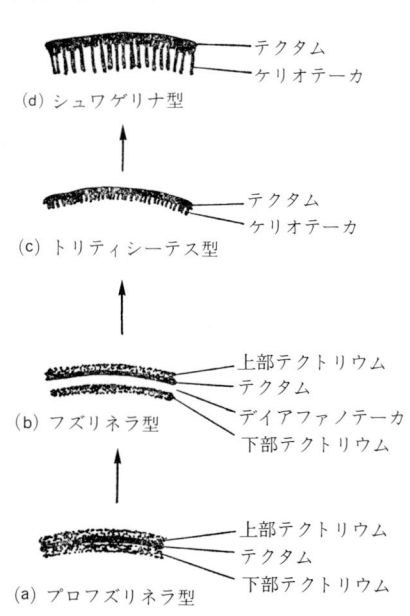

図3.5　殻壁の構造

(d) シュワゲリナ型 — テクタム／ケリオテーカ
(c) トリティシーテス型 — テクタム／ケリオテーカ
(b) フズリネラ型 — 上部テクトリウム／テクタム／ディアファノテーカ／下部テクトリウム
(a) プロフズリネラ型 — 上部テクトリウム／テクタム／下部テクトリウム

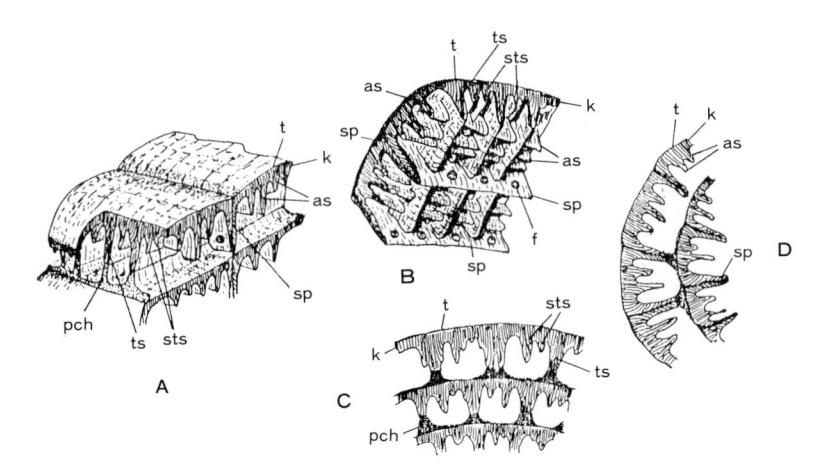

図3.6 ネオシュワゲリナ亜科ヤベイナ・グロボウサの副隔壁（小沢，1970による）
A：透視図　B：殻壁の内側　C：正縦断面の一部　D：正横断面の一部
t：テクタム　K：ケリオテーカ　ts：正旋回副隔壁　sts：副旋回副隔壁
as：軸副隔壁　sp：隔壁　pch：準コマータ　f：隔壁孔

壁が発達しています．これらの副隔壁の発達の状態は，ネオシュワゲリナ亜科の属・種の分類に極めて重要な要素となっています．

2）二次的形成物

紡錘虫の成長によって室が前面へ付加されると，室の連絡のために殻壁の下部の中央に穴が形成されます．この穴をトンネル（tunnel）といい，トンネルの両側に形成される堤防状の石灰質の二次的堆積物をコマータ（chomata）といいます．

フェルベキーナ（*Verbeekina*）亜科とネオシュワゲリナ亜科に属するものは，トンネルがなく，多数の準コマータが発達しています．ネオシュワゲリナやヤベイナでは，準コマータの先端が正旋回副隔壁と癒着します．そのため，室と室との連絡のために隔壁の下部に，旋回軸に平行な一列のフォラミナ（foramina）という穴が形成されます．

ウエデイキンデリーナ（*Wedekindelina*）属，カシフズリナ（*Quasifusulina*）

第3章　微化石の観察

属，パラフズリナ（*Parafusulina*）属などには，両極の旋回軸付近に石灰質の二次的堆積物が形成されます．これを軸充填物（axial filling）といいます．鏡下では，真っ黒な充填物として観察されます．

図3.7　軸充填物とコマータ

3 紡錘虫の進化

紡錘虫は前期石炭紀後期に出現したエオスタッフェラ（*Eostaffella*）属から，ペルム紀後期に栄えた大型のヤベイナ属まで進化しました．しかし，ヤベイナ属が絶滅した後，ライチェリナ（*Reichelina*）属やコドノフジエラ（*Codonofusiella*）属のような小さな原始的な形態の属が，ペルム紀の終わり近くまで生き残りました．

紡錘虫の進化は，世界的にだいたい同じように発展したことが知られています．つまり，科または亜科の中では，進化したものは下等なものに比べて殻が大きく（殻の増大化），一般に原始的な属は凸レンズ状の形態のものが多く，次第に旋回軸が長くなり紡錘形になっていきます．またペルム紀中期から後期には特殊化が進み，巻き方が不規則になったり，最終旋回で巻きが解けてしまった例があります（写真3.10）．

隔壁の褶曲は，オザワイネエラ（*Ozawainella*）科やスタッフェラ（*Staffella*）科のような原始的な紡錘虫ではほとんど認められませんが，シュワゲリナ科の紡錘虫では進化に伴って強くなる傾向があります．

ネオシュワゲリナ亜科の紡錘虫の副隔壁は進化に伴って

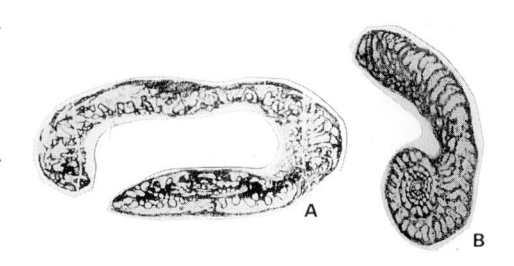

写真3.10　特殊化した紡錘虫ニッポニテーラ（*Nipponitella*）．最終の巻きがほどけてしまっている．
Aは正縦断面で長さは約6mm, Bは正横断面で幅は約4mm.
岩手県大船渡市坂本沢層産，ペルム紀前期．

複雑になり，進化系列をよく示しています．

4 紡錘虫の分類と属の同定

紡錘虫は約1億年の間に多くの種類に進化し，現在，約150属以上，3600種以上に分類されています．研究者によっては，さらに多くの種類に分類する時もあり，研究者の間で意見が分かれています．したがって，詳細は専門書を参考にしていただくことにして，ここでは日本でよく産出する属について，読者が属の同定ができるよう，それぞれの特徴を表にまとめました(p.86～91の表3.1)．

5 紡錘虫からわかること

紡錘虫類は，古生代の前期石炭紀末期からペルム紀末期まで生存していた原生動物です．殻は炭酸カルシウム($CaCO_3$)から成り，主に石灰岩から産出します．外形は名前の由来のように多くが紡錘形で，その他に亜球形，凸レンズ状，円筒形などがあります．殻の大きさは長軸が1mmに満たないものから1cmぐらいのものまでありますが，一般的には原始的な種類ほど殻の大きさは小さいようです．

地質時代の境界は，ある分類群の古生物の出現や絶滅などの事件によって決められています．それで古生代や中生代のように地質時代の名前には生物の「生」の字が入っているのです．紡錘虫は石炭紀からペルム紀にわたって生存していたため，両紀の境界を決めるのに役立っています．

以前は，紡錘虫のシュードシュワゲリナ(*Pseudoschwagerina*)属の出現をもってペルム紀の始まりとしていましたが，現在では各国での紡錘虫の層位学的研究が進み，スファエロシュワゲリナ・フジフォルミス(*Sphaeroschwagerina fusiformis*)の出現をもってペルム紀とする考えが有力のようです．

また紡錘虫は，世界各地から産出し，進化が早く，産出量が多いため，国際的な地層の対比にたいへん有効な微化石となっています．

特に生存期間の短い紡錘虫を指標に，前期石炭紀後期からペルム紀後期に多数の化石帯*)が設定されています．研究者によっては，種による細かい化石帯を提唱していますが，属で作られた化石帯は古いものから新しい順に次のようなものがあります．

写真3.11 *Sphaeroschwagerina* の顕微鏡写真．群馬県多野郡中里村叶山産．スケールバーは1cm．

　石炭紀：ミレレラ（*Milleralla*）帯，プロフズリネラ（*Profusulinella*）帯，フズリネラ（*Fusulinella*）帯，フズリナ（*Fusulina*）帯，トリテシーテス（*Triticites*）帯．

　ペルム紀：シュードシュワゲリナ（*Pseudoschwagerina*）帯，パラフズリナ（*Parafusulina*）帯，ネオシュワゲリナ（*Neoschwagerina*）帯，ヤベイナ（*Yabeina*）帯，パレオフズリナ-ライチェリナ（*Paleofusulina-Reichelina*）帯．

*）化石帯は，化石や化石群集の生存期間，群集の組成，進化段階を利用して，地層を区分する方法である．

　離れた地域の化石帯を比較することにより，それぞれの地域の地層の同時性を説明できます．この方法は，19世紀初めにイギリスのスミスによって提唱された"化石による地層同定の法則"と呼ばれている法則を発展させたものです．例えば，日本列島の秋吉石灰岩のプロフズリネラ帯とロシアのモスクワ地域のプロフズリネラ帯の紡錘虫化石の構成種がよく似ているとすると，両者の地層の同時性を証明できます．このような作業を"地層を対比する"といいます．

　紡錘虫は属の進化の様子がよく研究されていることでも有名で，多くの研究者により進化の系統樹が作られています．では，どのようにして進化をたどることができるのでしょうか？

　紡錘虫の殻は，最初にできる初房の周りに部屋がぐるぐる巻いて

Chapter 3

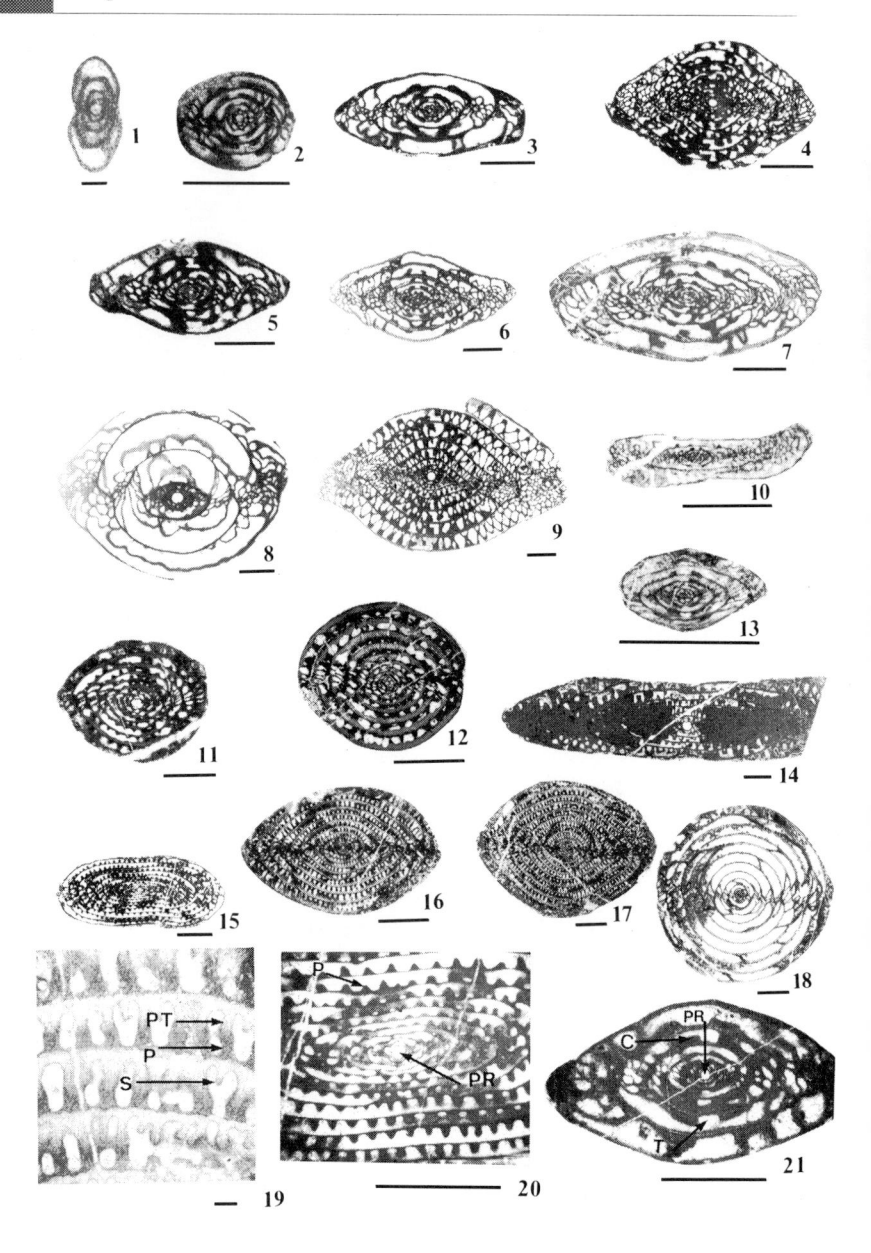

写真3.12 いろいろな紡錘虫の顕微鏡写真

1 : *Millerella yowarensis* OTA（山口県秋吉台）
2 : *Profusulinella beppensis* TORIYAMA（山口県秋吉台）
3 : *Fusulinella hanzawai* IGO（岐阜県上宝村福地）
4 : *Beedina girtyi*（DUNBER & CONDER）（アメリカアイオワ州）
5 : *Protriticites matsumotoi* KANMERA（山口県秋吉台）
6 : *Triticites beedei* DUNBER & CONDER（アメリカオクラホマ州）
7 : *Triticites* sp.（山口県秋吉台）
8 : *Pseudoschwagerina gerontica* DUNBER & SKINNER（アメリカテキサス州）
9 : *Schwagerina hawkinsi* DUNBER & SKINNER（アメリカテキサス州）
10 : *Schabertella* sp.（岐阜県郡上八幡）
11 : *Misellina claudiae*（DEPRAT）（山口県秋吉台）
12 : *Neoschwagerina* sp.（岐阜県郡上八幡）
13 : *Neofusulinella* sp.（岐阜県郡上八幡）
14 : *Parafusulina kaerimizensis*（OZAWA）（山口県秋吉台）
15 : *Pseudodoliolina ozawai* YABE & HANZAWA（岐阜県赤坂石灰岩）
16 : *Neoschwagerina margaritae* DEPRAT（岐阜県赤坂石灰岩）
17 : *Yabeina globosa*（YABE）（岐阜県赤坂石灰岩）
18 : *Verbeekina verbeeki*（GEINITZ）（山口県秋吉台）
19 : *Yabeina globosa*（YABE）
　　PT：正旋回副隔壁，P：準コマータ，S：副旋回副隔壁
20 : *Pseudodoliolina ozawai* YABE & HANZAWA
　　PR：初房，P：準コマータ
21 : *Fusulinella* sp.
　　C：コマータ，T：トンネル，PR：初房
スケールバーは1mm（ただし，1と19は100μmを示す）.

　成長します．したがって，殻の内側の旋回は幼体の時に形成されたことになります．薄片でその幼体の時の殻の構造を調べると，その属の先祖の形態にたいへんよく似ていることがわかります．したがって，進化してきた先祖の属が推定できます．このように，幼体の形態をたどっていくと系統がわかってきます．これは，ヘッケルの"個体発生は系統発生を繰り返す"という法則によく似ています．

　1992年，小沢らの，秋吉石灰岩から産出する紡錘虫の研究で，石炭紀後期にモンチパーラス（*Montiparus*）属からカーボノシュワゲリナ（*Carbonoschwagerina*）属への系統が明らかにされました（p.92の図3.8）．

　19世紀末，新生代第三紀の有孔虫ヌムライテス（*Nummulites*）属に大きな種と小さな種が共存し，それらが同一種の異なった形態であ

Chapter 3

表3.1 日本に産する主な紡錘虫の特徴と地質年代

属	殻の形, 旋回の巻き方, 旋回軸の方向	コマータ	隔壁の褶曲
ミ レ レ ラ (*Millerella*)	0.1mm	塊状	なし
オザワイネラ (*Ozawainella*)	0.2mm	非対称	なし
トリヤマイヤ (*Toriyamaia*)	1.4mm	なし	なし
スタッフェラ (*Staffella*)	0.75mm	非対称で低い	なし
シューベルテラ (*Schubertella*)	1.2mm	塊状 非対称	なし
ネオフズリネラ (*Neofusulinella*)	2.8mm	塊状	両極付近で著しい
プロフズリネラ (*Profusulinella*)	2mm	非対称	両極付近で弱くある

第3章　微化石の観察

殻壁の構造	軸充填物	準コマータ	副隔壁	その他の特徴	地質時代
O＋T＋I （3層）	なし	なし	なし	極の部分が凹んでいる．ルーペでは見つけにくい	前期石炭紀の後期 〜 後期石炭紀の前期
O＋T＋I （3層）	なし	なし	なし	殻の外囲がとがっている．ルーペでは見つけにくい	中期石炭紀 〜 後期ペルム紀
T＋無構造の層 （2層）	なし	なし	なし	旋回の軸の方向が幼殻と成熟殻で異なる．幼殻はミレレラなどに似ている	前期ペルム紀の後期 〜 中期ペルム紀の前期
（T＋D）？ （2層）	なし	なし	なし	殻の外囲が丸みをもっている	中期石炭紀 〜 後期ペルム紀
T＋D （1〜2層）	なし	なし	なし	旋回の軸の方向が幼殻と成熟殻で異なる	後期石炭紀 〜 後期ペルム紀
T＋K （非常に細い）	なし	なし	なし	壁孔がはっきりしている	中期ペルム紀
O＋T＋I （3層）	なし	なし	なし	肉眼でも発見できるが非常に小さい	中期石炭紀

Chapter 3

属	殻の形, 旋回の巻き方, 旋回軸の方向	コマータ	隔壁の褶曲
フズリネラ (*Fusulinella*)	3.5mm	塊状 非対称	中央部で弱く両極付近で著しい
フズリナ (*Fusulina*)	4.5mm	塊状非対称 進化したものは小さい	殻全体に発達
ビーダイナ (*Beedina*)	4mm	塊状	殻全体に発達
トリティシーテス (*Triticites*)	3.5mm	明瞭に発達	両極付近で著しい
シュワゲリナ (*Schwagerina*)	7.8mm	あるが不明瞭で小さい	殻全体に発達
シュードフズリナ (*Pseudofusulina*)	8.5mm	内部旋回にある	殻全体に発達
シュードシュワゲリナ (*Pseudoschwagerina*)	9mm	内部旋回にある	両極付近で著しい

第３章　微化石の観察

殻壁の構造	軸充填物	準コマータ	副 隔 壁	その他の特徴	地質時代
O＋T＋D＋I （4層）	なし	なし	なし	プロフズリネラに似ているが少し大きい	中期～後期石炭紀
O＋T＋D＋I （4層）	なし	なし	なし	長円筒形	中期～後期石炭紀
O＋T＋D＋I （4層）	なし	なし	なし	短紡錘形	中期～後期石炭紀
T＋K （2層）	なし	なし	なし	紡錘形	後期石炭紀～前期ペルム紀
T＋K （2層）	弱くあるものもある	なし	なし	初房が小さい	前期～中期ペルム紀
T＋K （2層）	なし	なし	なし	殻壁が厚い 初房が大きい	前期～中期ペルム紀
T＋K （2層）	なし	なし	なし	内部旋回はきつく巻いている	前期ペルム紀

89

Chapter 3

属	殻の形, 旋回の巻き方, 旋回軸の方向	コマータ	隔壁の褶曲
パラフズリナ (*Parafusulina*)	8.5mm	なし	殻全体に 著しく発達
フェルベキーナ (*Verbeekina*)	8mm	なし	両極部で少し
ミッセリナ (*Misellina*)	2.5mm	なし	なし
シュードドリオリナ (*Pseudodoliolina*)	4.5mm	なし	なし
ネオシュワゲリナ (*Neoschwagerina*)	6mm	なし	なし
ヤベイナ (*Yabeina*)	9mm	なし	なし

第3章 微化石の観察

殻壁の構造	軸充填物	準コマータ	副 隔 壁	その他の特徴	地質時代
T＋K（2層）	よく発達	なし	なし	殻が大きく長円筒形	中期ペルム紀
T＋K（2層）	なし	内部少し，外部連続してある	なし	殻は球形．初房が小さく幼殻はスタッフェラに似ている	中期ペルm紀
T＋K（2層）	なし	ある	なし	初房が小さく，殻は亜球形	前期ペルム紀
T＋薄い暗層（2層）	なし	ある	なし	初房が比較的大きく，殻は円筒形	前期ペルム紀
T＋K（2層）	なし	ある	正旋回副隔壁 軸副隔壁	初房が小さく，殻は亜球形	中期ペルム紀
T＋K（2層）	なし	ある	正旋回副隔壁 軸副隔壁 副旋回副隔壁	殻は亜球形で大きい	中期ペルム紀の後期

O：上部テクトリウム
T：テクタム
I：下部テクトリウム
D：デイアファノテーカ
K：ケリオテーカ

Chapter 3

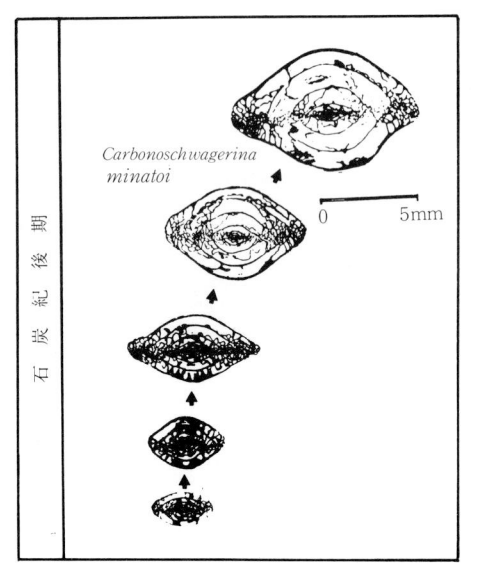

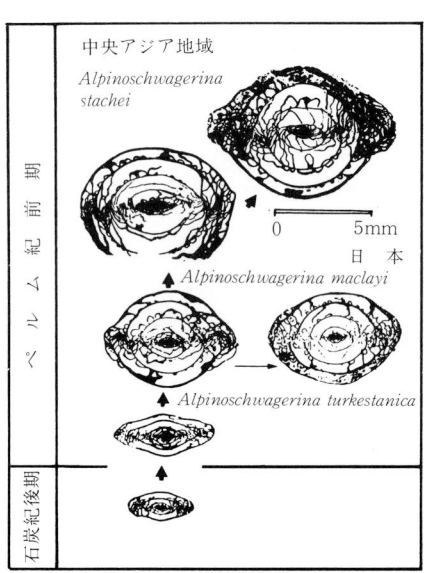

図3.8　日本列島の石炭紀後期に認められた，カーボノシュワゲリナ(*Carbonoschwagerina*)属の進化系統(左)と，石炭紀後期からペルム紀前期にかけて中央アジア地域から日本にかけて認められた，スファエロシュワゲリナ(*Sphaeroschwagerina*)属の進化系統(右).
(OZAWA, WATANABE, KOBAYASHI(1992)より改作)

ることがわかり，これを同種双型(dimorphism)と呼びました．1895年，リスターは，現生の有孔虫を飼育研究し，有性生殖で生まれた個体は非常に小さい初房と大きな殻に成長すること，無性生殖から生まれた個体は大きな初房を持った小さな殻に成長することを明らかにして，有性生殖の殻を微球形(microspheric form)，無性生殖の殻を顕球形(megalospheric form)と呼びました．

　有孔虫と同様に，紡錘虫にも同種双型があり，昔から注目されていました．1936年，アメリカの著名な古生物学者のダンバーらは，アメリカ合衆国のテキサス州のペルム紀のパラフズリナ(*Parafusulina*)属とポリデイクソデーナ(*Polydiexodina*)属に微球形と顕球形を発見し，顕球形の初房は微球形のそれに比べ直径で約10倍も大きいが殻長は1/2しかないこと，微球形は顕球形に対して個体数が著しく少ないことを明らかにしました．

第3章 微化石の観察

4 コノドントの抽出法と顕微鏡観察

　コノドントとは，りん酸カルシウムを主成分とする，主に角(つの)状あるいは鋸の歯のような形をした微化石です．最初にコノドントが発見されたのは130年も前のことで，その後，多くの学者によって研究がなされたにもかかわらず，それがどのような形をしてどんな機能を持っているか，あるいは分類上の所属などが長い間不明で，謎の化石といわれていました．

1 抽 出 法

1）石灰岩の場合

　わが国では，コノドントは主に石灰岩とチャートから産出します．これらの岩石の採集方法についてはp.69～71に述べた通りで，以下の手順で抽出していきます．

①採集してきた石灰岩をはかりを使って1kg秤量します．これは，あとで一定量の石灰岩に産出したコノドントの数を定量する時のために行います．

②秤量した石灰岩を，かな床(とこ)の上でクルミ大に砕きポリバケツに入れ，約10％前後の氷酢酸(CH_3COOH)を加えます．筆者は大量の石灰岩を処理するために，食品添加用の20l入りの氷酢酸を利用しています．冬季には氷酢酸が凍るので，あらかじめ50％前後に希釈しておきます．また使用する時，ぬるま湯で希釈すると反応が速く進み，時間を短縮することができます．

③荷札に採集地点の番号を油性のフェルトペンで記入して，ポリバケツの取っ手に結んでおく（こうすると複数の処理に便利）．特に，異なった地点の石灰岩が混ざらないように注意しましょう．石灰岩は3～5日で反応が終了します．

④ポリバケツの上澄み液を捨て，#100～150メッシュのふるいの

Chapter 3

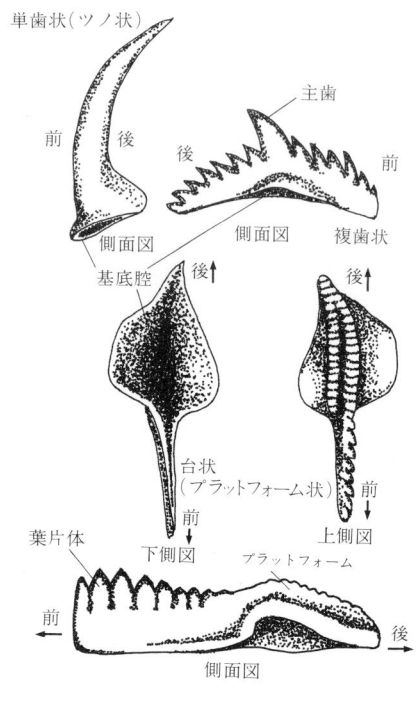

[図：コノドントの形態図。単歯状(ツノ状)、主歯、前、後、側面図、複歯状、基底腔、台状(プラットフォーム状)、下側図、上側図、葉片体、プラットフォーム、側面図のラベル付き]

図3.9　コノドントの形態

上に＃2～4メッシュのふるいを重ね，その中に洗浄ビンに入れた水でポリバケツの底に溜まった残渣と石灰岩をよく洗い流し，＃100～150メッシュのふるいに受けた残渣を直径9cmぐらいの蒸発皿にあけます．このとき，＃100～150メッシュのふるいの裏から，洗浄ビンの水をかけながら行うと残渣を集めやすいです．＃2～4メッシュのふるいを重ねるのは，ポリバケツから石灰岩が転げ落ちて＃100～150メッシュのふるいを傷つけないようにするためです．

注意 以上の操作は換気のよい所で行い，耐酸性のゴム手袋を着用すること．

⑤コノドントは方解石より比重が大きいので，しばらく静止させると下へ沈みます．その後蒸発皿の水を静かに捨て，蒸発皿ごと定温乾燥機に入れて乾燥させます．このとき温度を上げすぎるとコノドントが壊れるので，50～60℃ぐらいで乾燥します．

2）チャートの場合

石灰岩の場合とほとんど同じですが，氷酢酸の代わりにフッ化水素酸を使います．多量のフッ化水素酸は危険なので，筆者は半導体用フッ化水素酸（フッ化水素50％含有）の1kg入りを使用しています．

注意 フッ化水素酸はたいへん危険な薬品なので，扱いには特に注意し，気体を吸い込んだり，体に付けないように気をつける．フッ化水素酸を扱うときは，耐酸性のゴム手袋を着用してドラ

第 3 章　微化石の観察

フトの中で行う．フッ化水素酸を蓄えておくときは，必ず鍵のかかる薬品庫に保管すること．

① 10cm×10cm ぐらいの層理面がついたチャートの単層を数枚，2 l 入りのポリエチレン製のメスカップに入れ，5～6％のフッ化水素酸水溶液になるように，水とフッ化水素酸を加えます．

② 一般に，数時間以上 24 時間以内ドラフト内に放置してから残渣を採集します．フッ化水素の濃度と反応時間は，チャートによって違いがあるので，いろいろ変えて試してみてください．24 時間が経過してもフッ化水素酸は中和されないので，残渣を採集する時は，ポリバケツにフッ化水素酸水溶液を取って再利用するとよいでしょう．

③ 残渣を金属メッシュのふるいに取る時は石灰岩と同じですが，換気のよい所やドラフトの中で行います．チャートや金属メッシュのふるいを水洗した後の水も強い酸性なので，ポリエチレン製のたらいなどにためておき，アンモニア水などを加え中和してから捨てます．

2 コノドントのピッキングと顕微鏡観察

まず，マス目板を作っておきます．13cm×9cm ぐらいの黒く塗った厚目のボール紙に，白色のポスターカラーで 3～5mm のマス目を引きます．ボール紙の大きさは自分の手に合った寸法にするとよいでしょう．マス目を引くときは，烏口を使うと細い線が書けます（写真 3.13-b）．

マス目板ができたらコノドントを拾い出すピッキング作業をします．乾燥した石灰岩やチャートの残渣の入った蒸発皿を親指と中指で挟み，人さし指で軽く蒸発皿の縁をたたきながらマス目板の上に撒きます．このときマス目が見える程度に，残渣を薄くむらなく撒くのがコツです．

残渣の撒かれたマス目板を双眼実体顕微鏡のステージに載せ，落

Chapter 3

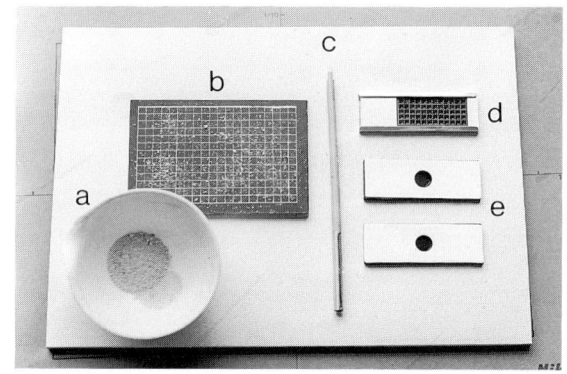

写真3.13 残渣をマス目板(b)に撒いたところ．これを双眼実体顕微鏡で見ながら面相筆(c)でコノドントを拾い出し，微化石用スライド(d,e)の穴に置く．aは蒸発皿に入った残渣，dは群集スライド，eは単孔スライド．

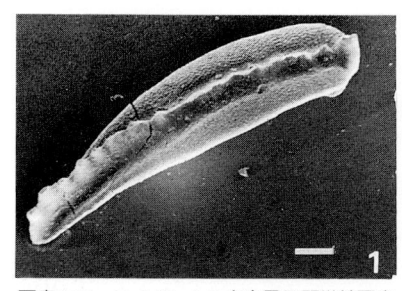

写真3.14 コノドントの走査電子顕微鏡写真
1：*Neogondolella* sp.
2：*Sweetognathus* sp.
スケールバーは1が83μm，2は50μm，
岐阜県郡上八幡産，ペルム紀前期

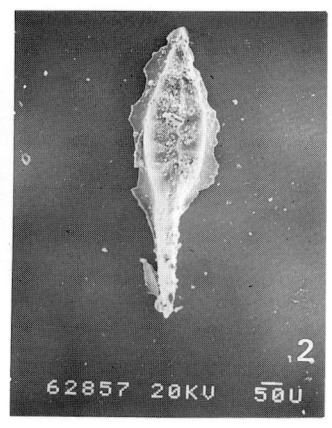

射照明装置で照明し，左手でマス目板を動かしながら右上のマスから下へ順に見ていきます．コノドントが見つかったら，面相筆に水をつけて拾い出して，微化石用スライドの穴に置きます．このとき，コノドントを壊さないように注意しましょう．

　コノドントを鑑定するときは，双眼実体顕微鏡下で30～100倍くらいの倍率で充分ですが，コノドントの写真を撮る時は走査型電子顕微鏡で撮影すると，全体にピントが合ったよい写真を撮ることがで

きます（写真3.14参照）.

3 コノドントからわかること

　コノドントは，りん酸カルシウムを主成分とする微化石です．外形は変化に富み，単歯状（角状），複歯状，台状（プラットフォーム状）に大別され，大きさは0.1～数mmくらいです．古生代の初めのカンブリア紀後期に出現し，中生代前期の三畳紀末に絶滅しました．

　ロシアのパンダー（1794～1865）はコノドントを最初に研究し，コノドントという名称も彼により付けられました．パンダーは1856年，「ロシアのバルチック地方のシルル紀魚類化石」という論文を書きましたが，その時はコノドントを魚類の歯と考えていました．そして，個々のコノドント一つ一つに学名を付けました．

　アメリカの古生物学者のヒンデ（1839～1918）は，一つ一つのコノドントは元はいくつかが集合して動物の器官を形成していたと考え，この器官をもった動物をコノドント動物と呼びました．その後パンダーの魚の歯説は否定され，分類上の位置について，線虫の結合組織，環形動物の歯，原索動物，軟骨魚類など，さまざまな説が出されましたが，しかし依然としてコノドント動物の軟体部の化石が見つからず，約120年以上謎の化石となっていました．

　コノドントは短期間に多くの属・種に進化したため，ほかの微化石と同じように，化石帯を設定し地層を対比するのに有効な微化石です．かつてアメリカ合衆国の西部から石油がたくさん産出していた頃は，石油を探査したり掘削するのにコノドントが利用されました．そのため，石油会社の研究所にはコノドントを専門に研究する多くの学者がいました．

　1973年，アメリカ合衆国のモンタナ州で，石炭紀の石灰岩から，胃の部分にコノドントを複数持った，長さ7cm，幅1.5cmのナメクジウオのような化石が発見されました．この化石を研究したメルトンとスコットは，この化石がコノドント動物であると発表しました．

Chapter 3

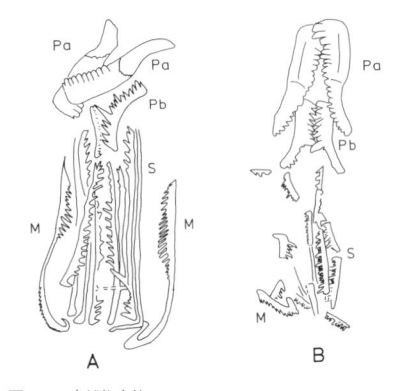

図3.10 自然集合体
A：シュミットが1934年にドイツから報告した、コノドントの自然集合体（×6.5）．B：アメリカのイリノイ州から産出したコノドントの自然集合体（×9.5）．時代はA,Bとも石炭紀．Paがプラットフォーム状コノドントを示している．

アメリカ合衆国やドイツなどからは、頁岩の層理面上にコノドントが多数集まっている標本が古くから発見されていました．そして、これらがコノドント動物のある器官であると考えられ、自然集合体と呼ばれていました（図3.10）．自然集合体の研究から、コノドントが作る器官には1対のプラットフォーム状コノドントが含まれていることがわかっていましたが、メルトンらの発見したコノドント動物には数個のプラットフォーム状コノドントが含まれており、自然集合体のコノドントの器官と明らかに構成が異なっていました．このような理由で、現在ではメルトンらの発見したのはコノドント動物ではなくコノドント動物を食べた動物で、コノドントは消化されずに胃の中に残ったものということになりました．

1982年、イギリスのクラークソンは、エジンバラの地質調査所で、保管されていたスコットランドの下部石炭系から発見されたエビの化石の再研究をしていました．そのとき、二つにはがれた頁岩の表面に、頭のほうにコノドントを持った細長いウナギの子供のような生物の化石を発見しました．

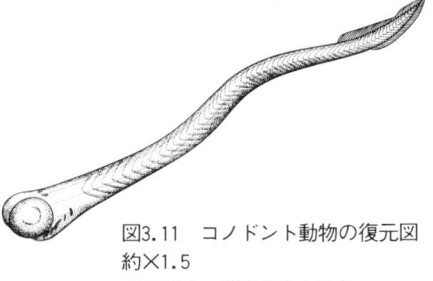

図3.11 コノドント動物の復元図
約×1.5
（アルドリッジ他（1993）による）

クラークソンは、それをコノドントの著名な研究者でレスター大学のアルドリッジと、ロンドン大学のブリッグスに見せました．ブリッグスは、カナダのバージェス頁岩から発見されたコノドント動物に近縁な化石を研究していました．

彼らはすぐに，その化石がコノドント動物であることに気がつきました．そして彼らは1983年，スウェーデンの学術誌に「コノドント動物」と題した論文を発表し，世界の古生物学者に大きな衝撃を与えました．現在コノドント動物は，メクラウナギに近縁な脊椎動物の祖先と考えられています．

　コノドントはしばしば，ゴニアタイトやアンモナイトなどの頭足類の化石といっしょに産出します．したがって，ゴニアタイトやアンモナイトによって時代がわかっている石灰岩からコノドントの産出順序を研究すると，大型化石が産出しないチャート層の地質年代を決めることができます．

　わが国の美濃帯，丹波帯，秩父帯とされていた地質区には厚い層状チャートが広く分布し，その近くの石灰岩からペルム紀の紡錘虫が産することから，多くのチャート層がペルム紀のものと考えられていました．ところが，1960年代から1970年代にかけて，日本各地のチャート層からコノドントが発見されました．ドイツやアメリカでは三畳紀のアンモナイトと共存するコノドントの研究がすでにあり，それらを参考にすると，日本各地のチャート層から発見されたコノドントは三畳紀を示すものでした．この発見と，後述する1980年代以降の放散虫の研究とが総合されて，日本列島の成り立ちのシナリオが今までとたいへん違ったものになったのです．

5
放散虫の抽出法と顕微鏡観察

　放散虫は英語でラジオラリア(Radiolaria)といい，けい酸質の殻や骨格を持ち，主に外洋にすむ単細胞動物です．カンブリア紀に出現し，現世にも生息しています．化石として保存されるのは骨格や殻で，チャート，けい質頁岩，頁岩，凝灰岩などに含まれています．

大きさは約0.2mmぐらいで，球形，環状，タケノコ状など，さまざまな形をしています．

1 抽 出 法

チャートからコノドントを取り出す時と同じように，フッ化水素酸を使います．処理する岩石の量はコノドントより少なく，クルミ大のサンプルが数個あれば充分です．したがって，メスカップもそれに合った大きさのものを選びます．

フッ化水素酸の濃度は，岩石の種類や時代によってさまざまです．筆者は5％から15％までを使い分けています．反応時間は，濃度が濃い場合は短時間で，薄い場合はその反対に長くしています．保存のよい放散虫を得られるように，濃度と反応時間を変えてやってみてください．

筆者は，メスカップから残渣を取り出すときには，直径10cmくらいの金属ふるいについている金属メッシュの網を取り去り，#300くらいのボルテングクロスを輪ゴムで付けて使っています．ボルテングクロスは使い捨てにします．これは，放散虫がコノドントより小さいのと，棘(とげ)のあるものが多く，金属メッシュに前に処理したサンプルからの放散虫が残っていることがあるので，他の産地の標本との汚染(コンタミネーション)を防ぐためです．金属メッシュで残渣を採集するときは，#200ぐらいのメッシュを使います．

放散虫のピッキング作業はコノドントと同様に，双眼実体顕微鏡を用いて行います．

2 生物顕微鏡での観察

生物顕微鏡用のスライドガラスにキシレンで約50％に薄めたカナダバルサムを数滴垂らし，その上に乾燥した残渣を薄くまきます．その上にカバーガラスを静かに置き，これを定温乾燥機に入れ40〜50℃に保ち，24時間くらい放置した後，生物顕微鏡のメカニカルス

テージにセットして，プレパラートを視野の上から下へ順番に見ていきます．まず，20～30倍から始めます．

放散虫が見つかったら，100倍から200倍の倍率に上げ，微動ネジを使って放散虫の外側から内側へピントを移動させて殻の装飾や室の数を調べます．くわしく研究するときは，コノドントと同様に走査型電子顕微鏡で写真を撮影します．

3 分　類

放散虫は古生代のカンブリア紀末期から現世までの長い間存在しているため，分類もたいへん複雑です．古生代前期は，球形と左右対称形のスプメラリア亜綱（Spumellaria）が優勢でした．後期デボン紀から石炭紀にかけて多くの科が出現し，内部骨格が中心で接合するエンタクテイニア科（Entactiniidae）やアルバイレラ科（Albaillellidae）が進化します．

中生代になると，古生代型の放散虫と入れ替わり，新たにナッセラリア亜綱（Nassellaria）が発展してきます．新生代に入ると，殻の構造はさらに複雑化し，深海底掘削計画の進展に伴って，浮遊性有孔虫とともに詳細な化石分帯がなされるようになりました．

4 放散虫化石からわかること

わが国で最初に放散虫化石の研究を行ったのは江原真伍で，1926年，四国の四万十帯の地層に放散虫化石が多産することに着目し，世界各地から報告されていた放散虫化石と比較しました．その後1938年，藤本治義が関東山地の三波川系の変成岩から放散虫化石を発見し，その地質時代をジュラ紀としました．これらの研究はチャートや頁岩の薄片をもとにされたものだったため，放散虫化石の断面のみの観察でした．したがって，表面の装飾や内部骨格などの重要な情報は得られませんでした．

その後わが国での放散虫化石の研究は途絶えていましたが，1980

Chapter 3

年代に入り，フッ化水素酸による抽出方法の確立，走査型電子顕微鏡の普及，深海掘削計画による調査によって浮遊性有孔虫や石灰質ナンノ化石を基準とした放散虫化石の化石帯の確立，カルフォルニアでの白亜紀の放散虫化石の研究などが刺激となって，わが国でも研究が再開されました．

その結果，1985年頃までには，コノドントの場合と同じように，今まで古生代後期と思われたチャート層やけい質頁岩から，中生代のジュラ紀や白亜紀の放散虫化石が続々発見されてきました．この発見により，古生代や中生代の微化石や地層を研究していた研究者は一斉に放散虫化石の研究を始め，新たな知識が蓄積されていきました．その結果，中部地方の美濃帯と呼ばれている地質区では，ペルム紀の石灰岩や三畳紀のチャート層が，ジュラ紀の地層の中に巨大な礫として入り込んだ状態で堆積していることがわかってきました．このことがきっかけとなって，日本列島各地の古生代や中生代の地層の多くは現在の位置より南の赤道近くに堆積し，マントル上の海洋プレートとともに今の位置に運ばれてきて，海洋プレートが現在の日本列島の位置近くでもぐり込んでいったために，海洋プレートの一部とチャート層などの大洋底堆積物が次々と付け加わった付加帯によって作られたと考えられるようになりました．

6
有孔虫の抽出法と顕微鏡観察

1 有孔虫とは

有孔虫とは，海に棲む単細胞生物で，石灰質あるいはけい酸質の殻を持ち，多くは海表を浮遊しています．有孔虫の仲間では，八重山諸島の星砂が有名です．

ここで扱う有孔虫は，新生代の第三紀や第四紀に海洋環境で生活していたものです．古生代や中生代にも有孔虫がいましたが，紡錘虫と同じように固結した石灰岩などから産出するので，紡錘虫と同じような方法で研究します．新生代の有孔虫には，浮遊性と底棲の生活形態のものがいます．

　有孔虫が産出する岩石は砂岩や泥岩で，堆積した地質時代や堆積環境，続成作用などによって，未固結なものと固結したものとがあります．層位学的研究が目的の場合は，他の微化石と同じように柱状図を作りながら，ある一定の間隔や岩相ごとに試料を採集します．

　有孔虫の抽出方法は貝形虫の場合とほぼ同じなので，くわしくはp.110の図3.16を参考にしてください．

2 有孔虫からわかること

　有孔虫は現在の海洋域に広く生息しています．そのため，現生の有孔虫については古くから，群集と生息環境の生態学的研究結果が蓄積され，有孔虫の生息分布と環境要素の解析が進んできました．例えば太平洋では，赤道を挟んで対照的に北洋，北亜熱帯，熱帯，南亜熱帯，亜南極帯，南極海など区分されています．またその成果を化石有孔虫に応用し，地層の堆積環境の解析もできるようになりました．これらの研究は，石油や天然ガスの開発に必要な堆積盆の堆積環境を明らかにするために応用されてきました．また他の微化石と同じように，有孔虫は地層を区分する化石層位学に利用されているのです．

7
けい藻の抽出法と顕微鏡観察

　けい藻類は，現生する代表的な植物プランクトンの仲間で，海水

Chapter 3

にも淡水にも生息しています．けい藻化石の最も古い記録は，海棲のもので白亜紀後期から，淡水棲のものは新第三紀から知られています．わが国では，長野県下の白亜紀から産出したという報告があります．

1 抽出法と観察法

けい藻は，細胞の周りにあるガラス質でできた殻の模様で種類を決めるので，顕微鏡観察のときは，この殻だけを残すような処理をします．

けい藻は泥岩やけい藻土から多産しますが，殻の大きさが10〜200 μmなので肉眼で見つけることができません．ほかの微化石と同様に，試料の混入が起こらないように気をつけましょう．

未固結の岩石の場合は，ビーカーに過酸化水素と5gくらいの試料を入れてアルコールランプで煮て，それに硫酸を加え，有機物を取り去ります．それを一昼夜放置した後，上澄み液を捨て蒸留水で洗います．それを遠心分離器にかけ，遠心管の底にたまった懸濁液をピペットやスポイトでとり，これを試料にします．

三脚にのせた石綿金網の上にカバーガラスを置き，アルコールランプかガスバーナーで加熱します．現生のけい藻の研究者は，セランというセラミックスの板をガスコンロ上で熱しているそうです．次に，懸濁液をカバーガラスの上に滴下します．ところが，スライドガラスとカバーガラスの間に屈折率の低いガラス質けい藻の殻を挟むので，縞模様がよく見えません．そこで，封入剤として和光純薬から発売されている「マウントメディア」を使います．

化石けい藻の顕微鏡観察は現生のけい藻の研究法とあまり変わらないので，化石を扱う場合も現生のけい藻の研究法が参考になります．東京学芸大学生物学教室の真山研究室のホームページ（珪藻の世界）には，現生のけい藻のくわしい説明が出ています．特に簡単にできるけい藻殻の観察方法では，(1)採集方法，(2)被殻のクリーニン

グ方法，(3)プレパラート作成法が掲載されていて，大いに参考になります．

(URL http://www.u-gakugei.ac.jp/~mayama/diatoms/Diatom.htm)

2 けい藻化石からわかること

けい藻は，淡水，汽水，海水で光合成を行って生活しています．ですから，けい藻化石の種類によって，産出する地層の堆積環境がわかります．例えば，陸地の近くの浅海に堆積したものか，陸域の沼や湖に堆積したものかがわかります．また，ほかの微化石のように，生存していた地質時代が明らかになっているものは，地層の年代もわかります．最近では，湖沼の汚染もけい藻化石を利用して調べられているようです．

8
貝形虫の顕微鏡観察と応用

貝形虫は介形虫とも書き，その名の通り，二枚貝のように上部の蝶番（ちょうつがい）で接合した左右2枚の殻を持っています（図3.12）．しかし，大きさは1mmほどと小さく，分類上も軟体動物ではなく，節足動物の甲殻類（カニやエビの仲間）の1グループで，貝形類と呼ばれています．殻と呼ばれている部分は，もともとはカニでいえば甲羅に当たる背甲で，これが真ん中で左右に割られて腹側に折り畳まれ，からだ全体をくるんだ構造となっています．殻の中には小さなカニやエビのような動物体が入っており，殻の開いた部分から足を出して這ったり泳いだりします．この仲間で一般に名前がよく知られているのは，夜光性のウミホタルです．

貝形類は古生代カンブリア紀に出現して以来現世まで，海域から陸水域までの，水のある環境のほとんどの場所に生息してきた適応

Chapter 3

力の極めて高いグループです．このため，貝形虫の種数は，化石・現生を合わせて10万種にも達するといわれています．このような多様性のため，時代や環境の違いによって種構成が大きく異なり，示準化石や示相化石としても有効な生物です．

1 示準化石として

海生のものについてみると，太平洋だけでも12の生物地理区が認められており，その一つの日本区の中だけでも太平洋側と日本海側では属レベルで群集構成に違いが認められます．このような分布特性のため，海生の貝形虫化石は同一の生物地理区内では有効な示準化石となるのですが，それを越える広域での対比に使うことは難しくなります．これに対して，淡水生のものには，汎世界的な分布をするものが少なくなく，このため海生種よりもはるかに広域での対比が可能です．また，非海成層では他の有効な示準化石が乏しいこともあり，重要な役割を果たしています．

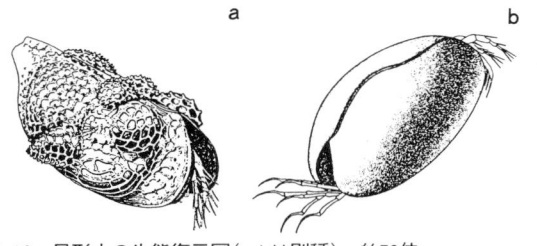

図3.12 貝形虫の生態復元図(a,bは別種)．約50倍．
2枚の殻の間から付属肢を出して海底を歩いているところ
出典：池谷仙之・山口寿之『進化古生物学入門』p.16,東京大学出版会(1993年)

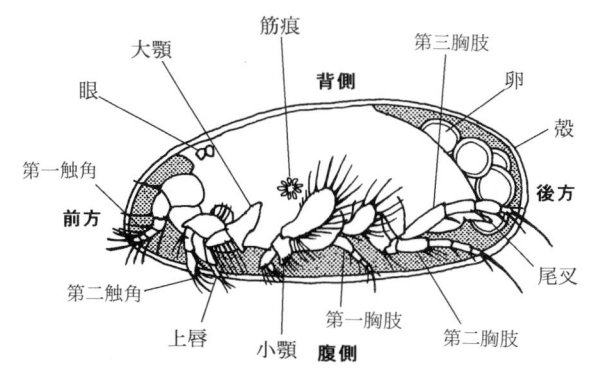

図3.13 貝形虫のからだのつくり
(Brasier, M. D., Microfossils. Georage Allen & Unwin p.123を改図)

貝形類にどのようなグループがあり，地質時代を通してどのグループが繁栄してきたかを振り返ってみましょう（図3.14）．

古生代のカンブリア

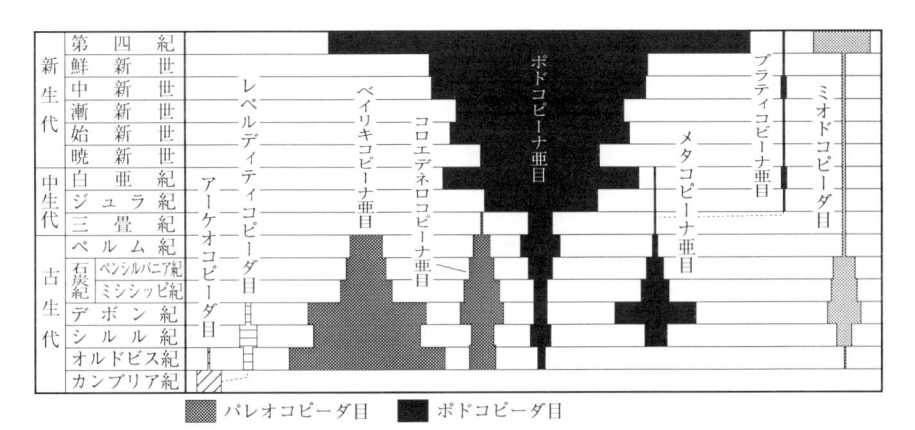

図3.14 地質時代を通して繁栄したグループの移り変わり

紀には，カニでいえば甲羅に相当する背甲が正中線に沿って折り畳まれる形で，初めて左右2枚の殻をもった最古のグループであるアーケオコピーダ目が誕生し，唯一のグループとして繁栄しました．オルドビス紀に入るとこのグループは激減し，やがて絶滅します．代わって，オルドビス紀以降の古生代末までの長い期間は，背縁とそこにある蝶番の部分がまっすぐで長いことで特徴づけられるパレオコピーダ目やレペルディティコピーダ目が繁栄しました．レペルディティコピーダは，その外形がアーケオコピーダに似ていることなどからその子孫であると考えられていますが，殻が厚く石灰化し，大きさも5〜30mmとたいへん大きいという違いがあるほか，殻の中央部に筋肉のついていた跡（筋痕）が明瞭に認められ，左右の殻を閉じる筋肉が発達しており，かなり進化していることがわかります．ちなみに，日本における最古の化石は，オルドビス紀の貝形虫で，1980年に岐阜県上宝村の一ノ谷層から発見されたレペルディティコピーダ目です．

　パレオコピーダ目は古生代における最も重要なグループで，殻の表面に溝のある彫刻が刻まれているのが特徴です．このグループは多数の種を含む多様なグループで，二つの下位のグループに大きく

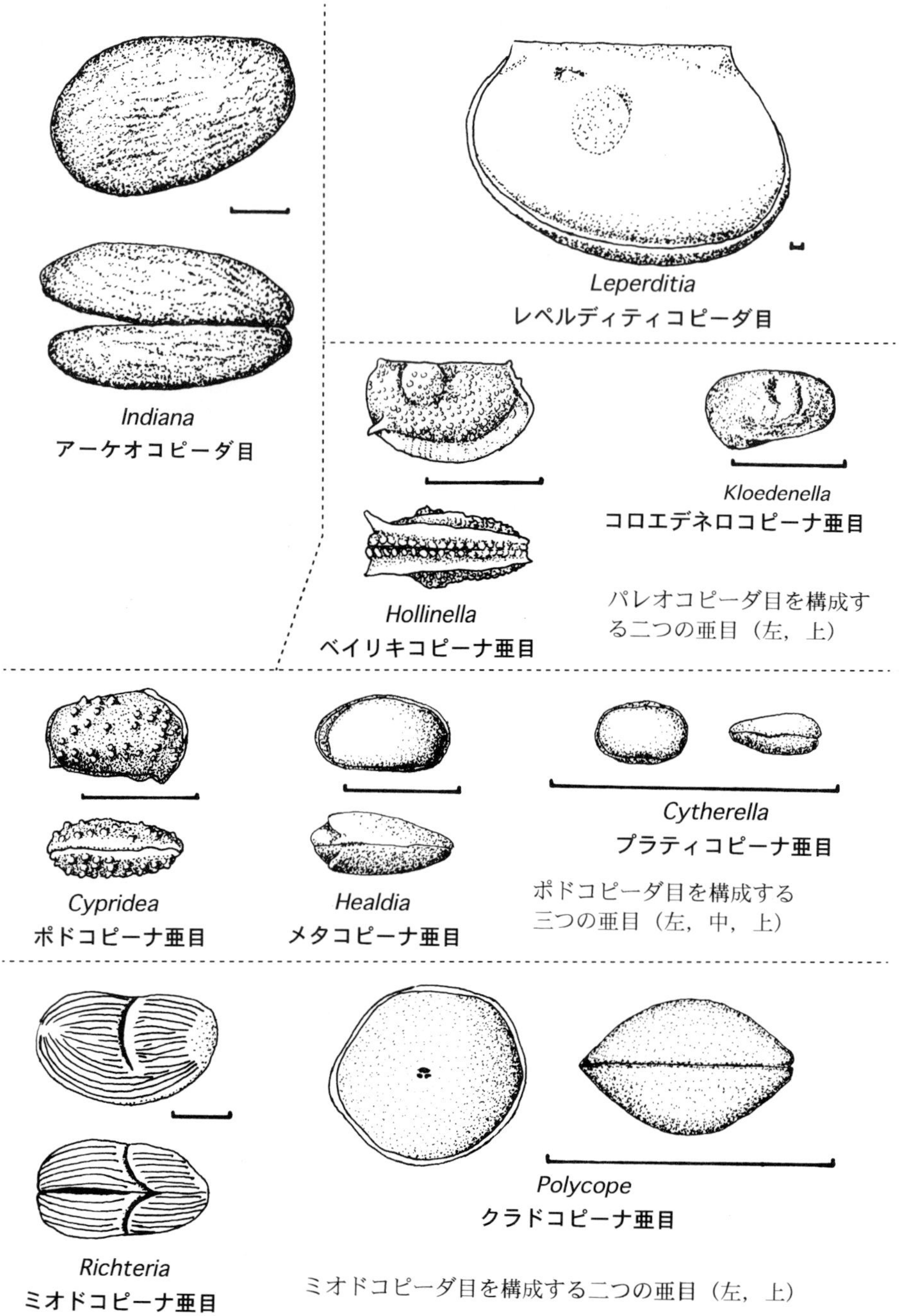

図3.15 貝形虫の目と亜目の代表的な種(スケールバーは1mm)

Indiana アーケオコピーダ目

Leperditia レペルディティコピーダ目

Hollinella ベイリキコピーナ亜目

Kloedenella コロエデネロコピーナ亜目

パレオコピーダ目を構成する二つの亜目（左，上）

Cypridea ポドコピーナ亜目

Healdia メタコピーナ亜目

Cytherella プラティコピーナ亜目

ポドコピーダ目を構成する三つの亜目（左，中，上）

Richteria ミオドコピーナ亜目

Polycope クラドコピーナ亜目

ミオドコピーダ目を構成する二つの亜目（左，上）

分けられています（ベイリキコピーナ亜目とコロエデネロコピーナ亜目）．

中生代以降は背中側が丸く，背中以外の部分で殻が内側に折りたたまれてできた内殻の発達したポドコピーダ目が主体となります．中生代の三畳紀，ポドコピーダ目の中の1グループであるメタコピーナ亜目から発生したプラティコピーナ亜目は，種数はずっと少ないものの，現在まで生きながらえているグループです．ポドコピーナは，出現はオルドビス紀と古いのですが，古生代の間は少数派でした．しかし，中生代末にパレオコピーダ目のほとんどが絶滅したのと入れ替わる形で繁栄を始め，途中で中生代末にやや減少しますが，その後は現在まで著しく種数を増やし，現世の貝形類の大半を占めるほどに繁栄しています．ミオドコピーダ目は，オルドビス紀に出現し，古生代に繁栄した後少なくなり，新生代第四紀になって再び繁栄しているグループです．

このように，貝形類の古生代から現在までの長期にわたる変化は，進化を考えるうえではたいへん興味深いのですが，地層の対比に用いる示準化石としては，もっと生存期間の短い属や種のレベルで考える必要があります．現在，地質時代の紀のレベル，あるいは，紀の中の前・中・後期というレベルまで，時代を判定することができることがわかっています．くわしいデータはMoore R. C. が編集した英文の専門的な書物などにしかありませんが（p.299の16）参照），日本産の主要な属については『日本古生物図鑑』（北隆館，p.300の12）に写真が載っているので，参考にしてください．

2 示相化石として

貝形虫は，海生の底生の群集についてみると，大陸棚上の浅海では多数の種から構成され多様性が高く，また，個体数も極めて多いのですが，内湾や深海では群集を構成する種は非常に少なくなっています．ただし，個体数では，内湾は大陸棚に劣らず多いのに対し

て，深海では極端に少なくなります．このような群集としての特性のほかに，種や属のレベルでもいろいろな環境に適応しているので，示相化石として有効です．

しかもそれは，従来のように「内湾」というような漠然とした形で環境を示すのではなく，環境要素を具体的に数値で表すことができるようになりつつあります．その具体的な例として，池谷仙之（静岡大学）によって提案された生物古温度計と生物古水深計という方法があります．

底生の貝形虫が強く地域性をもっているのは，海水の温度や水深，塩分濃度，底質などの要素に敏感だからです．そこでこれを利用して，化石群集の「群集組成」を，さまざまな環境に見られる現生の群集の「群集組成」のどれに最も似ているかを調べることで，具体的に何℃という数値で古水温を，何mという数値で古水深を，それぞれ推定することができるのです．それには，湾域，沿岸域，上・中部大陸棚域，下部大陸棚域–上部大陸斜面域などの環境にどのような現生群集がいるのかということと，その場所の環境要素について，膨大なデータベースが必要となりますが，池谷は，日本列島を取り巻く水深200m以浅の273地点から得られた貝形虫を100個体以上含む底質表層資料を用いてこのデータベースを作り，石川県金沢市周辺に分布する前期更新世（約100万年前）の大桑層で古水温と古水深を調べました．そして，具体的な古環境や過去の環境変動のようすを明らかにしたのです（詳細はp.299の13)参照）．

③ 顕微鏡観察

1) 抽出法(図3.16)

①試料の乾燥と秤量

母岩処理と抽出法は有孔虫の場合とほぼ同じです．採集してきた岩石試料は，乾燥しやすくするため1cm角程度の岩片に砕き，これを蒸発皿に入れて，電気定温乾燥器で100℃以下で1〜2日ほど乾燥さ

第3章　微化石の観察

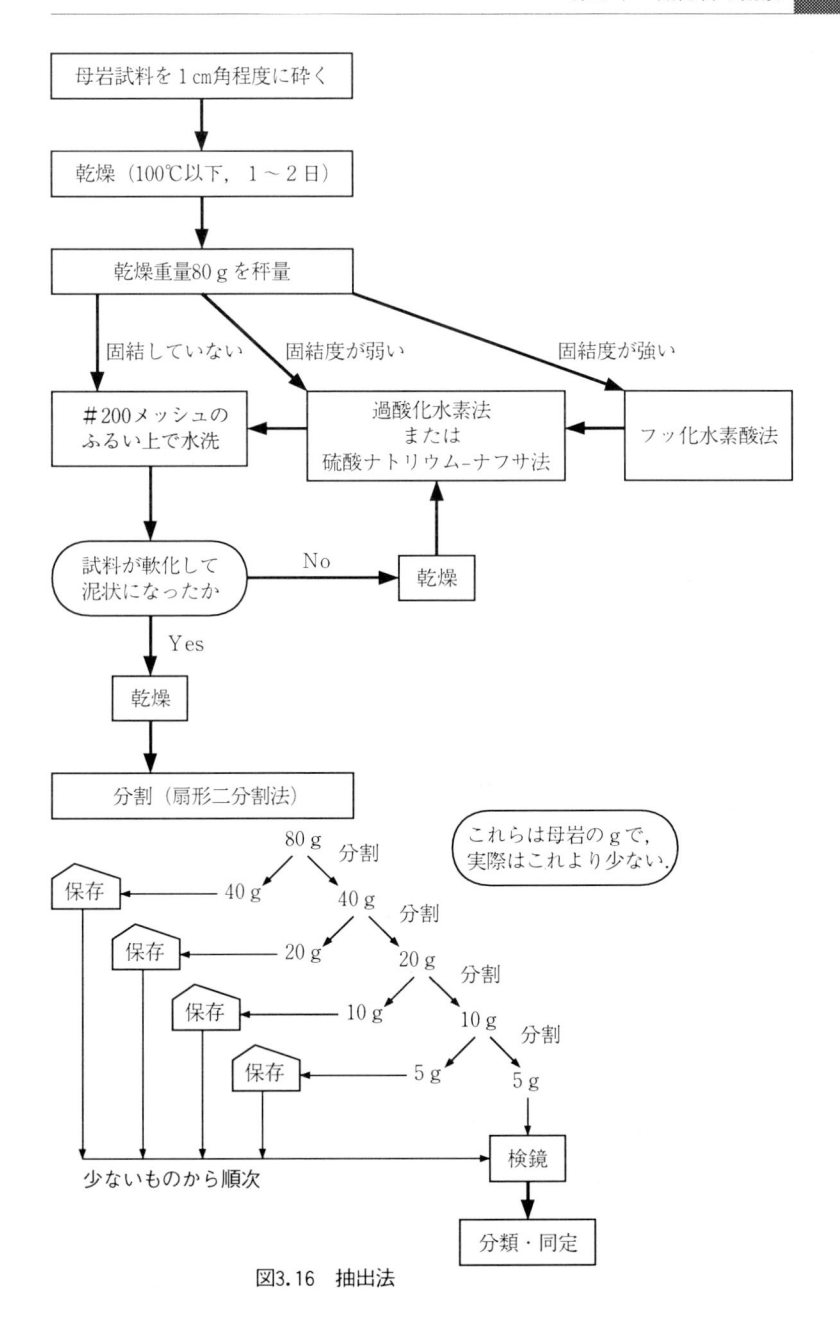

```
母岩試料を1cm角程度に砕く
        ↓
乾燥（100℃以下，1〜2日）
        ↓
乾燥重量80gを秤量
   ↓固結していない   ↓固結度が弱い          ↓固結度が強い
#200メッシュの    過酸化水素法            フッ化水素酸法
ふるい上で水洗 ← または         ←
              硫酸ナトリウム-ナフサ法
        ↓                ↑
試料が軟化して  ──No──→  乾燥
泥状になったか
        ↓Yes
     乾燥
        ↓
  分割（扇形二分割法）
```

80g 分割
40g ← 保存
40g 分割
20g ← 保存
20g 分割
10g ← 保存
10g 分割
5g ← 保存
5g → 検鏡 → 分類・同定

少ないものから順次

これらは母岩のgで，実際はこれより少ない．

図3.16　抽出法

せます．この乾燥試料を，あとで二分割を繰り返したときに切りのよい値になるように，80gを秤量して抽出の操作を始めます．

②抽出

貝形虫は殻が小さく軽いため，通常は泥質岩に多く含まれていますが，細粒砂岩からも得られます．貝形虫の抽出法は，これらの母岩の固結度によって異なってきます．第四紀と新第三紀の後期の泥質岩や砂岩の場合は，ほとんど未固結なので，＃200メッシュのふるい上でシャワーによる水洗をするだけです．かたまりが残るようであれば指で軽くすりつぶすようにすればよいでしょう．

ここで＃200メッシュのふるいを用いるのは，貝形虫の殻がこのふるいの目よりも大きいのですべて残るのに対して，堆積物の大半をなす泥（1/16mm以下）は，ふるいの目の大きさが1/13.2mmであるためすべて流れ去るからです．このとき流れ去った泥の量は残った粒子の乾燥重量からわかり，それによって堆積物のおよその含泥率が求められます．

これよりも古い時代の泥質岩や砂岩の場合は，固結していて水洗だけではバラバラにならないことが多いので，水洗に先立って適当な方法で軟化させる必要があります．この軟化の方法としては，固結度の比較的弱い泥質岩に対する過酸化水素水法，中程度の固結度の泥質岩に対する硫酸ナトリウム–ナフサ法，固結が進んだ泥質岩に対するフッ化水素酸法などがあります．

A．過酸化水素水法（図3.17）

過酸化水素水法は一度水洗したものを，大きめのビーカーなどに移して5～10％程度の過酸化水素水を加えて発泡するときの力で内部から壊す方法です．発泡がおさまった後もかたまりが残っているようであれば，煮沸することで完全に軟化できることも多いので，試してみましょう．

B．硫酸ナトリウム–ナフサ法

この方法は，硫酸ナトリウム法で処理をした試料にさらにナフサ

第３章　微化石の観察

図中の注記（図3.17 過酸化水素水法）:
- １０％の過酸化水素水を少しずつ注ぐ．泡が出なくなるまで放置する．
- 試料が泥状にならなかった場合
- 10～20分間沸騰させ，泥状にする．
- 試料が泥状になった場合
- ＃100～150メッシュのふるいでふるう
- シャワーで水洗する．
- ふるいに残った粒子を回収し，乾燥させる．

図3.17　過酸化水素水法

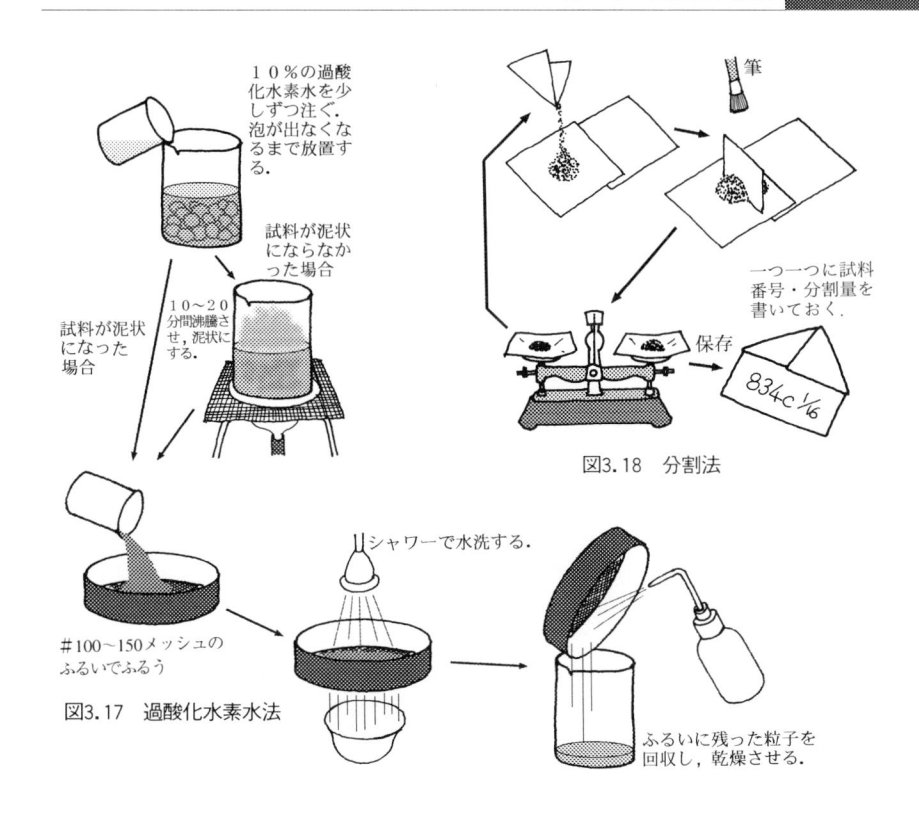

図中の注記（図3.18 分割法）:
- 筆
- 一つ一つに試料番号・分割量を書いておく．
- 保存
- 834-c 1/6

図3.18　分割法

法で処理を重ねる方法です．弱～中程度に固結した泥質石に対して用いられる最も一般的な方法ですが，硫酸ナトリウム法単独でも，ナフサ法単独でも有効です．

　硫酸ナトリウム法は，まず熱湯に硫酸ナトリウムを溶かしてさらに煮沸して飽和溶液をつくり，これを金属碗（写真3.15参照）に入れた乾燥試料にかけて充分しみ込ませます．余分な溶液は濾紙でこし取って，濾紙上の残渣は金属碗に戻します．これを数日放置して乾燥させると，硫酸ナトリウムの結晶が成長するときの圧力で，母岩が内部から破壊されます．これに熱湯をかけて煮沸して硫酸ナトリウムを溶かした後，上記の方法でふるい上で水洗しますが，かたまりが残っていることが多いので，乾燥させてナフサ法で再度処理

113

写真3.15 乾燥試料と加熱用の砂皿
硫酸ナトリウムの結晶ができる際に，ビーカーでは割れるおそれがあるので金属碗を用いる．また，加熱には大きめの砂皿を使ったほうが安定した加熱が可能で，しかもいくつもの試料を同時に処理できる．

をします．

　ナフサ法は，まず大きめのビーカーに入れた乾燥試料にナフサを充分しみ込ませて，余分なナフサを濾紙でこし取ります．次に熱湯を入れて，さらに煮沸します．試料中にしみ込んだナフサが激しく気化しますが，このときの圧力で試料が粉砕されます．また，このとき化石の表面に付着した汚れも取れるので効果的です．1～2時間ほどでナフサのにおいがしなくなるので，加熱を止めて上記の方法で水洗します．

C．フッ化水素酸法

　これは放散虫の抽出に使われる一般的な方法で，硬質頁岩・けい質岩のような特別に硬い岩石に対して有効です．ただし，実際には，この方法を用いなければ取り出せないような貝形虫化石が研究対象とされることは比較的少ないので，ここでは省略します．具体的な操作手順は，放散虫の項（p.100）を参照してください．

②試料の分割

　上記の方法で抽出した試料を乾燥させ，貝形虫群集の種構成が保たれるような方法（図3.18）で二分割を繰り返します．このような分割法は，貝形虫に限らず，群集として微化石を研究する際には欠かせない方法です．こうして分割した試料は薬包紙に包んで保存しておきます（写真3.16-A）．

2）貝形虫化石のピッキングと観察方法

　双眼実体顕微鏡のほかに，写真3.16のような器具を用意します．砂の中から貝形虫化石を拾い出すピッキング作業では，双眼実体顕

第3章　微化石の観察

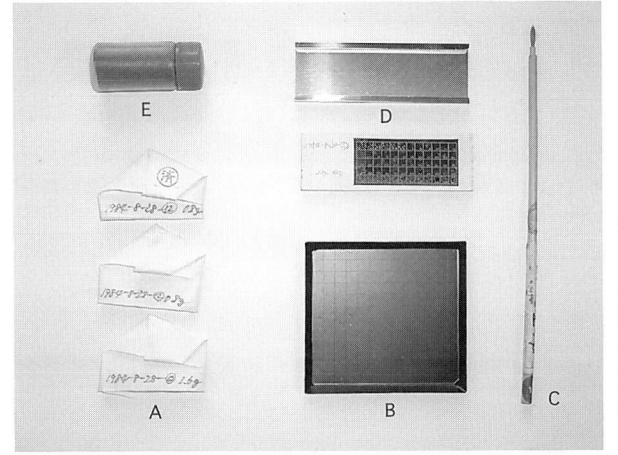

写真3.16　貝形虫化石の
　　　　　観察に必要な器具など
A：分割した試料
B：ピッキング用のトレイ
C：ピッキング用の面相筆
D：微化石用群集スライド
E：食紅（観察しやすくする
　　ための着色剤）

　微鏡は視野の広い10倍の接眼レンズを用いて，比較的低い倍率で観察しましょう．トレイ（黒い艶消し塗装をした5mm方眼の入った皿：写真3.16-B）に，最も細かく分割した試料を粒子同士が重ならない程度に適当にばらまいた後，1マスずつ観察して貝形虫化石を探します．見つけた場合は，水に濡らした面相筆（写真3.16-C）で吸い付けて拾い上げます．これを微化石用スライド（単孔スライド（写真3.13-e）と群集スライド（写真3.13-d，写真3.16-D）がある）上に移して，整理します．分類学的に整理する場合は種の同定などの際に，細部の観察が必要になるので，倍率を上げるとともに，照明の方向を変えたり食紅（食品用の着色剤：写真3.16-E）で着色すると凹凸がわかりやすくなります．

3）観察のポイントと分類・同定

　貝形虫の殻は，次のような部分に注目すると種の同定ができます．

A．殻全体の形状

　殻全体の形状は種によって一定しており，分類・同定をする際の有効な基準の一つとなります．特に，もう一つの有効な基準である表面装飾が乏しいグループについては（非海生のグループはこれが

Chapter 3

多い), 最も重要な基準となります.

　ただし, 貝形虫は脱皮によって段階的に成長するので単に大きさが違うだけでは別の種とは言えません. また, 最終段階の成体になるときには, それまでの幼体の殻とは殻の外形が変化するので注意しなければなりません. したがって分類は, 成体の殻の形態のみに基づいて行われます. しかし, 実際には幼体の段階の薄い殻が化石となることはまれで, あまり問題にはなりません. また, 左殻は右殻よりも少し大きい場合が多く (p.108の図3.15参照), 例外もありますが, 多くの種で大きい左殻は右殻に覆い被さっており, 大きさや形の上で左右の殻は非対称です. したがって, 外形は基本的には同じ側の殻どうしで比較しなければなりません.

　さらに, 雄は成熟すると体の後部に, 体全体の3分の1にもなるような巨大な生殖器を持つので, その分だけ殻は後方に長く伸びます. また, 殻の幅も雌よりも狭いため, 一見してスリムです. 一方, 雌は多くの場合, 抱卵のスペースのため後背部が肥大しています. しかし, これら以外の特徴が同じであれば別種ではなく雌雄の差(性的二型)であるということになるので, 貝形虫では殻から雄と雌が区別できるということになります. 古生物では化石からは雄と雌の区別はできないのがふつうなので, このことは貝形虫化石の大きな特徴といえます.

B. 殻の表面装飾

　殻の表面装飾は, 微細なものから大きなものまでいろいろあり, それらがまた多様です. 微細なものは走査型電子顕微鏡を用いなければ観察できないので, 双眼実体顕微鏡で観察できるのは比較的大きな構造物だけになります. しかし, 殻の表面装飾としては他の生物よりもはるかに変化に富むため, 特別に微妙な場合を除いては, 双眼実体顕微鏡下の観察だけで分類することが可能です.

　主な構造物をあげてみましょう. まず, 殻表面で盛り上がっている構造としては, 図3.19に模式的に示したようなものがあり, 具体

第 3 章　微化石の観察

図3.19　側方伸長

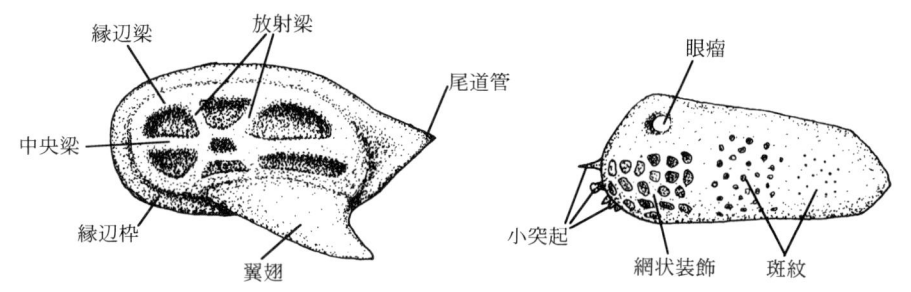

縁辺梁／放射梁／尾道管／中央梁／縁辺枠／翼翅

図3.20　表面装飾など

眼瘤／小突起／網状装飾／斑紋

(図3.19, 図3.20ともに，主な構造物を示すために描いたもので，実在する種ではない)

的には，殻の周囲を取り巻く縁辺枠，腹部に張り出した翼翅，背後部に細長く突き出した尾道管，前縁・背縁・腹縁に沿って伸びる縁辺梁（梁は凸部が直線的につながった部分を指す），殻中央部を横切る中央梁，殻中央部から放射状に伸びる放射梁などです．ただし，個々の種ではこれらの構造物のうちのいくつかが見られるだけで，中には全く見られない種もあります．なお，これらの凸部（側方伸長という）の作られた理由は，殻の強度を増すためであろうと考えられます．

　殻の蝶番のある部分以外の縁辺部を葉縁といいますが，この一番外側の部分には，図3.20のような歯状，瘤状，針状，棍棒状などの小突起がよく見られます．殻の表面に発達する装飾としては，細い壁と小さな凹みからなる網状装飾や，丸い小さなくぼみが斑点状に分布する斑紋が多くの種類で見られます（同じく図3.20参照）．その他に，前方上よりの眼の部分に眼を保護するとともにレンズの役割を果たす眼瘤と呼ばれる小さな瘤が見られることがよくあります．

C．殻の内部形態

　殻の内側の表面にも多くの重要な形態が見られますが，各構造物の説明は省略します．専門書を見てください．

　以上かなり専門的な用語を用いて説明しましたが，まずは，拾い

Chapter 3

出した標本を自分の目で見比べながら，似たものどうしを群集スライドの同じマスに入れるということを繰り返して，整理してみましょう．他の微化石より観察できる形質が多く，しかも一つの形質の中に大きな変異が認められるので，専門的な細かいことは何も知らなくても，誰にでも初歩の分類はできます．ふつうはこれで充分ですが，もし，同じマスに入ったものがさらに2種類に分けられるようであれば，それは雄と雌の違いと考えてよいでしょう．自分なりに分類した後，それぞれの種に具体的に名前を付けたくなったところで，図鑑を用いて写真や図と見比べていきましょう．これでほとんどのものについて名前も付けられます．それが難しい場合に，初めてくわしい説明などを読む必要が出てきます．そのとき，ここで使った専門用語を参考にしてもらえばよいのです．とにかく，自分の目で実際の化石を分けることが第一です．

第4章

鉱物の光学的性質と偏光顕微鏡のしくみ

1. 鉱物の光学的性質
2. 偏光顕微鏡のしくみ
3. 偏光顕微鏡の使い方
4. 簡易型偏光顕微鏡
5. 偏光顕微鏡による光学的観察
6. 偏光顕微鏡観察の記録法
7. フォトルミネッセンス（発光性）

Chapter 4

偏光顕微鏡を使って，岩石やそれを構成している鉱物を観察するには，光そのものがどのような性質を持っているのか，また，光の性質がもたらす現象の基礎的な事柄や，鉱物のような結晶質のものが光に対してどのような特徴を示すかなどを知っておかなければなりません．これらのことは，私たちがいつも経験していることで，決して難しいことではありません．結晶や鉱物を観察したときに感じる美しさや不思議さとも関係していることです．

鉱物の中には，ふつうの光の下では特に変わったことを示さなくても，紫外線のような光を当てると，それが刺激となって蛍光やりん光を発するものがあり，それらの色によってどんな鉱物であるかを知ることができます．この方法は，特定の鉱物の探査や宝石の鑑定としても使われています．

まずは，光が結晶の中をどのように進むか，その結晶が光に対してどのような特徴を示すかということについて，身近な方解石（図4.1）を用いて調べてみましょう．

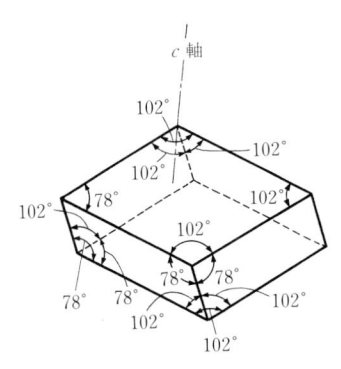

図4.1 方解石
（内藤卯三郎(1930)『光学要論』培風館，p.334の第250図）

1

鉱物の光学的性質

1 方解石と偏光板による実験

方解石は，鉱物としての一般的な性質としての①結晶の形，②色，③光沢，④透明度，⑤硬度，⑥条痕色，⑦へき開，⑧塩酸による発泡など，肉眼で観察できる多くの性質を備えています．

方解石の形はいろいろありますが，最も一般的な形は菱面体です．

例えば，方解石の塊にハンマーで軽く一撃を加えると，たやすく砕けて多くのへき開片（鉱物が決まった方向に割れる性質を「へき開（劈開）」といいます）となります．方解石が菱面体のへき開片となるのは，割れやすいへき開の面が3方向にあるためで，小さく砕けた方解石でも菱面体となり，へき開片はいずれも相似形です．

　ここで，方解石のへき開片と偏光板を用いて，簡単な実験をしてみましょう．ここで使う方解石は一辺が2～3cmくらい，厚さが1～2cmくらいのもので，光学実験用の透明なものを用意します．白い紙の上に，直角に交わる2本の直線を引きます．直線は実線を上下方向，破線を左右方向とします．

【実験1】（写真4.1）

　①方解石のへき開片を二つの直線の交点の上に，四つの頂点がそれぞれ2本の直線の方向と一致するように置き，紙に書かれた2本の直線を観察します．上下方向の実線は1本のままですが，左右方向の破線は2本に見えます．この2本に見えるうち，1本は紙に書かれている破線の位置とほぼ一致していますが，他の1本はそれよりも下の方向に見えます．

　②次に，方解石のへき開片を紙面に平行に45°右へ回転させます．今まで1本に見えていた実線も2本に見えてきます．左右の破線と同じように，2本見えるうち，1本は紙に書かれている実線の方向とほぼ一致していますが，他の1本はそれよりも左の方向に見えます．また，破線のほうは2

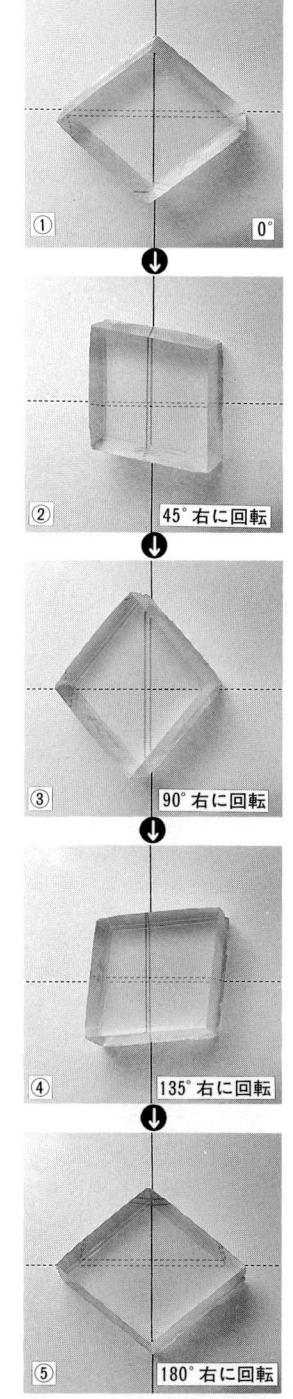

写真4.1　方解石を用いた【実験1】

Chapter 4

本の線の間隔が①のときより少し狭くなっていますが，1本は紙に書かれている破線の位置とほぼ一致したままになっています．

③方解石のへき開片を，さらに45°右に回転させます．つまり，最初から90°右に回転した位置です．上下方向の実線は2本に見えます．このうちの1本は紙に書かれている実線の位置とほぼ一致していますが，他の1本はそれよりも左の方向に見えます．しかし，今まで2本に見えていた左右方向の破線は1本になって見えます．

④方解石のへき開片を，さらに45°右に回転させます．つまり，最初から135°右に回転した位置です．2本の線の見え方は②と同じように，上下方向の実線も左右方向の破線も2本に見えます．これらのうちの1本は，それぞれ紙に書かれている実線および破線の位置とほぼ一致していますが，他の1本の見え方も②の場合と同じ関係で，実線は左で破線は上の方向に見えます．

⑤方解石のへき開片を，さらに45°右に回転させます．つまり，最初から180°右に回転させた位置です．①と同じように，上下方向の実線は1本に見えますが，左右方向の破線は2本に見えます．破線の1本は紙に書かれている線の位置とほぼ一致していますが，もう1本は今度は上側に見えます．

⑥方解石のへき開片を，さらに45°ずつ右に回転させます．つまり，最初から225°，270°，315°，360°右にそれぞれ回転させた位置になります．これはちょうど④，③，②と対称の位置になり，2本の線の見え方の関係もそれぞれ同じになりますので確かめてください．

【まとめ1】 方解石のへき開片を通して見える像は二つになって見えます．その見え方は，へき開片を紙面に平行に回転させていくことにより，へき開面の菱形の鈍角を二等分する方向に二つになって見えます．

【まとめ2】 方解石のへき開片を紙面に平行に回転させながら，二つの像の動きを観察すると，その一つの像は，ガラス板を通して見たのと同じようにほとんど動きませんが，もう一つの像は動いて

いくことが確認されます．

【まとめ３】 これらのことから，方解石には屈折を行う方向が二つあることが考えられます．

【上級実験１】 目を２本の直線の交点の真上に置き，方解石のへき開片を【実験１】-①の位置から，鈍角のある頂点だけを紙面から離すように，へき開片を立てるように上げていきます．左右の２本の破線の間隔が狭くなっていくことを確認しながらゆっくりと上げていくと，１本に見えるようになります．つまり，上下にも左右にも屈折を起こしていない方向があります．この方向が光軸で，二つの屈折のない方向です．それは結晶のc軸の方向であり，結晶主軸ともいわれています（図4.1参照）．

【実験２】 今度は，偏光板を用います．偏光板は一つの方向に振動する光，つまり偏光しか通さないような装置です．したがって，偏光板２枚の振動方向が同じならば光は通過できますが，その振動方向が90°異なっているとすべての光は通過することができません．偏光板１枚を用いて，【実験１】の①～⑥と同じ操作で２本の直線がどのように見えてくるのか観察します．

【実験３】 方解石のへき開片を【実験１】の①～⑥のそれぞれの位置で，偏光板を通して観察します．そのとき，偏光板を回転させて１本の線が見えたら，偏光板をゆっくりと90°回転させていくと，先ほどとは別の線が見えることを確認してください．

【まとめ４】 偏光板を通して見える線は，１本であり，偏光板を回転させることにより方解石を通過した光は二つの偏光であることが確認できます．

【上級実験２】 【実験１】では方解石のへき開片は１個でしたが，今度はへき開片をもう１個用います．１個のへき開片は【実験１】-①の位置に置き，その上にもう１個のへき開片を乗せます．そして，①から⑥のように，上に載せた方解石を回転させていきます．この二つの方解石のへき開片を通して見える線の数は，最大何本になる

でしょうか．また，この実験から，光についてどのようなことが確かめられるでしょうか．考えてください．

② 複屈折および光学的等方体と光学的異方体

【実験1】で確かめたように，方解石のような結晶質の物質では，下に書いた線が大きくずれる線とほとんどずれない線の2本に見えるということがわかりました．このとき，光の速さで考えてみると，大きくずれて見えるほうの線は遅い光，ほとんどずれないほうの線は速い光によるものと考えることができます．光の速さはとても速いので，見ることも測定することも簡単にはできませんが，物質の中を通る光の速さとその屈折率との間には，光の速さの逆数が屈折率という関係が知られています．したがって，大きくずれて見えるほうの線は遅い光，つまり屈折率の大きい光によるもので，ほとんどずれずに見えるほうの線は速い光，つまり屈折率の小さい光によるものであり，結晶の中を通過するのに前者より短い経路であることになります．このように，方解石の中に光が入ると，光は二つの屈折を起こしており，この現象を複屈折といいます．

【実験1】で二重に見えた線の二つを比較すると，大きくずれた線は屈折が大きいほうであると考えることができます．つまり，方解石には大小二つの屈折が生じて，二重になって見えるのです．屈折率の最大と最小の値をバイレフリンゼンスといいます．

光の速さが方向によって速くなったり遅くなったりする光，また，屈折率(ε)では小さくなったり大きくなったりする光を異常光(E)といい，光の速さが方向によって変わらない光，屈折率(ω)の変わらない光を通常光(O)といいます．光の速さや屈折率に使われる記号を表4.1に示します．

複屈折の現象，すなわち方向によって光の進む速度が異なる性質を光学的異方性といい，異方性を示す物質を光学的異方体といいます．また，屈折率が一つだけで複屈折を生じない現象を光学的等方

第4章　鉱物の光学的性質と偏光顕微鏡のしくみ

表4.1　光学的性質を表す記号

	光の速さ	屈折率	バイレフリンゼンス
光学的一軸性の結晶	O	ω	$\omega - \varepsilon$ または $\varepsilon - \omega$
	E	ε	
	光軸	屈折率	バイレフリンゼンス
光学的二軸性の結晶	X	α	$\gamma - \alpha$
	Y	β	
	Z	γ	

ただし，$O < E$ および $\omega > \varepsilon$ は光学的負号結晶，$O > E$ および $\omega < \varepsilon$ は光学的正号結晶，O は通常光，E は異常光，ω は通常光による屈折率，ε は異常光による屈折率.

光学的二軸性の結晶では，$X > Y > Z$ および $\alpha < \beta < \gamma$. β は α と γ の間であるが，その中間の値ではない．二軸性の結晶の光学的正負は，光軸角を2等分する光学的弾性軸によって，$2V_z$ あるいは $2V_x$ のどちらかの角度として表される．

性といい，等方性を示す物質を光学的等方体といいます．光学的異方体には一軸性と二軸性があります（後述）．光学的等方体は非結晶性の物質か，等軸晶系に属する結晶であり，光学的異方体はその他の正方・六方・斜方・単斜・三斜の各晶系に属する結晶です．

なお，等軸晶系をはじめとした結晶系についてはここでは省略しますが，鉱物学の参考書にくわしく解説されていますので，興味のある人は，参照してください．

光学的等方体
- 非結晶性物質（例：ガラス）
- 等軸晶系の結晶（例：ガーネット）

光学的異方体
- 光学的一軸性
  - 正方晶系の結晶（例：ジルコン）
  - 六方晶系の結晶（例：方解石）
- 光学的二軸性
  - 斜方晶系の結晶（例：かんらん石）
  - 単斜晶系の結晶（例：オージャイト）
  - 三斜晶系の結晶（例：斜長石）

3 光　軸

　光学的異方体では，速さの異なる二つの光があります．しかし，方解石の【上級実験1】では，1本の線が1本に見える方向がありました．この方向は二つの光の速さが同じでなければなりません．つまり，複屈折が見られない方向で，屈折率がただ一つだけの方向です．この方向を光軸といいます．方解石では結晶主軸の c 軸が光軸となり（図4.1参照），このような結晶を光学的一軸性といいます．この光軸の方向では，通常光と異常光の二つ光の速さの等しい方向，屈折率 ω と ε の値が等しい方向です．そして，光軸と垂直の方向に，異常光による屈折率の最大あるいは最小のところがあります．異常光が最大のときが光学的正号であり，最小の場合は光学的負号としています．光学的二軸性の場合，互いに垂直に交わる X, Y, Z の3本の光学的弾性軸を考え，光はその方向へそれぞれ垂直の方向に振動しながら進む速さを表しています．したがって，この3本の軸は結晶の中で互いに直角に交わり，光の振動する方向でもあります．また，屈折率 α, β, γ の値は3本の光学的弾性軸に対してそれぞれ異なりますが，ある特定の方向に対してのみ α と γ が同じ値である方向が，結晶の2方向に存在します．そして，この二つの屈折率の値の等しいところを結んだ線が光軸です．このような結晶では，光軸が2本あるので光学的二軸性といいます．そして2本の光軸の鋭角を2等分する軸が X 軸であれば $2V_x$，Z 軸であれば $2V_z$ として光軸の間の角度で表します．

4 偏　光

　さて，【実験2】【実験3】で，偏光板を通して見ると，方解石の中を通る光には振動方向が異なる二つの光が確認できました．偏光板を通した光は偏光といわれています．この偏光（Polarized light）とは，どのような光なのでしょうか？

第4章　鉱物の光学的性質と偏光顕微鏡のしくみ

　太陽の光のような自然光はあらゆる方向に振動しながら進んでいきます．これに対して，光の振動面がある特定の方向だけに限られた光を偏光といいます．最も簡単な偏光は振動方向が直線上に限られたもので，これを直線偏光（Linearly polarized light）といいます．楕円振動，円振動などの振動を示す偏光もあり，結晶の中を通る光や偏光板を通った光のほか，物に当たって反射して目に入る光も偏光です．方解石では直線偏光が二つあり，それらの方向は互いに垂直に交わっています．つまり，通常光も異常光も共に偏光であり，それらの振動する方向が垂直の方向です．この偏光を鉱物に通して，その見え方を調べることによって，鉱物の光に対する性質がわかります．そしてその性質から，それがどのような鉱物であるのかを知ることができます．

2 偏光顕微鏡のしくみ

　偏光の性質を利用し，レンズと組み合わせることによって，岩石などの試料（薄片*）を観察できるようにしたのが偏光顕微鏡です．ここでは，偏光顕微鏡の基礎的な仕組みと，オルソスコープという通常の観察方法について解説します．なお，偏光顕微鏡を用いた観察には，コノスコープという干渉像を見るための方法もありますが，本書では扱いませんので，専門書を参考にしてください．

　　＊薄片：岩石または鉱物をスライドガラスの上に固定し，研磨して薄くしてカバーガラスで封じたもの．5章のp.172参照．

① 偏光顕微鏡の原理

　偏光顕微鏡は，薄片（プレパラート）に偏光が当たるように，ス

Chapter 4

テージの下に偏光装置（下方ポーラ）が組み込まれています（図4.2）．その装置（下方ポーラ）によって，薄片の中の鉱物に偏光が入り，屈折率の小さい光と大きい光に分かれ，この二つの光がもう一つ上の偏光装置（上方ポーラ）に入り，同じ方向に振動する二つの光が互いに合成（干渉）されて一つの光の波となり，特有な色（干渉色）になって見えます．

干渉色は二つの偏光がつくる色で，鉱物の種類やその中を通る光の方向によって異なりますから，それら微妙な干渉色の特徴によって，石英や長石のように色のない鉱物でも，その鉱物が何であるかを知ることができます．この方法がオルソスコープという観察方法です．

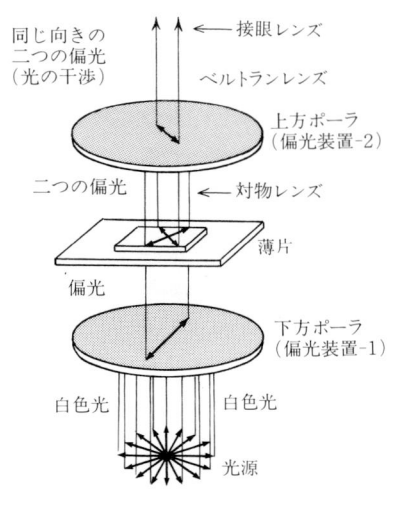

図4.2 偏光顕微鏡の原理

1）薄片を通過した光

光源からの光が下方ポーラから出ると偏光になり，これを図4.3にPP′の振動方向の光として表します．その偏光が薄片中の光学的異方体を通過すると，方解石のときと同じように,振動方向が90°異なる二つの偏光X,Zとなります．このとき，X,Zの偏光の強さは,それらの一つの振動方向が下方ポーラの振動方向と一致したとき，つまり0°のときには，下方ポーラから出た偏光と同じ強さでそのまま通過します．90°異なると,偏光は完全に通過することができません．鉱物の偏光の振動方向は，顕微鏡のステージを回転させることによって変化します．これを式で表すと，次のようになります．

下方ポーラを通過した偏光：PP′，偏光 PP′の中心：O
偏光 XX′ の強さ：AA′，偏光 ZZ′ の強さ：BB′
PP′と AA′の回転角度：θ

第4章　鉱物の光学的性質と偏光顕微鏡のしくみ

図4.3　下方ポーラを通過する光

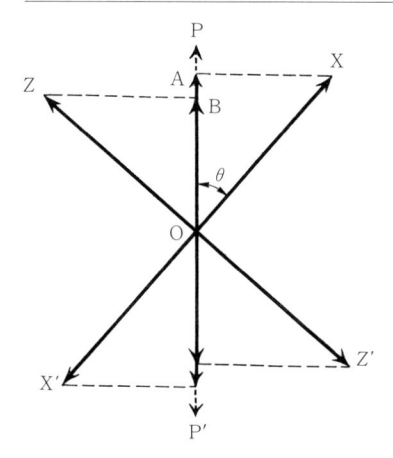

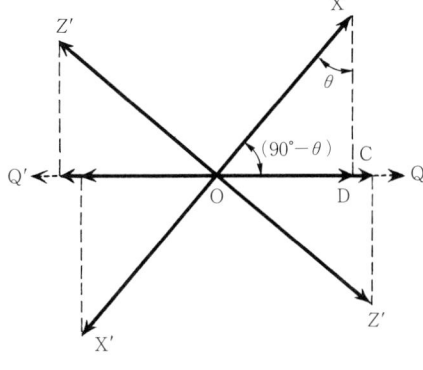

図4.4　上方ポーラを通過する光

とすると,

$$OA = OX\cos\theta, \quad OB = OZ\cos(90° - \theta)$$

の関係であるので, OA が $\cos 0° = 1$ であるならば, OB は $\cos 90° = 0$ となります. このように, 開放ポーラでステージを回転させると, 黒雲母や角せん石などの有色鉱物には色の変化が観察されます. この現象を多色性といいます. しかし, 偏光顕微鏡の視野には常に明るさがあります.

2) 上方ポーラを通過した光

鉱物の薄片を通過した X と Z と二つの偏光は, 下方ポーラと90°振動方向の異なる図4.4の上方ポーラ QQ′ を通過することになります. ここでは回転角 θ は∠OXC となり, QQ′ を通過する鉱物の二つの偏光の強さは次のように表せます.

$$OC = OX\sin\theta, \quad OD = OZ\sin(90° - \theta)$$

上方ポーラを使うと, 下方ポーラの振動方向 PP′ と上方ポーラの振動方向 QQ′ では偏光が通過することができないので, ステージを1回転すると, 二つのポーラの振動方向と一致し, 顕微鏡の視野は4回暗黒となります. つまり, X および Z の偏光は下方ポーラでは

θが90°と270°のところで通過できなくなり,上方ポーラではθが0°と180°のところで通過できなくなるので,視野にある鉱物は4回暗黒になるのです.このことを「消光」といいます.

また,顕微鏡の視野が最も明るくなるところは,$\cos\theta + \cos(90° - \theta)$および$\sin\theta + \sin(90° - \theta)$が最も大きな値になる$\theta$のところで,それぞれ45°の値のところになります.つまり,そこが最も明るくなるので「対角位」といわれています.

この明るく見える対角位周辺の鉱物は,Xの方向に振動する速い(屈折率の小さい)光と,Zの方向に振動する遅い(屈折率の大きい)光,この二つの光の波長がわずかにずれているために干渉を起こして,開放ポーラで見たときにない色が付いて見えます.この色を干渉色(Interference color)といいます.干渉色は,鉱物の本当の色ではなく,鉱物を通ってきた二つの偏光が作る色といってよいでしょう.

2 偏光顕微鏡の構造

偏光顕微鏡には多くの型式がありますが,大きく分けると二つの型になります.一つは写真4.2のように古くからある鏡筒がまっすぐな型で,鏡筒を上下させて焦点を合わせる型です.他の一つは写真4.3のように鏡筒が傾斜していて,観察者のほうに向くようになっており,ステージを上下させて焦点を合わせる型です.

鏡筒を上下する型もステージを上下する型のものも,基本的な構造は同じです.偏光顕微鏡の基本的な構造を図4.5に示します.下部のほうから,部品の名称・機能を説明します.

【**反射鏡(Mirror)**】　反射鏡は,照明器の光や自然光を反射させて観察用の照明を得るためのものです.反射鏡は両面が鏡ですが,1面は平面鏡,その反対の面は凹面鏡になっています.自然光で見る場合には平面鏡を用います.凹面鏡を使用するのは,電球のように発散する光のとき,高倍率の対物レンズを使用するときなどです.写真4.3のようにステージを上下する型の偏光顕微鏡では,鏡台の下

第4章　鉱物の光学的性質と偏光顕微鏡のしくみ

部に照明器が組み込まれ，反射鏡がないものもあります．

【吸熱フィルター（Filter）】　偏光板（Polarizing plate）は熱に弱いため，照明器などからの赤外線が入らないように，フィルターで遮断します．また，照明器を用いると，赤色が強調される傾向にあるので，通常は吸熱フィルターに青色フィルターを重ねて使用します．

【絞り（Iris diaphragm）】　ステージの下に出ているレバーを左右に動かすことによって，絞りを開いたり閉じたりします．絞りは用いる対物レンズの直径の大きさに合わせて，やや絞って使います．絞りすぎると全体が暗くなり，ベッケ線（p.153の図4.14参照）が見えるようになります．

【コンデンサ（Condenser）】　コンデンサはレンズを組み合わせた特殊装置です．フィルター，絞り，下方ポーラ，コンデンサを組み合わせたものが，ステージの下に取り付けられています．コンデンサの多くは，調節ネジを動かして上下に移動できるようになっています（写真4.4）．

【はねのけレンズ】　凸レンズが，はねのけクランプで光の通路に出し入れできるようになっている装置で，コノスコープで干渉像を観察するときに使用します．ふつうは使用しません．

通常，平行光線の偏光が薄片に入射するようになっていますが，このはねのけレンズを入れると，平行光線ではなくなり，凸レンズによって円錐状に集められた光線が，薄片に入射するようになります．また，高倍率の対物レンズ

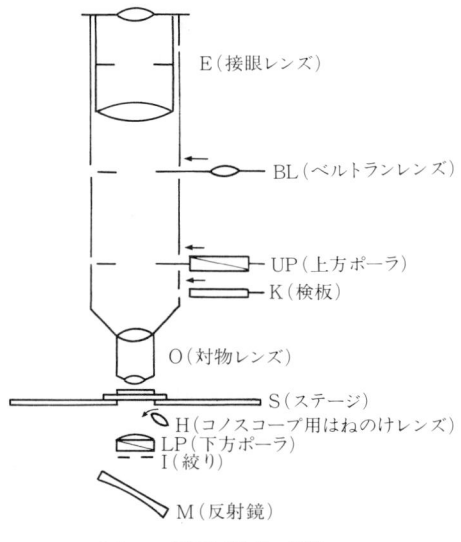

E（接眼レンズ）
BL（ベルトランレンズ）
UP（上方ポーラ）
K（検板）
O（対物レンズ）
S（ステージ）
H（コノスコープ用はねのけレンズ）
LP（下方ポーラ）
I（絞り）
M（反射鏡）

図4.5　偏光顕微鏡の構造

131

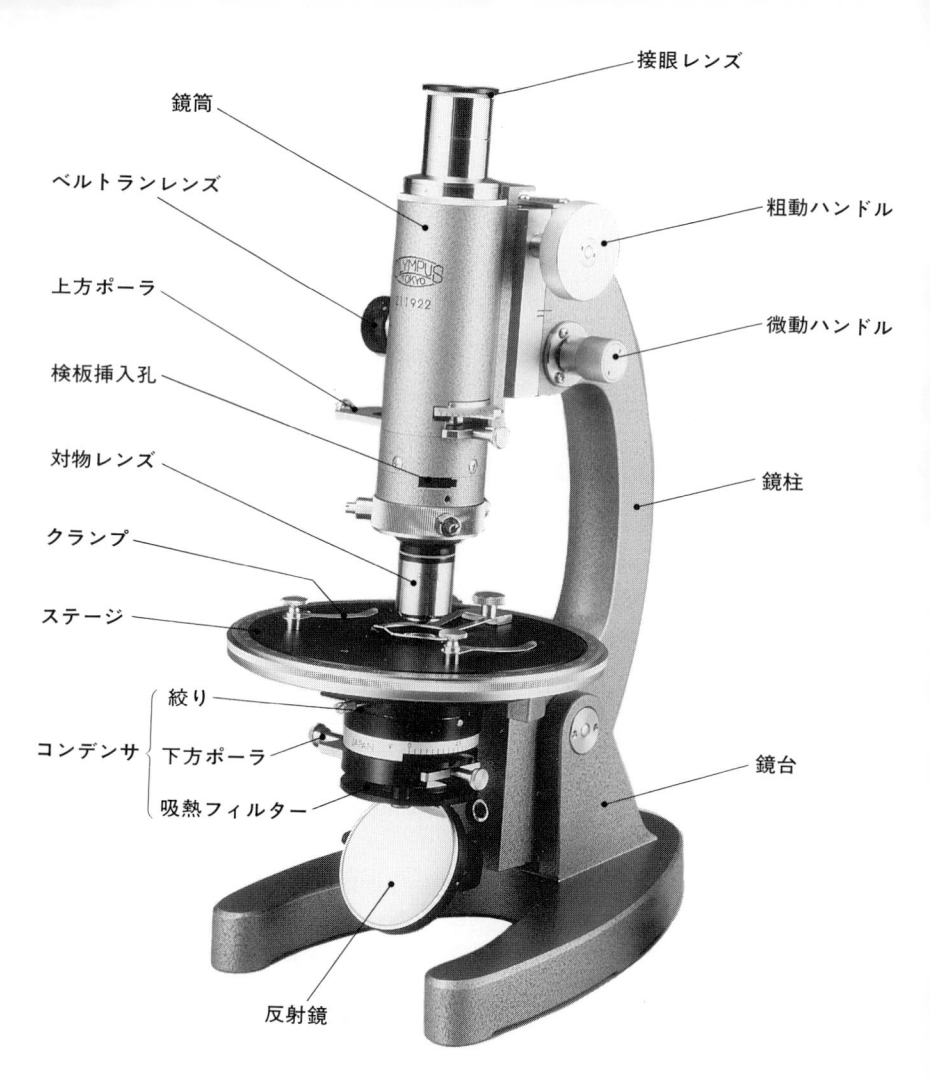

写真4.2 偏光顕微鏡（鏡筒上下型，オリンパスPOS）

を使った場合，視野を明るくするために使うこともあります．

【ステージ（Stage）】 ステージは薄片を載せる台で，鏡筒の軸と垂直な平面で回転するようになっています．ステージの周囲には360°の角度が目盛ってあり，副尺を使うことによって，回転の角度を0.1°～0.05°まで読み取ることができます．自在回転台（Universal stage）を取り付ける場合は，ステージの中央部を取りはずして，円孔を大きくすることができるようになっているものもあります．

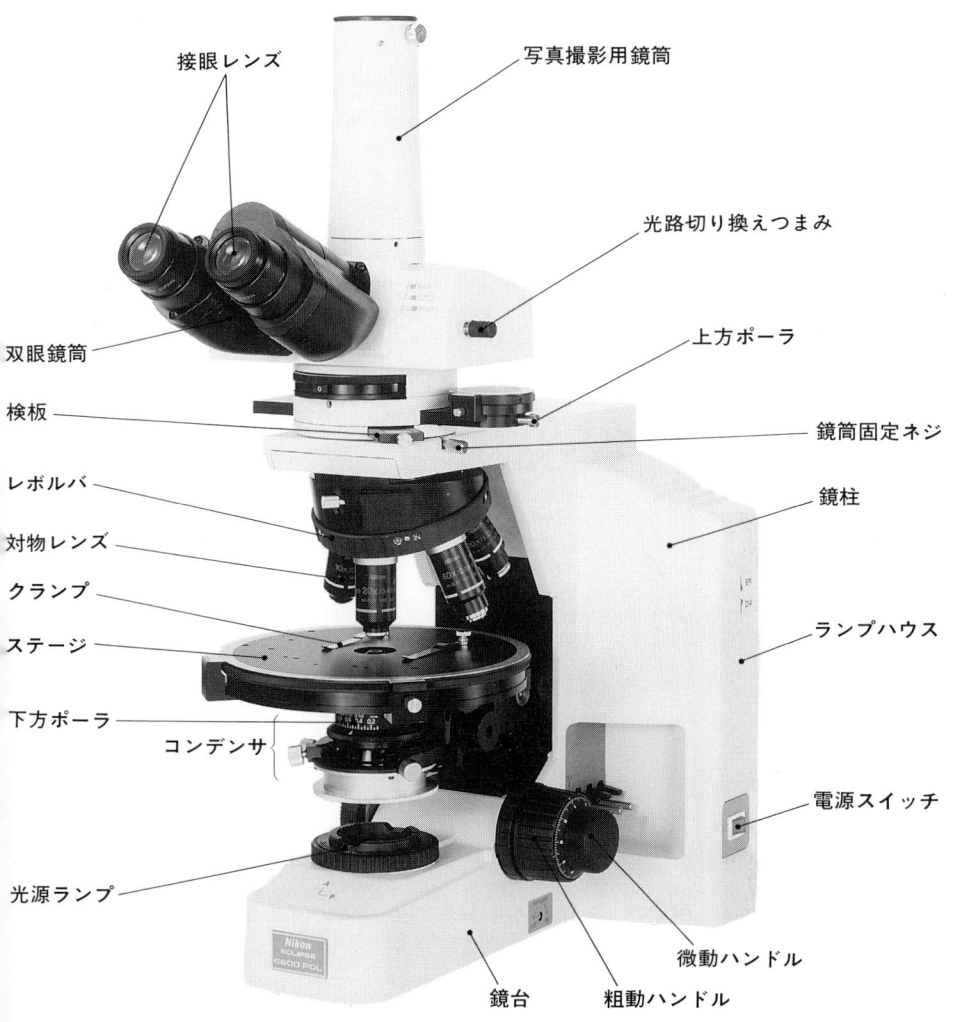

写真4.3　偏光顕微鏡(ステージ上下型，ニコンECLIPSE E600POL)

【対物レンズ（Objective lens）】　偏光顕微鏡には3〜4種類の対物レンズがあって，簡単に取り替えられるようになっていますが，その方法は機種によって異なっています．ふつう対物レンズは，4倍，10倍，40倍，60倍のものが付属していますが，5倍，20倍，100倍などの倍率の対物レンズが付属しているものもあります（写真4.6）．一番倍率の低い対物レンズは，広い視野を観察するのに用います．ふつう岩石・鉱物の観察には，10倍程度の倍率のものを用い

Chapter 4

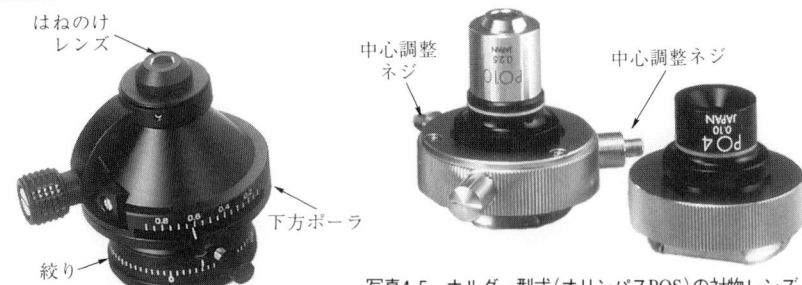

写真4.4　コンデンサ

写真4.5　ホルダー型式(オリンパスPOS)の対物レンズ.
　　　　　左：10倍，右4倍

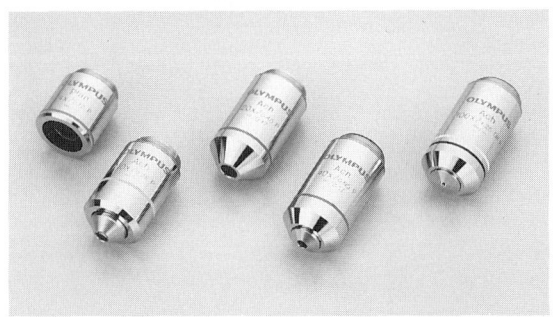

写真4.6-A　レボルバ型式の対物レンズ
　　　　　　オリンパスACH-Pシリーズ，
　　　　　　左から4倍, 10倍, 20倍, 40倍, 100倍.

写真4.6-B　レボルバ型式の対物レンズ
　　　　　　ニコンE600POLのもの，
　　　　　　左から4倍, 40倍, 10倍, 100倍, 20倍.

　ます．特に，微細な鉱物の観察やコノスコープによる干渉像を観察するときには，40倍以上の対物レンズを用います．

　対物レンズには，倍率のほかに，0.1, 0.25, 0.65, 1.25などの数字が記入されています．これは開口数(Numerical aperture)$^{注）次ページ参照}$といって，対物レンズの能力を表しています．開口数が大きいほど対物レンズの分解能（二つの点を区別して識別する能力）がよく，像が明るい

のです．また，開口数が大きいほど，焦点深度は浅くなります．

　対物レンズの装着にはいろいろな型式のものがあります．一つずつホルダー（Holder）にネジではめ，それを鏡筒の下部にクランプで固定しますが，クランプにいろいろな型式のものがあります．最近の機種では，対物レンズをすべて鏡筒のレボルバ（Revolver）に取り付け，レボルバを回転させてレンズを交換する型式が多いようです．ホルダー型式のもの，レボルバ型式のものでも，対物レンズの中心をステージの回転の中心に合わせるための調整ネジが二つずつそれぞれに付いています．この調整方法については後で述べます．

> 注）対物レンズと被検体間の媒質の屈折率を n，開角を μ とすると，開口数 a は $a = n \cdot \sin(\mu/2)$ と定義されます．ここで開角というのは，対物鏡の軸上の点状被検体に焦点を合わせたとき，この点から対物レンズに入射する光線がつくる角のうち，最大のものをいいます．

【鏡筒（Tube）】　真直な円筒で，ピント合わせのとき，鏡筒を上下するものとステージを上下させるものがあります．ステージを上下させる型式では，プリズムを入れて鏡筒を曲げています．いずれも鏡筒の上端には接眼レンズ，下端には対物レンズを付けます．鏡筒にはベルトランレンズ（またはベルトランドレンズ），上方ポーラ，検板などが取り付けられるようになっています．

【接眼レンズ（Ocular lens または Eyepiece）】　種々の倍率の接眼レンズが交換できるようになっています．また，接眼レンズの視野棚には，十字線（Cross-hairs）か微尺（Micrometer）が付いています．接眼レンズに十字線の入れてあるものの上部の横には小さなネジがつけてあり，そのネジがはまるような切れ込みが鏡筒の上部に2カ所あります．この切れ込みの一つに接眼レンズのネジが入るように装着すると，接眼レンズの十字線と下方ポーラと上方ポーラの前後・左右の振動方向と一致するような位置に来るように調整されています．もう一つの切れ込みは，十字線と二つのポーラの振動方向とが45°の位置で接眼レンズを固定するためのものです．なお，微尺入りの接眼レンズは，長さの測定のため自由な方向が必要になる

Chapter 4

ため，固定するようなネジがありません．よく用いられる接眼レンズは，以下の3種類です．

(1) 倍率5倍，十字線入り，視野数28
(2) 倍率7倍，微尺（100等分目盛）入り，視野数24
(3) 倍率10倍，十字線入り，視野数22

視野数というのは，接眼レンズで見る円形の直径をmmで表した数値です．実際に顕微鏡で観察している薄片の円形の直径は，接眼レンズの視野数を対物レンズの倍率で割って求めます．例えば，倍率5倍で視野数28の接眼レンズを10倍の対物レンズと組み合わせて使用するとき，顕微鏡がとらえている薄片の直径は2.8mmで，実視野は直径2.8mmの円形となります．

【下方ポーラ（Lower polar または Polarizer）】 　下方ポーラは照明装置からの人工光や，太陽からの自然光を用いて偏光を得る装置で，このような装置を偏光装置といいます．現在の偏光顕微鏡についている偏光装置は偏光板（Polarizing plate）を用いています．

偏光板を通過した偏光が，顕微鏡の前後の方向に光を正しく振動させるように，下方ポーラを回転させて偏光を調整しなければなりません．ふつうは，下方ポーラの0°または90°の目盛を円筒の指標に合わせると，偏光の振動方向が顕微鏡の前後方向の軸に一致します．

下方ポーラは動くようになっているので調整する必要があります．この下方ポーラの調整法については後で述べます．下方ポーラと反射鏡の間には，吸熱フィルター（散光・昼光フィルター）を入れる部分があります．

【検板（Test plate）】 　検板は結晶の薄板でつくった特殊部品で，2種類の検板が付属されています．一つは石膏検板（Gypsum plate）で，530 nmの鋭敏色検板（Sensitive color plate）ともいわれ，もう一つは雲母検板（Mica plate）で，4分の1波長検板（1/4 λ plate）ともいいます（写真4.7）．検板は付属の箱の中に入っています．

石膏検板は透明な石膏結晶（単斜晶系）のY軸に垂直な平板で，

石膏の X' 軸が，検板の長辺に平行になるようにつくられています．レターデーションが530 nm の石膏の干渉色は鮮かな赤紫色であって，レターデーションがこの値よりわずかに大きくなると干渉色は青に近づき，わずか

写真4.7　検板

に小さくなると黄色に近づきます．干渉色の赤紫色は，レターデーションのわずかな変化に対しても，きわめて鋭敏に変化するので，この530 nm の干渉色を鋭敏色（Sensitive color）ともいいます．

　石膏検板は石膏からつくられていたので，石膏の呼び名がありますが，今日では白雲母でつくられることが多くなりました．

　雲母検板は白雲母（単斜晶系）のへき開面に平行な板（X 軸にほぼ垂直）で，レターデーションは147.3 nm（この値は D 線の波長の1／4 に等しい），石膏検板と同様に，X' 軸が検板の長辺に平行になるようにつくられています．雲母検板の干渉色は灰色です．

　雲母検板は 4 分の 1 波長検板（Quater wave plate）ともいい，直線偏光を楕円偏光に変えたり，楕円偏光を直線偏光に変えるとき，さらに楕円偏光の形状要素および旋光性などを決定したりするときに使います．例えば，水晶が左水晶であるのか右水晶であるかの旋光性は，コノスコープによる干渉像に雲母検板を併用してできる巴の模様の向きにより判定できます．

　【上方ポーラ（Upper polar）】　上方ポーラは，顕微鏡の上方にある偏光装置で，検板入れの空孔の上，ベルトランレンズの下に取り付けられています．この枠についているつまみを左右に動かして，偏光装置を光路に入れたり出したりします．上方ポーラには，90°回転させて光の振動方向を変えることができるような機構のものもあります．そのような機種では，上方ポーラの光の振動方向を，枠につけてある目盛で読むことができます．目盛を0°に合わせた場合の振動方向は顕微鏡の左右になり（顕微鏡によっては前後の方向），90°に合わせた場合は顕微鏡の前後方向（顕微鏡によっては左右の方向）

となって，下方ポーラの光の振動方向と同じ方向になります．

【ベルトランレンズ（Bertland lens）】　上方ポーラの上にある1枚の凸レンズで，コノスコープで観察するときにのみ使用します．空孔のある枠にはまっていて，枠のつまみを左右に動かして光路に出したり入れたりします．ベルトランレンズが鏡筒内に入っていて，外からは見えない機種もあり，外からレバーや回転つまみでレンズを出し入れします．また，ベルトランレンズの中心を，鏡筒の中心と一致させる調節ネジがついているものもあります．

3 偏光顕微鏡の使い方

1 偏光顕微鏡の取り扱い上の注意

　偏光顕微鏡は単に物を拡大して見るだけでなく，薄片に偏光を通過させて，その物体の光学的性質を定性・定量的に観察することが主な目的です．したがって，偏光顕微鏡に機械的・光学的な狂いがあると，全く役に立たなくなります．偏光顕微鏡を使用するときには，次のようなことに，細心の注意を払って取り扱わなければなりません．
　① 顕微鏡を移動するときには，鏡柱（鏡体の腕部）を一方の手で持ち，他方の手で鏡台（座部）を支えます．ただし，顕微鏡はできる限り動かさないことが大切です．
　② 直射日光，異常な高温や低温，湿気などを避けるとともに，金属を侵すような酸類や，レンズの接着剤を溶かすようなアルコール類の薬品を使用するときには，顕微鏡に必ずビニールカバーをかけて使用します．また，作業が終了したら，顕微鏡の各部をよく掃除しておきます．

③ 顕微鏡を使用しないときは，ホコリがかからないように，ビニールカバーかプラスチック製の覆いをかけておきます．顕微鏡を箱に入れておいてもよいのですが，出し入れのときに起こる，いっさいの衝撃を避ける必要があります．

④ 対物レンズや接眼レンズは，カビの発生を防ぐため，なるべく乾燥剤を入れたデシケータなどに保存しておくことが大切です．

⑤ 接眼レンズ，上方ポーラ，ステージなどの部分は厳密に調整されているので，不用意に分解してはいけません．また，下方ポーラを操作するときは，可動部分以外はなるべく触れないように気をつけます．

⑥ 対物レンズの交換は，鏡筒とステージとの距離を充分にとって行います．鏡筒を上下する形式のものでは鏡筒を上げてから，ステージを上下する形式ではステージを下げてから行います．

⑦ 顕微鏡の焦点を合わせるときには，必ず横から見て，まず対物レンズの先端を薄片近くまで近づけておきます．次に接眼レンズをのぞきながら，対物レンズの先端を薄片から離す方向でピント合わせを行います．接眼レンズをのぞきながら，鏡筒やステージを上げたり下げたりすると，ステージ上の薄片を破損するばかりか，対物レンズをも破損することがあります．

⑧ ピント合わせは，まず大きな粗動ハンドルで行い，微動調節ハンドルは1回転以上回さないことを心がけること．

2 偏光顕微鏡の調整

　偏光顕微鏡は各部が機械的・光学的に完全に調整されていないと，鉱物の光学的性質の定量的な観察ができないばかりでなく，誤った観察をすることになります．使用前に偏光顕微鏡が正常な状態にあるかどうかを調べ，正常な状態になければ，調整して使わなければなりません．偏光顕微鏡を使用する前に，調整を確認しておくべき主な順序は次の通りです．

① 顕微鏡に対物レンズ・接眼レンズを取り付け,コノスコープ用はねのけレンズ・検板・上方ポーラ・ベルトランレンズをはずした状態にします.
② 光を入れて,鏡筒の視野が充分明るくなるように,反射鏡の角度を調整します.
③ 接眼レンズの最上端部のレンズをはめた視度環を調整させ,接眼レンズの十字線を各人の明視の距離に調整します.この調節はすべての接眼レンズについて行う必要がありますが,十字線入りの接眼レンズを一つだけ調整し,他のものは使用のときに調整してもよいでしょう.
④ ステージに薄片を載せ,焦点を合わせます,このとき,照明の光量が強すぎると鉱物の輪郭がはっきりしないので,光量を調節します.絞りを絞りすぎると,鉱物の表面がざらざらに見えたり,鉱物の輪郭が強い線になりすぎたりします.トランス付きの光源ランプを使う場合は,6ボルト以下に電圧を下げて,光源は必要以上に明るくしないように注意します.

1) 中心調整

中心調整(Centering;センターリング)とは,偏光顕微鏡のステージを回転させたときに,その回転の中心と鏡筒のレンズ系の中心と一致させることです.この状態を確かめるには,まず,薄片の中のできるだけ小さな点状の鉱物を,接眼レンズの十字線の交点と一致するようにもっていきます.

次にステージを回転させて,点状の鉱物の動きを調べます.このとき,正常な状態にあれば,点状の鉱物の位置は十字線の交点の位置と一致したまま回転します(図4.6).

接眼レンズの十字線の交点と,回転の中心とがずれている場合には,偏光顕微鏡の視野の中で鉱物が中心からのずれの大きさに応じた円を描き,極端な場合には描く円が視野の外に出てしまいます.

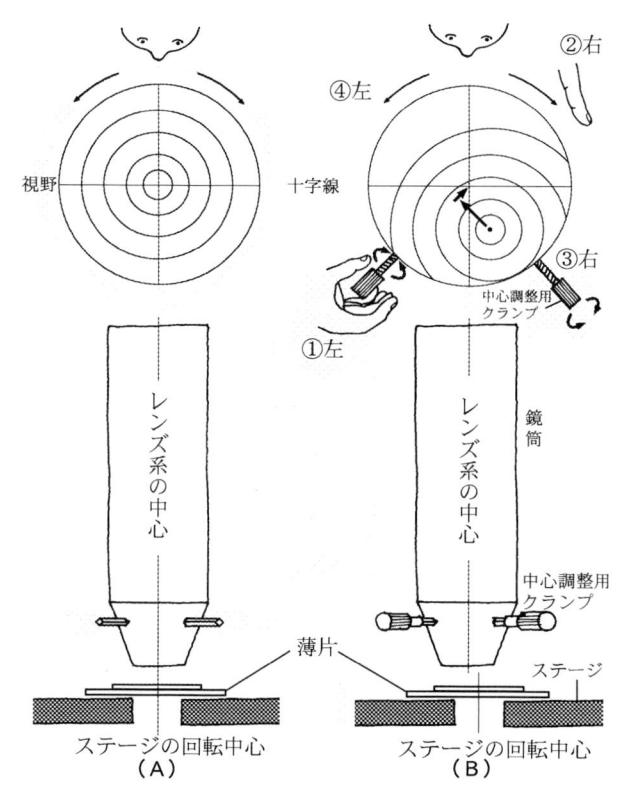

第4章　鉱物の光学的性質と偏光顕微鏡のしくみ

図4.6　中心調整．(A)は中心調整ができているもの．(B)はレンズ系の中心とステージの中心が一致していない．調整の手順は，まず対物レンズ上部に中心調整用クランプをはめ，片手でステージを回転し，片手でクランプを回す．クランプを回すと，中心の移動は接眼レンズの十字線に対して45°の方向にしか移動しないので，最初に一方のクランプを回し，次に手を変えてもう一方のクランプを回す．中心が十字線の交点に近いところにあるときは，クランプをほんの少しずつ回し，丹念に繰り返す（観察者は鏡筒の向こう側に位置している）．

このようなとき，対物レンズにはめた調節用クランプを回して，点状の鉱物の描く円のおおよその中心の位置を対物レンズの十字線の交点の位置にもっていきます．再び，点状の鉱物の動きを見ながら，ステージを回転させます．この操作を数回繰り返して，点状の鉱物

141

Chapter 4

が視野の中心で回転するようになると，中心調整ができたことになります．

中心調整が正しく行われている場合は，ステージを回転させると，視野の中の鉱物は，接眼レンズの十字線の交点を中心として，すべて同心円状に回転します．中心調整は各倍率の対物レンズごとに行う必要があります．また，偏光顕微鏡の使用中に回転の中心がずれてきたら，再び中心調整を行わなければなりません．一部の偏光顕微鏡では，対物レンズを固定し，ステージのほうで中心調整をするものもあります．中心調整用クランプは付属の箱の中にあります．

2）下方ポーラの振動方向の調整

下方ポーラの振動方向は，接眼レンズの十字線の縦線（顕微鏡の前後方向，顕微鏡によっては左右の横線）と一致していなければなりません．ふつうは下方ポーラの入っている円筒の外側の目盛を下方ポーラの枠の0°か90°の指標と合わせることで，下方ポーラの振動方向が十字線の縦線と平行になるようになっています．しかし使っているうちに，下方ポーラの振動方向は，少しずつですがずれてくることがありますから注意しましょう．

下方ポーラの振動方向を調べるには，黒雲母の薄片を使うと便利です（図4.7）．まず黒雲母の(001)へき開面にほぼ垂直な薄片（平行なへき開線が細く明瞭に見えるもので，曲がっていないもの）をステージの中央に置きます．上方ポーラ，検板,ベルトランレンズを除いて,顕微鏡を観察しながらステージを回します.ステージの回転につれて，黒雲母の色は濃くなったり,淡くなったりします.黒雲母の色が最も濃くなったとき,黒雲母のへき開線が下方ポーラの振動方向ですか

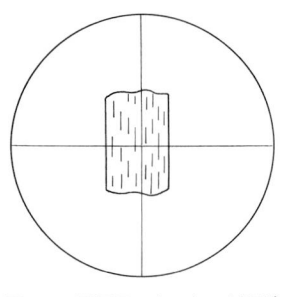

図4.7　黒雲母の(001)へき開線

ら，ここで接眼レンズの十字線の縦線（顕微鏡によっては左右の横線）と平行になっていなければなりません（ある種の外国産黒雲母は，きわめてまれに，色の濃淡が逆になることがあります．日本産の岩石には，まだこのような黒雲母の存在は知られていません）．もし，接眼レンズの十字線の縦線と黒雲母のへき開面の切断線の方向が平行でなかったら，下方ポーラの円筒を少しずつ回転させて調整を行います．これで下方ポーラの振動方向は，接眼レンズの十字線の縦線とほぼ平行にすることができます．

3）上方ポーラの光の振動方向の調整

上方ポーラの振動方向は，接眼レンズの十字線の横線（顕微鏡の左方向，顕微鏡によっては前後の縦線）に一致していなければなりません．

上方ポーラの簡便な調整方法は，下方ポーラの振動方向を完全に調整した後，ステージ上の薄片を取り除き，何もない状態にして上方ポーラを入れ，偏光顕微鏡の視野が暗黒になるように調整すれば，上方ポーラの振動方向は接眼レンズの十字線の横線と平行になります．上方ポーラの調整は，厳密にいうと，まず下方ポーラをコンデンサとともに抜き取っておき，黒雲母の(001)面に垂直な薄片を用いて，下方ポーラの調整と同じようにして調整を行います．

4）日常的な確認

以上のような調整条件は，ふつう，偏光顕微鏡の各部分を所定の位置に正しく合わせるだけで，正常に使用することができるようになっています．偏光顕微鏡の観察で日常的に必要なことは，「中心調整」と「上方ポーラと下方ポーラの振動方向が互いに直角であることを確かめる」だけで充分です．

Chapter 4

4 簡易型偏光顕微鏡

　偏光顕微鏡は，結晶の光に対するいろいろな性質を調べるためにレンズの設計などが行われ，また光学系だけでなく機械的な部分も精密につくられているため，ふつうの光学顕微鏡よりたいへん高価なものです．そのため，主に学校で使用することを目的とした簡易型の偏光顕微鏡が普及しています．簡易型といっても，偏光での一般的な観察はふつうの偏光顕微鏡と同じようにできます．

　写真4.8と写真4.9のような二つの型式のものが一般的ですが，もっと変わった型式のものもあります．この二つの型式の違いは，上方ポーラが出し入れできるか，あるいは出し入れでなく回転させるようになっているかです．

1 上方ポーラが出し入れできる簡易型偏光顕微鏡

1）構造

【下方ポーラ】　鏡筒の最下部にあり，360°回転できるようになっています．ポーラの振動方向に小さな突起の印がつけてあります．

接眼レンズ　　上方ポーラ
　　　　　　　ピント調整用リング
　　　　　　　ステージ
　　　　　　　下方ポーラ
　　　　　　　フレキシブル支柱
反射鏡

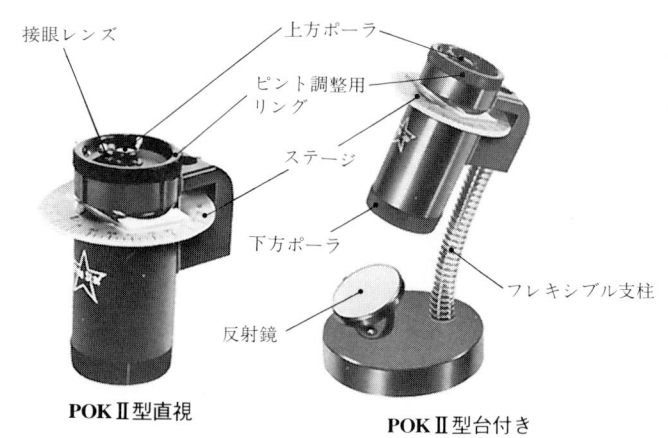

POKⅡ型直視　　　POKⅡ型台付き

写真4.8　上方ポーラの出し入れができる簡易型偏光顕微鏡（北辰光器）

第4章　鉱物の光学的性質と偏光顕微鏡のしくみ

```
UP：上方ポーラ
E ：接眼レンズ
S ：ステージ
T ：鏡筒
LP：下方ポーラ
M ：反射鏡
```

　　開放ポーラ　　　　直交ポーラ

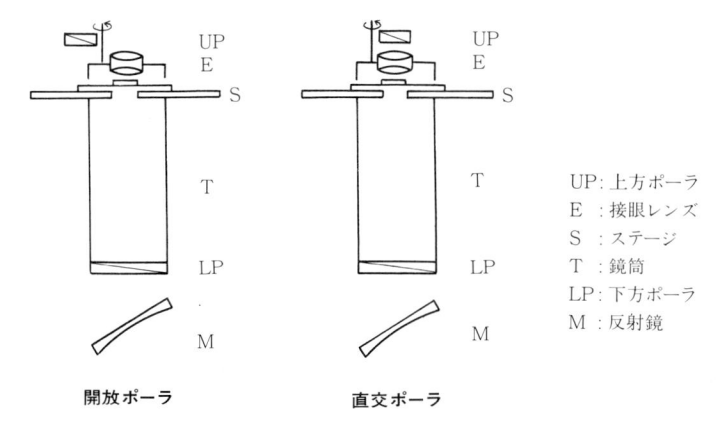

図4.8　簡易型偏光顕微鏡の構造

【ステージ】　円形で，周囲に360°の目盛がつけてあり，薄片をクランプではさんで360°回転できるようになっています．副尺はありません．

【接眼レンズ】　ピント調整は，ピント調整用リングの回転によって行います．

【上方ポーラ】　ピント調整用リングの縁に取り付けてあり，レバーによって接眼レンズの上の光路に出し入れが自由に行えるようになっています．ピント調整用リングの縁には，上方ポーラを光路に入れたとき，上方ポーラの振動方向を示す印が付いています．また，視野の中の十字線の1本は，上方ポーラの振動方向に一致するようになっています．

2）調整法

調整は次の順序で行います．

① ステージに薄片を差し込むように入れ，上方ポーラは鏡筒の光路から出しておきます．支柱と反射鏡を調整して，光を顕微鏡の鏡筒に入れます．

② 鏡筒の上部の接眼レンズを回転させ，薄片のピントを合わせま

す．この状態が開放ポーラ（偏光装置の一つだけを使う）です．

③ 上方ポーラを入れ，薄片を抜き取り，下方ポーラを左または右に回転させて，視野が暗黒になるところを探します．視野が暗黒になると，下方ポーラと上方ポーラの光の振動方向は互いに直角になるので，再び薄片を入れると，鉱物が光学的異方体であるときには干渉色を示します．

④ 上の③の状態のときに，下方ポーラおよび接眼レンズの周囲の小さな突起の位置を確認しておくと便利です．

簡易型の偏光顕微鏡にはセンターリングはありません．ふつうの偏光顕微鏡のように，薄片を入れる前に，二つの偏光装置の光の振動方向を直角にすることができないことが欠点です．この欠点を補うためには，ピント合わせが終わった後，ピント調整リングの縁についている印と下方ポーラの縁についている印の位置を確認してください．

しかし，次のことを頭に入れておきましょう．薄片をはずして上方ポーラを接眼レンズの上の位置に入れると，視野が暗黒になることです．この状態は，偏光顕微鏡において，直交ポーラで薄片をステージに置かない状態で視野が暗黒になったときに，二つの偏光装置が正しい状態であるのと同じことです．このとき，接眼レンズの下に入っている十字線の向きが，二つの偏光装置の振動方向です．十字線はふつうの偏光顕微鏡と違って，常に正確に前後および左右の位置ではありませんが，2本の十字線は直角に交わっています．

2 上方ポーラを回転させる簡易型偏光顕微鏡

1）構造

【鏡筒】　下方ポーラの格納部分，薄片を入れる中間部分，上方ポーラおよび接眼レンズ部分の三つの筒からなっています（写真4.9）．中間部は360°回転できるようになっており，その上部に5°おきの目盛りが付いています．下方ポーラと上方ポーラの部分にはしっかり

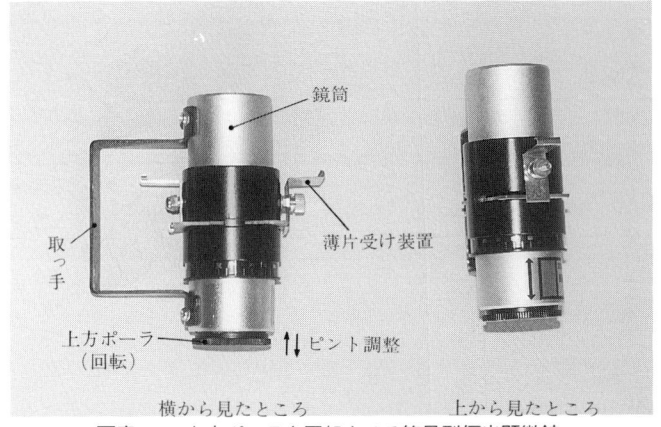

第4章　鉱物の光学的性質と偏光顕微鏡のしくみ

写真4.9　上方ポーラを回転させる簡易型偏光顕微鏡

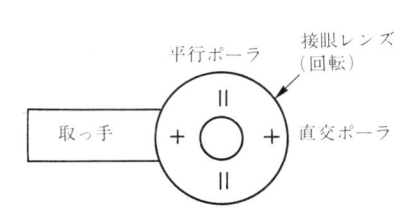

図4.9　上方ポーラを上から見たところ

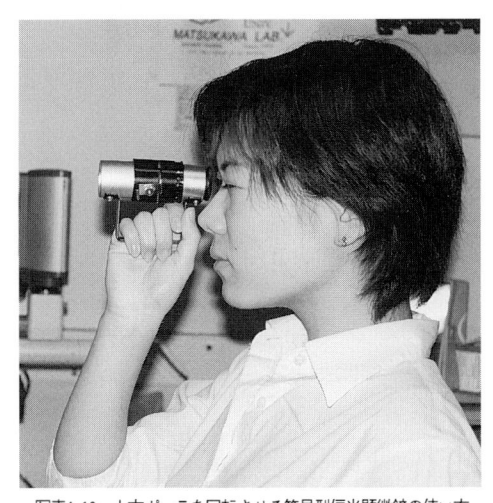

写真4.10　上方ポーラを回転させる簡易型偏光顕微鏡の使い方

した取っ手が付いています．

【下方ポーラ】　鏡筒の下部の筒の中に固定されています．

【薄片の挿入部】　ステージはなく，鏡筒の中間部に薄片を挿入させる切り込みがあって，その両側にL字状の金具が筒の左右にあります．その短い部分を薄片挿入口に合わせると，その両方はちょうど45mmくらいになり，岩石薄片用のものが固定できます．長いほう

は75mmくらいになり，生物用の薄片が固定できます．このL字形の金具のもう一方は六角ネジで締め付けられているので，あまり動きません．もう一方は丸ネジでバネが入っていて，引っ張るとL字状金具が筒から離れて動き，回転させることもできます．

【薄片の入れ方】 ①動きにくいほうのL字状金具の短いほうが，筒の薄片切り込み口に位置しているか確かめます．また，薄片を入れる側のL字状金具は薄片を入れるとき邪魔にならないような位置に回転させておきます．

②薄片はカバーガラスが接眼レンズのほうに向いていることを確かめて，薄片切り込み口へ入れます．片方のL字状金具につくまで入れます．

③薄片が入ったら，入れた側のL字状金具を引き出し，薄片に金具をかけます．中間の筒を回転させて，薄片が両方の金具に装填されていることを確認します．

2）調整法

上方ポーラを回転させる簡易型偏光顕微鏡の調整は簡単です．

①顕微鏡に薄片を入れずに，取っ手を持って明るいほうを見ます．接眼部の上方ポーラを回転させて視野が暗黒になるところを探します．暗黒に近いところになったら，ゆっくり左右に回転させて，最も暗い位置を探します．

②視野が暗黒になった上方ポーラの位置は，接眼レンズの盤上にある「＋」印が正しく取っ手の方向に一致しています（図4.9）．

③取っ手と反対側の鏡筒の上に太い矢印が書かれています．つまり，「＋」印の方向が取っ手の方向にあるならば，矢印の方向にも一致していることになります．また，この矢印は薄片を回転させたときに角度を読むための印になります．

④上方ポーラを1回転させても，視野が暗黒にならないもの，暗黒のときの上方ポーラの「＋」印の方向が取っ手の位置と一致し

ていない場合は修理が必要です．また，薄片受け装置の金具，ネジ，バネなどが適正になっていることが必要です．薄片が正しく固定されていないと，回転の際，薄片が脱落したり，視野の中を移動したりするので，観察できなくなります．

簡易偏光顕微鏡は鏡台が軽いので，光を入れるとき動かしやすく，金属の機械部分がないので水に多少濡らしても故障の心配がないことから，薄片製作のとき，薄片の干渉色を調べながら研磨するのに使用すると便利です．また，軽量ですから，ポケットに入れて持ち運べますし，また鉱物だけではなく植物のでんぷんなどの干渉色を見るのにも手頃です．

5 偏光顕微鏡による光学的観察

1 オルソスコープとコノスコープ

偏光顕微鏡には多くの機構があり，観察の目的によってその使い分けをします．そのうち，ベルトランレンズとコノスコープ用はねのけレンズを取り除いて用いる方法をオルソスコープ（Orthoscope）といいます．簡易型偏光顕微鏡で使用しているのは，このオルソスコープです．一方，ベルトランレンズ，上方ポーラ，コノスコープ用はねのけレンズを入れて観察する方法をコノスコープ（Conoscope）といいます．はねのけレンズを入れると，薄片に当たる光は円錐形をしたような収斂した光になり，鉱物の光学的性質を調べるときに使用されます．

コノスコープでの観察には，40倍，60倍などの高倍率の対物レンズを使用します．コノスコープで観察するのは光の干渉像ですから，

Chapter 4

表4.2 オルソスコープとコノスコープによる観察の比較

オルソスコープ	形,色,多色性,干渉色,屈折率などの一般的な偏光による観察
コノスコープ	光学的一軸性・二軸性の決定,光学的正負の決定,光軸角・光学的方位などの観察・測定.

鉱物の形や岩石の組織は見えません．この干渉像によって，鉱物の光学的一軸性・二軸性の決定や，光軸角のおよその大きさ，石膏検板を用いることにより光学的正(＋)・負(－)，光学的方位などの光学的性質が決定できます．オルソスコープとコノスコープで観察できるものを表4.2にあげました．なお，コノスコープでの観察については，他の参考書を参考にしてください．

② オルソスコープでの観察

オルソスコープには，上方ポーラを鏡筒の光路から外した観察と，上方ポーラも光路に入れて観察する二つの方法があります．上方ポーラを除いて観察する方法を開放ポーラ(Open polar)といい，上方ポーラを用いて観察する方法を直交ポーラ(Crossed polar)といいます（図4.10).岩石薄片を観察する場合にはこの両方を絶えず使って観察します．オルソスコープで観察できるものを表4.3に示します．

1）開放ポーラによる観察
A．屈折率を利用する観察

岩石や鉱物の薄片は，図4.11に示すように，スライドガラスとカバーガラスの間にはさまれた厚さ0.02～0.03mmくらいで，レーキサイトセメント(Lakeside cement)やカナダバルサム（Canada balsam)で貼りつけられています．

カナダバルサムなどの接着剤は，ただ単に接着だけに使われているのではありません．鉱物の薄片の上下面は，＃1000～＃3000の研磨剤でていねいに研磨して仕上げられているので，一見すると平滑

第4章　鉱物の光学的性質と偏光顕微鏡のしくみ

E　：接眼レンズ
BL：ベルトランレンズ
UP：上方ポーラ
O　：対物レンズ
S　：ステージ
H　：コノスコープ用はねのけ
　　　レンズ
LP：下方ポーラ
I　：絞り
M　：反射鏡

開放ポーラ　　　　　直交ポーラ

図4.10　開放ポーラと直交ポーラ

表4.3　オルソスコープによる観察

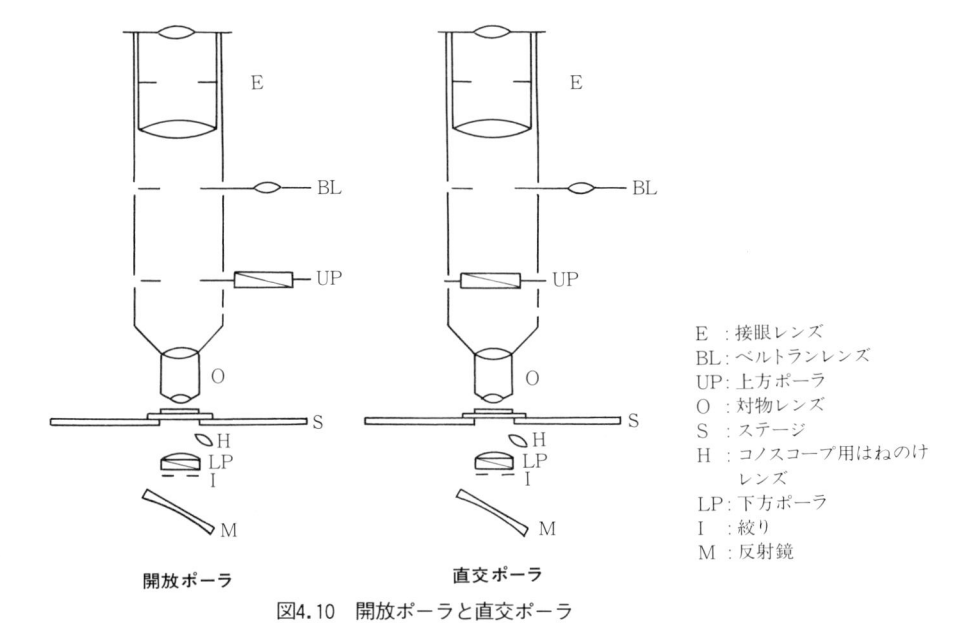

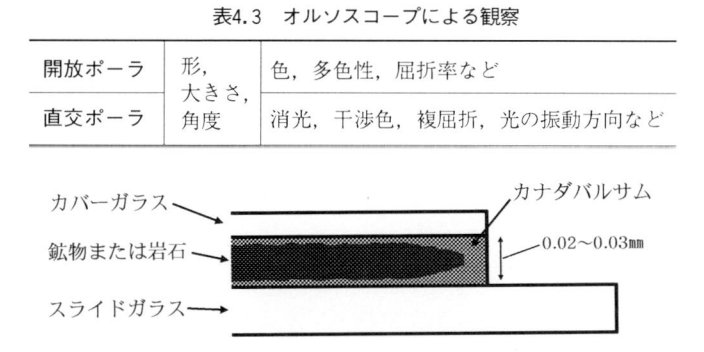

	形,大きさ,角度	
開放ポーラ		色, 多色性, 屈折率など
直交ポーラ		消光, 干渉色, 複屈折, 光の振動方向など

図4.11　顕微鏡観察用薄片の断面図
　　　（ただし，大きさの割合は実際と異なる）

面であるように見えますが，完全な平滑面ではなく，これを拡大してみると，凹凸がまだ残っています．この凹凸の境界面では，入射された光や出ていく光は不規則に反射したり屈折したりします．このような現象を少しでも少なくするために，カナダバルサムやレー

151

Chapter 4

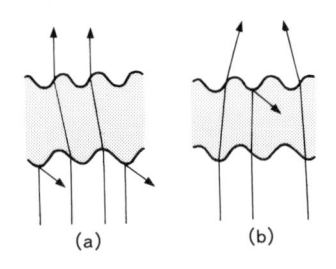

(a) 鉱物の屈折率のほうが低いとき
(b) 鉱物の屈折率のほうが高いとき
図4.12　鮫肌状
(出典：柴田秀賢『偏光顕微鏡』p.35,朝倉書店)

キサイトセメントを用いて,凹凸面を埋め平滑面をつくります.

　カナダバルサムやレーキサイトセメントの屈折率は1.54ぐらいです.ふつうの鉱物の屈折率が1.4から1.7ですから,鉱物によってはカナダバルサムなどの接着剤の値より屈折率が高いものも低いものもありますが,カナダバルサムの屈折率の値は,鉱物の屈折率の範囲のほぼ中央にあるといえます.

　鉱物の屈折率とカナダバルサムの屈折率が近いときには,鉱物の表面での不規則な反射や屈折は少ないので,鉱物は滑らかに見えます.一方,両者の屈折率の差が大きいと,鉱物とカナダバルサムの上下の境界面で不規則な屈折・反射や全反射などが起こり,対物レンズに到達しない光も出てくるので,鉱物の表面は輝いた部分と暗い部分が鮫肌状に見えます（図4.12）.

　例えば,ざくろ石やかんらん石は,屈折率がカナダバルサムの1.54よりはるかに大きい値なので,その表面はザラザラしているように見えます.また,それらの鉱物の輪郭や割れ目などが,太くはっきりと見えます.つまり,屈折率がカナダバルサムの屈折率より大きい鉱物では,一般に輝きが強く,浮き上がっているように見えます.反対に,カリ長石やほたる石のように,屈折率がカナダバルサムより小さい値の鉱物では,他の鉱物より沈んでいるように見えます.このとき,顕微鏡の絞りをやや絞ってみますと,この関係が一層はっきりとします.

　屈折率がカナダバルサムの1.54の値に極めて近い石英やきん青石のような鉱物では,反射や屈折が起こりにくいので,そのような鉱物の表面はつやを帯びて美しく,きれいに見えます.また,鉱物の境界線は細く見えます.

　このように開放ポーラで観察するときには,屈折率に充分注意し

第4章　鉱物の光学的性質と偏光顕微鏡のしくみ

て，鉱物を観察することが大切です．また，二つの鉱物が互いに接しているところは，ベッケ線（鉱物と他の鉱物との境界に沿って見える輝いた線）の動きから，屈折率が大きいか小さいかを比較して，屈折率を推定することができます．いろいろな物質の屈折率を表4.4に示します．

表4.4　いろいろな物質のいろいろな波長の光に対する屈折率（同温度の空気に対する値）

波 長 λ/nm	方解石18℃		水晶18℃		石 英 ガラス 18℃	ほたる石 CaF_2 18℃	岩　塩 18℃	シルビン KCl 18℃	水 20℃
	常光線	異常[1] 光線	常光線	異常[2] 光線					
9429.0	—	—	—	—	—	1.3161	1.4983	1.4587	—
4200.0	—	—	1.4569	—	—	1.4078	1.5213	1.4720	—
2172.0	1.6210	1.4746	1.5180	1.5261	—	1.4230	1.5262	1.4750	—
1256.0	1.6388	1.4782	1.5316	1.5402	—	1.4275	1.5297	1.4778	1.3210
656.3	1.6544	1.4846	1.5419	1.5509	1.4564	1.4325	1.5407	1.4872	1.3311
589.3	1.6584	1.4864	1.5443	1.5534	1.4585	1.4339	1.5443	1.4904	1.3330
546.1	1.6616	1.4879	1.5462	1.5553	1.4602	1.4350	1.5475	1.4931	1.3345
404.7	1.6813	1.4969	1.5572	1.5667	1.4697	1.4415	1.5665	1.5097	1.3428
303.4	1.7196	1.5136	1.5770	1.5872	1.4869	1.4534	1.6085	1.5440	1.3581
214.4	1.8459	1.5600	1.6305	1.6427	1.5339	1.4846	1.7322	1.6618	1.4032
185.2	—	—	1.6759	1.6901	1.5743	1.5099	1.8933	1.8270	—
$\varDelta$[3]	$+5 \times 10^{-6}$	$+14 \times 10^{-6}$	-5×10^{-6}	-6×10^{-6}	-3×10^{-6}	-1×10^{-5}	-4×10^{-5}	-4×10^{-5}	-8×10^{-5}

1）異常光での最小値を示す
2）異常光での最大値を示す
3）ナトリウムD線（波長589.3 nm）に対する屈折率の温度係数
　　　　　　　　　（Kayeによる，出典：国立天文台編『理科年表』平成12年版p.521，丸善）

B．ベッケ線

　屈折率の異なる二つの物質が接するとき，通過する光は，屈折率の大小の差によって両者の境界に特別な現象を生じます．光の進行方向について，二つの物質の境界面の形状にはいろいろな場合がありますが，境界面での光は，境界面の形状に関係なく屈折率の大きい物質のほうに集まります（図4.13）．

　屈折率の差の大きい二つの物質を偏光顕微鏡で見ると，二つの物質の境界面に沿って輝いた線が，屈折率の大きい物質の側に見えます．これをベッケ線（Becke's line）といいます（図4.14）．

Chapter 4

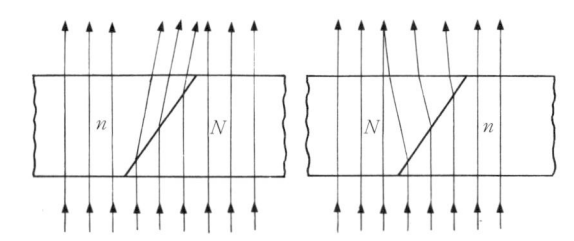

図4.13 ベッケ線のできる原理. N, n は屈折率を表す. ただし, $N>n$.

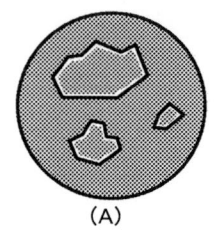

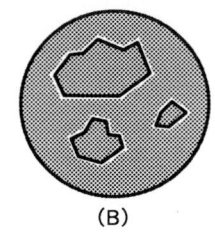

図4.14 ベッケ線. 偏光顕微鏡の鏡筒とステージの距離を大きくすると, ベッケ線は屈折率の高いほうへ移動し(A), 鏡筒とステージの距離を小さくすると, ベッケ線は屈折率の低いほうへ移動する(B). ただしこれは, 鏡下に置かれた二つの鉱物の屈折率が, 周囲の鉱物より高い場合である.

ベッケ線を観察するときは, 偏光顕微鏡の絞りをふつうの観察のときより多く絞り込みます. このとき, ピントの合った範囲内で, 対物レンズとステージとの間の距離を変えると, このベッケ線は, 二つの物質の境界面を越えて移動します. ベッケ線が移動する規則性は次の通りです.

① 対物レンズとステージとの間の距離を大きくすると, ベッケ線は屈折率の大きいほうへ移動する.

② 対物レンズとステージとの間の距離を小さくすると, ベッケ線は屈折率の小さいほうへ移動する.

③ 二つの物質の屈折率に差のない場合にはベッケ線は現れない.

屈折率の測定にはこの原理を応用します. 屈折率のわかっている液体を用い, 屈折率のわかっていない鉱物の粒の間でベッケ線の移動を調べ, ベッケ線が現れない液体, つまりその鉱物の屈折率に等しい液体を探し出せば, 未知の鉱物の屈折率を調べることができます. 屈折率の測定については, 別の図書を参考にしてください.

C. 角度の測定

角度の測定を行う場合には, センタリングを特に正確にしておか

なければなりません．測定しようとする鉱物の輪郭，あるいはへき開が直線的ではっきりしたものを，接眼レンズの十字線に正しく一致させます．同時に，ステージの円周にある目盛盤の角度を読み取るのですが，副尺によって1/10°，あるいは1/20°まで読み取ることができるので，読み取った角度を記録しておきます．

次に，偏光顕微鏡をのぞきながらステージを回転させ，測定しようとするもう一方の輪郭，あるいはへき開を，最初に合わせた同じ方向の十字線と一致させてその角度を読み取り，前に読み取った角度との差を求めると，その差が求める角度になるわけです．

なお，ステージの目盛は0°から360°まであること，その回転の方向にも注意して，測定は5回以上行って平均をとります．

D．鉱物の色・多色性

一般に，黄，緑，茶，黒などの色を示す鉱物を有色鉱物（Colored minerals）といいます．有色鉱物の色は開放ポーラで観察したときの色のことをいいます．

黒雲母の薄片の色は，ステージを回転していくと，濃くなったり淡くなったりするのが観察されました．黒雲母の場合には，へき開が下方ポーラの振動方向に一致したときに色が最も濃くなります．ステージを90°右，または左に回転すると，今度は淡くなります．

このように，ステージを回転させると有色鉱物の色の濃さが変化するのは，二軸性の鉱物の場合には互いに直角に交わる X, Y, Z の3本の光学的弾性軸の1本の方向と下方ポーラを通過した偏光と一致し，吸収されるところがあるからです．

黒雲母の光学的性質は，色の淡いほうは X で，濃いほうは $Y ≒ Z$（Y軸とZ軸の方向の色がほとんど等しいことを表す）となっています．また，へき開は（001）の底面に平行であり，結晶軸 b と光学的弾性軸 Y 軸とが一致しているので $Y = b$ と表現されています．最も小さい屈折率 $α$（1.565〜1.625）は X 軸の方向に振動する偏光であり，屈折率 $γ$（1.605〜1.696）は Z 軸の方向に振動する偏光を表して

います．下方ポーラから出た偏光の方向が鉱物の X, Y, Z の光学的弾性軸のどれかと一致するか直交したときに，光が通過したり吸収されたりする度合が変化するので，X, Y, Z の3方向で色を現します．これを軸色（Axial color）といいます．

　軸色の異なることを多色性（Pleochroism）といいますが，この多色性は有色鉱物の光学的特徴の一つです．黒雲母は有色鉱物の中でも多色性を最も強く表す鉱物であり，一方向の強いへき開の存在とともに観察の決め手になります．ホルンブレンドも多色性を示す鉱物です．

　同じ鉱物であっても，薄片にした断面の方位によって鉱物の光学的方位は異なるので，多色性の現れ方も異なってきます．また，同一種類の鉱物で同じ光学的方位の断面であっても，異なった岩石では，屈折率も多色性の現れ方も異なります．

2）直交ポーラによる観察

　直交ポーラによる観察とは，前に述べた開放ポーラの鏡筒の光路に，上方ポーラを入れて岩石の薄片を観察する方法です．

　薄片の中の鉱物が，ふつうの結晶質の鉱物（光学的異方体の鉱物）であれば明るく見え，ステージを回転させるごとにその鉱物の明るさが変化します．また，ステージを1回転する間に，暗黒になるところが4回あります．この暗黒になる現象を消光（Extinction）といい，その位置を消光位（Extinction position）といいます．消光位から消光位までの間の角度は90°です．

　消光位から，ステージを45°右または左に回転させると，鉱物は最も明るく見えます．この明るく見える位置を対角位（Diagonal position）といいます．対角位も互いに90°ずつ隔っており，ステージを1回転させる間に対角位の位置も4回あります，

　これらの現象は，直角な振動方向をもつ二つのポーラの間に，鉱物の光学的弾性軸2本が，ポーラの振動方向に一致したために起こ

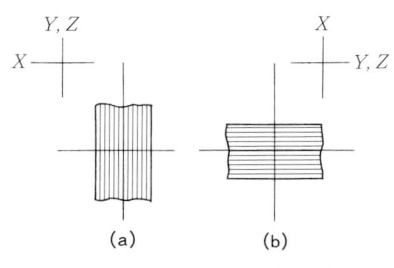

第4章　鉱物の光学的性質と偏光顕微鏡のしくみ

図4.15　黒雲母の直交ポーラの観察.(a)のステージを時計回りに90°回転させると(b)になる.

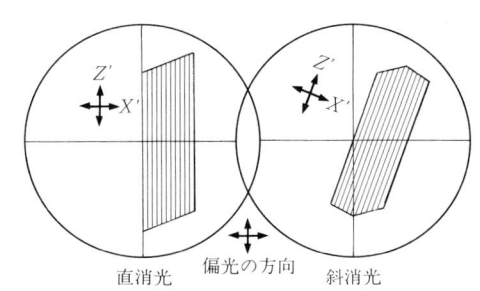

図4.16　消光(直消光と斜消光)

る現象です．先の黒雲母の場合は X と Z あるいは Y が，二つのポーラの振動方向と一致（図4.15）して消光になり，ステージを90°回転すると，X と Z および Y が入れ替わり，同じように消光となって暗黒になります．

A．消光（直消光と斜消光）

　直交ポーラで鉱物を観察するとき，ステージを回転することによって，視野内の鉱物に消光現象が見られます．

　鉱物が消光位にあるとき，その鉱物の輪郭がはっきり見える直線の方向，あるいはへき開線の方向と，接眼レンズの十字線の1本の線とがつくる角を消光角（Extinction angle）といいます．消光角が0°か，または90°のとき，その鉱物は直消光（Straight extinction）といい，それ以外のときを斜消光（Oblique extinction）といいます（図4.16）．

　消光角を測るには，鉱物の輪郭線またはへき開線を，接眼レンズの十字線の1本の線と平行に合わせ，そのときのステージの角度を副尺を使って1/10°，あるいは1/20°まで読み取ります．ついでステージを回転させ，鉱物を消光位にしてステージの角度を読みます．初めに読んだ角度と消光位のときに読んだ角度との差が消光角となります．さらに，この操作を繰り返して行い，その値の平均をとって消光角とします．

B．二つの光の速さの決定

　鉱物が消光位のとき，どちらが速い光か遅い光を知るために石膏

Chapter 4

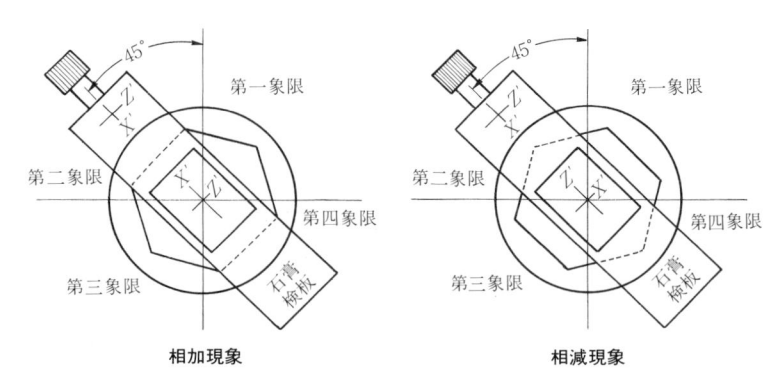

図4.17　検板による相加現象と相減現象

　検板を用います．検板の上には X' と Z' と書かれていて，検板の長い方向が X' となっています．

　例えば，鉱物が消光位にあるときは，検板を図4.17のように視野の左上の第二象限から第四象限の方向に差し込みます．検板の X' の方向は，同じように第二象限から第四象限に向かう方向です．消光位にある鉱物のレターデーションは，検板だけのレターデーションに相当する赤紫色の干渉色が見えます．

　次にステージを45°左側に回転させて，調べようとする鉱物を検板の方向に合わせます．鉱物の薄片は対角位となります．

　検板の X' に対して次の二つの場合があります．

① 鉱物の X' が検板の X' と一致したときは，薄片のレターデーションと検板のレターデーションの和に相当する干渉色を示す．

② 鉱物の Z' が検板の X' に一致したときは，薄片のレターデーションと検板のレターデーションの差に相当する干渉色を示す．

　上の①を相加現象といい，石膏のレターデーション 535 nm より大きい値の干渉色となり，②を相減現象といい，535 nm より小さい値のレターデーションになります．

　　X', Z' は，二つの偏光を区別するときに使う記号です．

　　三つの速さの違う光 X, Y, Z の関係は， $X > Y > Z$ で，これに対応

する屈折率は $α＜β＜γ$ ですが，薄片は平面なので，このうち「速い光と遅い光」の二つの組み合わせとして比較します．便宜的に検板では速いほうの光を X'，遅いほうの光を Z' として表しています．

したがって，鉱物片の断面がちょうど光学的弾性軸の二つと一致していた場合には，次のような三つの組み合わせを考えることができます．

(1) $X' = X$, $Z' = Y$
(2) $X' = X$, $Z' = Z$
(3) $X' = Y$, $Z' = Z$

C．レターデーションと干渉色

偏光顕微鏡の観察は，ふつう白色光を光源として行いますが，直交ポーラにして観察するときに見える干渉色を考えてみましょう．方解石を出た偏光には，通常光による屈折率の大きいもの（1.658）と，異常光による小さいもの（1.486）とがあります．この二つの光は，厚いへき開片を通過するとその光路の差は大きくなり，また，光の速さは屈折率に逆比例しますから，二つの光の到達時間の差も，へき開片の厚さによって変わります．

ここで，鉱物の二つの屈折率を n_1（小さいほう），n_2（大きいほう）とし，鉱物の厚さを d とすると，$(n_2 - n_1)$ と d との積は，遅いほうの光が速いほうの光に対して遅れる距離を表していることになります．この $d(n_2 - n_1)$ をレターデーション（Retardation）といい，R という記号で表します．

$$R = d(n_2 - n_1)$$

これは鉱物を通った屈折率の大きな偏光（遅い偏光）と屈折率の小さな偏光（速い偏光）との差，つまり位相の違いを表しています．

岩石の薄片では，同じ鉱物であっても光の通る方向が異なっているので，厚さがほぼ一様に研磨されていても複屈折の大きさはいろいろに変わり，レターデーションの大きさも，鉱物粒の一つ一つによって異なります．

Chapter 4

　白色光でも，R/λ が1になるような波長の光は目に達しません。波長がそれより短くなるにしたがって R/λ は次第に大きくなり，そのような波長の光は次第に多く目に入るようになります。

　そして R/λ が 3/2 になるような波長の光は，最も多く目に達します。さらに波長が短くなって，R/λ が2になるような波長の光は，全く目に入りません。

　つまり，あらゆる波長の光を含む白色光の場合には，ある波長の光は多く目に達し，別の波長の光は多く遮断されて色がついて見えるのです。例えば，赤い色の光が多くて青い色の光が少ないときは，赤い色を帯びて見えるのです。R/λ が整数である光を除いた光が，干渉して色が現れるのです。この色を干渉色（Interference color）といいます。干渉色はいろいろな波長の光が合成されてできた色で，鉱物のそのものの色ではありません。

　光軸に垂直な薄片は，二つの屈折率が等しいので，$(n_2 - n_1)$ はゼロですから，$R=0$，$R/\lambda=0$ で，このような薄片は，どんなにステージを回しても，常に鉱物粒は暗黒のままです。直交ポーラで，鉱物の光学的異方体を白色光で見たとき暗黒に見えるのは，① 鉱物が消光位にあるとき，② 光軸に垂直であるときです。

D．ミシェルレビィの干渉色図表

　レターデーション $R=d\,(n_2 - n_1)$ の値は光の波長によって変化しますが，可視光の範囲において一般に小さいので，干渉色を考える場合は波長を無視してもさしつかえありません。

　そこで，あるレターデーションの値を指定すると，その値によっていろいろな波長の光が目に達する割合が決まって，干渉色も決まります。それを，例えば「レターデーション 575 nm の干渉色」という言い方で表します。したがって，ある鉱物の干渉色から，その鉱物のレターデーションの値を知ることができます。

　鉱物を実際によく調べてみると，レターデーションが数百 nm のとき，最も鮮やかに黄・赤・青・緑などの色を示し，それよりレタ

第4章　鉱物の光学的性質と偏光顕微鏡のしくみ

ーデーションが小さくなると灰色になり，大きくなると白っぽい赤，青，緑などの色を示します。

　ミシェルレビィ（Michel-Levy）の干渉色図表（Color chart）は図4.18に表したように，縦軸にレターデーションをとり，おのおののレターデーションの値に相当する干渉色を縦軸に沿ったところに示

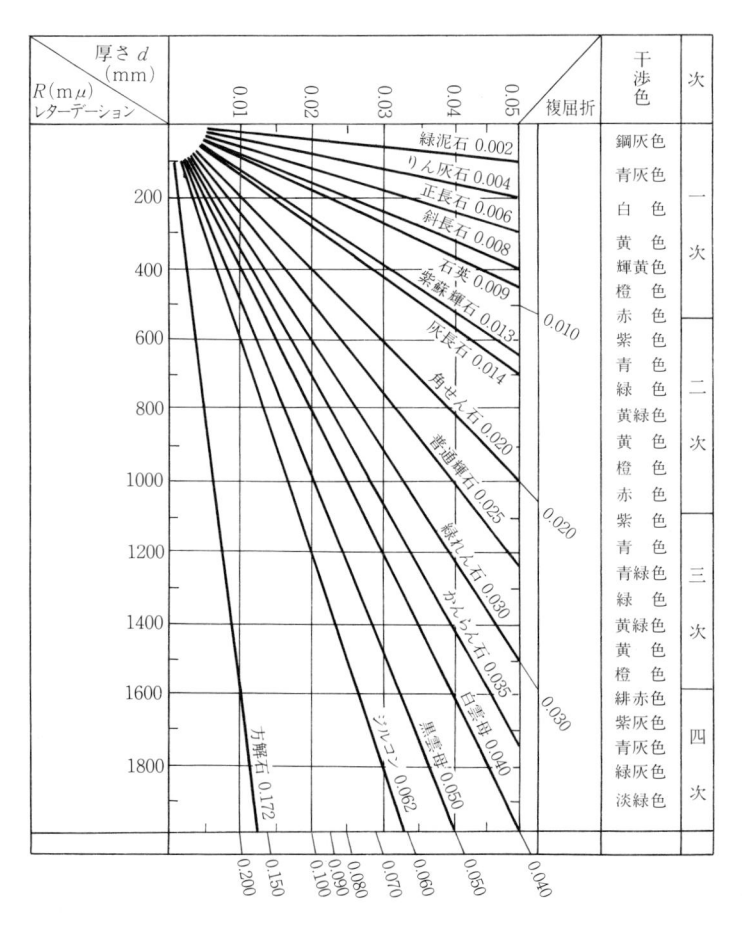

図4.18　干渉色図表．横軸に薄片の厚さをとり，縦軸に複屈折をとっている．
（大学自然科学教育研究会『地学実験』(1963) p.133，稲森潤他著，著者代表　鈴木敬信，東京教学社）

Chapter 4

し，横軸に薄片の厚さをとったものです．図には $R = d\,(n_2 - n_1)$ の屈折率の差 $(n_2 - n_1)$ に，いろいろな値をとったときの R と d との関係が示されています．レターデーションの小さいときの干渉色を低次（Lower order）の干渉色といい，レターデーションの大きいときの干渉色を高次（Higher order）の干渉色といいます．

　干渉色図表では，干渉色から鉱物のレターデーションの値をだいたい知ることができます．例えば，薄片（プレパラート）に，いろいろな方向に向いている石英粒がたくさんあるとき，その中には，光軸の方向に平行な向きの石英粒もあります．そのような石英粒はバイレフリンゼンス $(n_2 - n_1)$ が最も大きく，高い干渉色を示します．したがって，干渉色図表の最も高い干渉色を示す石英粒のレターデーションの値を見積もると，石英のバイレフリンゼンスの $(\varepsilon - \omega)$ がわかっていますから，薄片の厚さがわかります（図4.18）．

　また，薄片の厚さがわかったら，干渉色によって，他の鉱物粒の $(n_2 - n_1)$，つまり複屈折を知ることができます．鉱物粒がいろいろな方向に向いているのならば，$(n_2 - n_1)$ の最大値は，その鉱物のバイレフリンゼンス $(\omega - \varepsilon)$，$(\varepsilon - \omega)$，または $(\gamma - \alpha)$ に近い値を表しています．このように，干渉色は鉱物のバイレフリンゼンスに密接な関係があり，バイレフリンゼンスの小さい鉱物は一般に低い干渉色を示し，バイレフリンゼンスの大きい鉱物は一般に高い干渉色を示します．

　実際に顕微鏡下で干渉色を見るとき，灰白色，黄色，鮮やかな赤，紫ぐらいまでは識別することができるのですが，それ以上の高い干渉色が見える場合には，干渉色図表のどのへんに相当するのかわからない場合が多いのです．このような場合，薄片が厚いことが多いようです．研磨された薄片は，中心部よりも周辺部のほうが薄くなっていることが多いので，薄片の縁のほうを探すと干渉色を見やすくなります．また，有色鉱物では特定の波長が吸収されるので，干渉色がわからない場合が多くなります．

第4章 鉱物の光学的性質と偏光顕微鏡のしくみ

6 偏光顕微鏡観察の記録法

1 鉱物のスケッチ

記録の方法の一つとして,顕微鏡写真があります.写真での記録は,忠実で優れていると思っている人も多いようですが,フィルムや印画紙などの感光材料,および光源やフィルターなどの撮影条件によって,私達の目で見たものとは違った感じになることもあります.したがって,顕微鏡写真は光学的な物理条件では,忠実なものであるといえます.

しかし,私達の目で見た感じは,視野全体を同じ調子で一様にとらえているのではなくて,観察に必要な部分にポイントを置き,その部分のみを充分に細かく見ています.そこで,顕微鏡スケッチは,目でとらえた観察結果を現す方法として欠かせません.川合玉堂画伯は「写生は自分が理解し,納得するために行うものである.対象をよく観察し,自然のあるがままを忠実に写しとる」と述べています.

1) スケッチで鉱物を識別できる

スケッチは開放ポーラでの観察を主体に描きますが,斜長石・カリ長石・石英などの無色鉱物は,直交ポーラでの観察も加えて描くと,それらの鉱物のもつ特徴を描き出すことができます.重要な点は鉱物の特徴を表すことで,岩石中の鉱物の存在の様子や,鉱物相互の関係など,岩石の組織を表すことに注意します.

鉱物には,形,色,屈折率,複屈折率,消光角,へき開,双晶,累帯構造など,それぞれ特有な特徴があるので,忠実にとらえることです.鉱物の形は生成条件を反映しているものですから,特にくわしくスケッチすることが大切です.

また,かんらん石や輝石のように屈折率の大きい鉱物は,強く輝

いて浮き上がって見えるので，輪郭は濃く太く描き，へき開線も濃く太い線で描きます．逆に，斜長石のように屈折率のあまり大きくない鉱物は，やや細めの線で描くと沈んで見えるので，スケッチにアクセントができます．累帯構造や双晶，組み合わさった鉱物の様子などは，直交ポーラで観察してスケッチに加えます．

　このように丁寧にスケッチしておくと，色をつけなくても鉱物が識別できるように表現することができます．

2）上手なスケッチ法

　鉱物の分布の様子や鉱物の形をできるだけ忠実に描くには，接眼レンズの中に接眼方眼ミクロメーターを入れてスケッチをする方法があります．接眼レンズの一番上の部分を，静かに左に回していくと，ネジでレンズがはずれます．中をのぞくと視野棚がありますから，その上に接眼方眼ミクロメーターを静かに入れ，前にはずした接眼レンズを取り付けます．

　なお，注意すべきことは，中の視野棚の上に細いクモの糸の十字線が張ってあったら，接眼方眼ミクロメーターを入れるのをやめましょう．十字線が切れてしまいます．また，接眼方眼ミクロメーターを入れた接眼レンズは，方眼の向きを合わせるために回転しますから，接眼レンズの横に方位ピン(小さなネジ)のない7倍か5倍のものを使用してください．用紙に拡大する尺度で方眼を描いておき，接眼レンズで見える方眼に合わせてスケッチをしていくと正確に描けます．

　また，偏光顕微鏡の視野を半径5cmの円と決めておくと，スケッチを何回か行うことによって，拡大尺度の感覚ができてきます．スケッチ用のアタッチメントを用いるのもよい方法です．

　スケッチの見本として，p.194の図5.11, 5.12, p.198の図5.16も参考にしてください．

第4章　鉱物の光学的性質と偏光顕微鏡のしくみ

2 偏光顕微鏡写真の写し方

1）顕微鏡写真撮影装置

　最近では，顕微鏡や撮影装置が改良され，簡単によい写真が撮影できるようになりました．また，ポラロイドのような写真材料も使えるようになり，フィルムや印画紙の現像・定着などに要する時間を省けるので，便利になりました．顕微鏡写真撮影装置には，いろいろなアダプターや装置がありますが，ピントの合わせ方や，シャッタースピードの決め方は，偏光顕微鏡でも生物顕微鏡でも全く同じ方法です．したがって，偏光顕微鏡に取り付ける写真撮影装置は，生物顕微鏡の写真撮影装置と同じものでも使えます．

　簡単な顕微鏡写真の撮影法は，一眼レフカメラを用いる方法です．使用するカメラのレンズをはずし，顕微鏡撮影専用のアダプターを用いて顕微鏡の鏡筒にカメラを取り付けます．この装置で写真を撮ると，視野全体が丸く写り，低倍率の撮影となります（マクロ撮影）．その他の多くの装置を使って写真を撮る場合は，視野の鉱物の一部を，さらに拡大して撮影する装置となります（顕微鏡撮影）．

　顕微鏡撮影の場合，どんな撮影装置でも，用いるレンズが大切です．特に重要なことは，接眼レンズに写真用接眼レンズを用いるこ

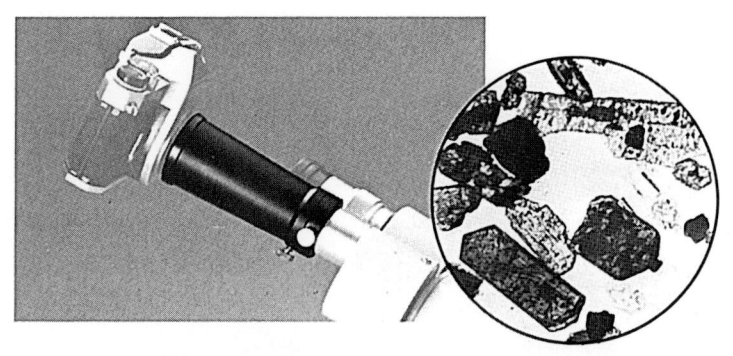

写真4.11　顕微鏡写真撮影アダプター（一眼レフ専用）．
　　　　　カメラによってマウントが異なる．

165

Chapter 4

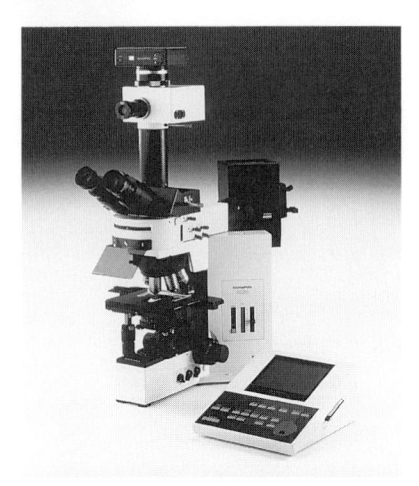

写真4.12 高級システム顕微鏡の全自動写真撮影装置．(ただし，この写真では偏光装置を取り付けていない)

とです．ビデオカメラを使い，偏光顕微鏡のステージを回転しながら撮影する場合には，必ず写真用接眼レンズを用いないと失敗します．また，フィルム面に平坦な像を得るためには，対物レンズにも平坦像を作る写真撮影用レンズを用いると，よい写真を写すことができます．

　顕微鏡写真の撮影では，フィルターを使います．ふつうはブルー・グリーン・灰色の3枚のフィルターを用意しておけば，だいたいの撮影に間に合います．カラー写真にはブルーのフィルターを用いますが，このブルーのフィルターは，モノクロ写真でも使います．グリーンのフィルターは写真にコントラストをつけるときに使い，灰色のフィルターは無色鉱物が多いときなどに使います．カラー写真撮影のときには，照明装置の電圧を8～9.5Vに上げます（ふつうは6V以下）．電圧を高くしないと，カラー写真に必要な色温度が得られないからです．

　最近では，レンズ付きフィルムでも顕微鏡写真を撮影する方法が紹介されていて(p.301,第4章の9)参照)，高価な撮影装置を使わなくても写真が写せます．一方で，高価なシステム顕微鏡には専用の写真装置や撮影用レンズがそろっているので，それらを使えば，容易にすばらしい写真を撮ることが可能です．また，デジタルカメラを用いての顕微鏡写真の撮影も，ふつうに行われるようになってきました．デジタルカメラの長所をうまく活かせば，現像の手間もなく，撮り直しも簡単で，その後のデータ整理や活用にたいへん便利です．

　なお，カメラの選び方から顕微鏡写真の撮り方・活用の仕方については，本書と同じシリーズの①巻『顕微鏡観察の基本』にくわしく解説されていますので，参照してください．

第4章　鉱物の光学的性質と偏光顕微鏡のしくみ

3）撮影方法

　偏光顕微鏡での撮影には，開放ポーラ，直交ポーラの二つの手法があります．有色鉱物を撮影するときは開放ポーラで撮りますが，その鉱物が双晶をしていたり，累帯構造を示している場合には，直交ポーラを用いないと，その様子を撮影できません．黒雲母やホルンブレンドのように強い多色性を示す鉱物は，開放ポーラの場合でも，下方ポーラの偏光の振動方向と鉱物の光学的弾性軸の向きによって色調が異なりますから，ステージを回転させ，目的とする鉱物の特徴がよく現れているところを探して撮影します．

　斜長石・カリ長石・石英などの無色鉱物の撮影は，直交ポーラで行います．斜長石は，双晶や累帯構造が特徴です．石英でも結晶粒が集合しているとき，光学的方位が異なっていると，粒によって消光の程度が違います．したがって，それらの特徴がよく現れるように，ファインダーをのぞきながらステージを回転します．

　一般に，開放ポーラで撮るより，直交ポーラで撮ったほうがコン

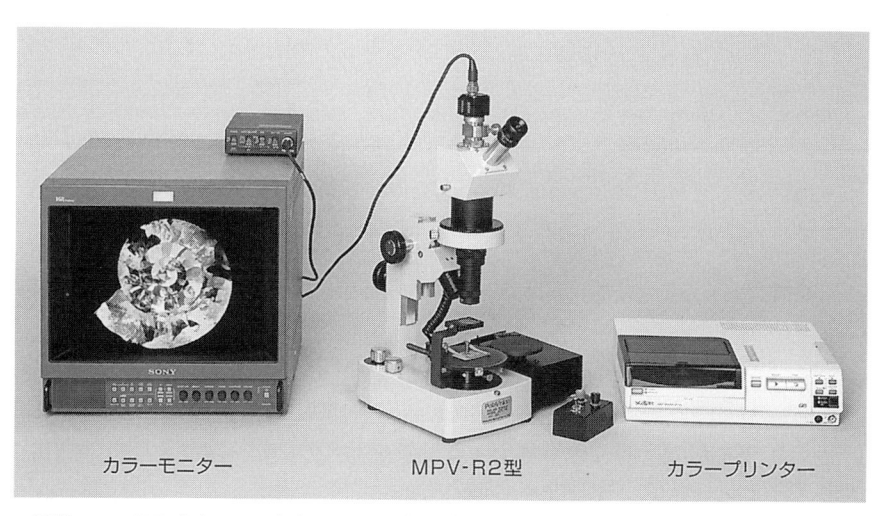

カラーモニター　　　　　MPV-R2型　　　　　カラープリンター

写真4.13　ポラビジョン・ビデオシステム（北辰光器）
　テレビで偏光顕微鏡像を見ることができ，ビデオプリンターと接続してその場で写真を撮ることができ，パソコンと接続して画像解析・計測もできる．

Chapter 4

トラストのある写真ができあがります．しかし，消光位にあるときは鉱物が暗黒になるので，撮影にあたって注意が必要です．

　撮影のとき，光量は多いほうがよいのですが，絞りはやや絞ったほうが，鮮明な写真となります．あまり絞ると，鉱物と鉱物の境界に，白い光の線（ベッケ線）が現れます（図4.14参照）．ベッケ線が現れるのは絞り過ぎです．偏光顕微鏡の撮影で，最も難しいのは露出時間，つまりシャッタースピードの選定です．だいたい，開放ポーラでは数秒，直交ポーラでは数分かかります．自動的に露出時間を決められる機種であれば，レリーズのボタンを押すだけです．

　直交ポーラでの撮影では，露出時間を充分慎重に測定することが大切です．多分，直交ポーラにしたときの光量は，予想以上に少ないはずです．直交ポーラでの撮影は，面倒でも露出時間を変えて試し撮りをし，現像を行ったうえで露出時間を決めるのが最もよい方法です．薄片は1枚1枚みな厚さが異なり，鉱物の方位も異なっていますので，撮影条件は薄片の1枚ごとで大きく違っています．

4）写真の倍率表示法

　顕微鏡写真に，長さの表示（スケールバー）をつけることも大切です．薄片撮影と同じ倍率で，対物ミクロメーターを撮影しておきます．写真の上か写真の近くに，ミクロメーターの長さで1 mm, 0.5 mm, 0.1 mm, 0.05 mmなどの長さの線を描きます（p.194の図5.11ほかを参照）．レンズの倍率で表す方法は，写真が縮小されたり拡大されたりしたら大きさがわからなくなりますので，適切ではありません．写真には必ず実際のスケールを付けるようにしてください．用いたレンズの倍率は特に記入する必要はありません．しかし，自分のメモとして，例えば対物ンズと接眼レンズの倍率，フィルター，露出時間，照明電圧などを記録しておくとよいでしょう．

　偏光顕微鏡で写した写真の場合は，開放ポーラか直交ポーラかの区別を明記しておくことが必要です．また，写した岩石・鉱物の名

前とともに，その岩石・鉱物の産地名も書くようにしてください．

7
フォトルミネッセンス（発光性）

　鉱物の中には，光の刺激（励起）により光を発する性質を持っているものがあります．これをフォトルミネッセンスと呼んでいます．発光する光は刺激を与えた光よりも波長の長い可視光線で，かつては，刺激の光と同時に発光したり消えるものを蛍光，刺激の光が止まっても数秒から数時間くらいの長さの残光のあるものをりん光と呼んでいました．最近は，その発光機構によって分類が行われるようになっています．フォトルミネッセンスの刺激光としては，波長の短い紫外線が用いられています．紫外線は水銀灯をその光源として紫外線のみを通過させるフィルターが用いられており，波長250〜300 nmの短波長紫外線，および波長350〜400 nmの長波長紫外線が用いられていて，暗いところに鉱物を置いてそのフォトルミネッセンスの色を調べることができます．

　鉱物の中には，紫外線ではなくふつうの光線でも刺激されてルミネッセンスを起こすものもあります．ルミネッセンスを観察する装置として「ミネラライト」と呼ばれている携帯できるものが市販されています．これは商品名ですが，その名前で広く用いられています．

　フォトルミネッセンスは，鉱山の暗い坑道の中などで目的とする鉱物を簡単に見つけることができる便利な方法であるばかりでなく，宝石の多くは特徴的なフォトルミネッセンスを発するので，人工品や模造品と本物の鑑定にも用いられています．また，フォトルミネッセンスの特性を応用して，いろいろな鉱物を並べた光の芸術世界も開かれています．しかし，紫外線は目には有害ですので，絶対に紫外線が目に直接当たらないように気を付けてください．また，

Chapter 4

　ミネラライトを長時間使う場合には必ず紫外線防護用ゴーグル（眼鏡）を付けてください．

　フォトルミネッセンスのよく知られている鉱物としては，灰重石（$CaWO_4$）があります．暗いところに置くと青色調のルミネッセンスを発することでよく知られています．また，方解石は短波長紫外線により無色から青色，長波長では朱色，橙赤色の美しい色のルミネッセンスを放つ鉱物としても知られています．これは方解石（$CaCO_3$）の中に含まれるごく微量の不純物によるものとされています．

　りん灰石（$Ca_5(PO_4)_3(OH, F, Cl)$）のルミネッセンスは一般に弱いものですが，強いルミネッセンスを発するものの中には不純物として Mn や，微量の希土類元素が含まれていたりすることが知られています．次に，フォトルミネッセンスによる色彩の例を挙げます．

《長波長紫外線による鉱物のフォトルミネッセンスの色》
　　オパール（$SiO_2 \cdot nH_2O$）：黄緑色
　　灰ほう石（$Ca_2B_6O_7 \cdot 5H_2O$）：オレンジ色〜黄色
　　ダイヤモンド（C）：淡黄色，黄色〜緑色，稀にオレンジ色
　　方鉛鉱（ZnS）：紅色〜オレンジ色
　　方曹達石（$3NaAlSiO_4 \cdot NaCl$）：オレンジ色

《短波長紫外線による鉱物のフォトルミネッセンスの色》
　　亜鉛華（$2Zn \cdot CO_3 \cdot 3Zn(OH)_2$）：青白色
　　岩塩（NaCl）：明るいオレンジ色〜赤色
　　けい酸亜鉛鉱（Zn_2SiO_2）：黄緑色〜緑色
　　斜晶石（$H_2CaZnSiO_5$）：オレンジ色
　　重晶石（$BaSO_4$）：白色
　　ハーヂストン石（$Ca_2ZnSi_2O_7$）：深紫青色
　　ハーパタイト（炭化水素鉱物）：輝青色
　　フランクリン石（$((Fe, Zn, Mn)O(Fe, Mn)_2O_3)$）：赤色〜緑色
　　紅亜鉛鉱（ZnO）：白色
　　りん灰ウラン石（$CaO_2 \cdot UO_3 \cdot P_2O_5 \cdot 8H_2O$）：緑黄色

第5章

岩石薄片の作り方と顕微鏡観察の仕方

1. 岩石薄片の作り方
2. 岩石の染色
3. 岩石の顕微鏡観察

Chapter 5

岩石薄片の作り方

　岩石の組織，岩石中の鉱物の種類，岩石中の細かい化石などを偏光顕微鏡で調べるためには，薄片（プレパラート）を作らなくてはなりません．ふつうの岩石中の鉱物は，光を通す性質がありますので，研磨して薄片を作ります．

　薄片は，図5.1のように，岩石または鉱物をスライドガラスの上に固定し，研磨し，カバーガラスで封じたものです．製作に要する時間は岩石や鉱物の種類によって違いますが，安山岩で2時間程度，花こう岩で3時間程度かかります．鉱石のように光を通さない不透明鉱物のようなものは，表面を鏡のように研磨して，反射光によって観察します．

　岩石の薄片製作の機械としては，岩石切断機および岩石研磨機の2種類があります．これらの機械はあれば便利で能率的ですが，なくても薄片を作ることができます．

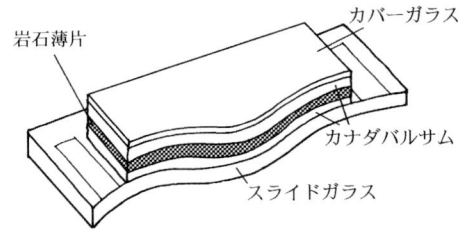

図5.1　岩石薄片を縦に切ったときの模式図

1 薄片製作の材料

1）材料

・カーボランダム：荒ずり用（＃120），中ずり用（＃400，＃800）
・アランダム：仕上げ用（＃1200），＃2000〜＃3000）
・接着剤：レーキサイトセメント（固形バルサム）
・カナダバルサム
・スライドガラス：岩石用（28×48㎜）
・カバーガラス：18×18㎜あるいは18×24㎜
・キシレン（キシロール）

- アルコールランプあるいは電熱器(300～600Wぐらいのもの)
- 加熱板：ごとくのように足付きのもの
- 鉄のへら：幅3mm,長さ10cm,先がうすく刃物状のもの．1～2本
- ピンセット
- 歯ぶらし
- シャーレ（ガラス製）
- 小布
- ラベル
- 洗いおけ：数個(カーボランダムやアランダムの種類の数だけ準備する．指先や岩石片が洗えるくらいの大きさのもの)
- 研磨用鉄板：大きさ25×25cm以上,厚さ1cmぐらいのもの．2枚
- 研磨用ガラス板：大きさは鉄板と同じ．2枚

以上の各用具，材料は,理科教材専門店で求めることができます．

2）接着剤

　岩石片とスライドガラスを貼り付ける接着剤には，ふつうレーキサイトセメントを使います．レーキサイトセメントは接着力が強いこと，加熱すると簡単に溶けて粘性を失い接着力がなくなること，キシレン,ベンジンなどのアルコール類に溶けることなどの性質があり，きわめて使いやすいだけでなく，屈折率がほぼ1.54で，ほかの鉱物の屈折率に近い値をもっています．例えば石英は1.54～1.55,斜長石は1.52～1.58です．

　最近，いろいろな強力接着剤が発売されていますが，着色されていたり，屈折率が大きかったりする欠点があります．その中で使われているものとして，アラルダイトがあります．これは二つの薬剤を混ぜ合わせて使うもので，使いやすいのですが，硬化するのに1～2日かかるという欠点があります．しかし，強力接着剤は，一度接着すると加熱してもはがれないという性質もあります．強力接着剤にはその他，エポキシ系の樹脂,アロンアルファなどがあります．

Chapter 5

②鉄板およびガラス板の面出し

　研磨板が完全な平面でなく，曲面であってはよい薄片は作れません．鉄板は鉄板どうし，ガラス板はガラス板どうしですり合わせて面出しを行い，板の表面を平らにします．

1）鉄板の面出し

　2枚の鉄板の研磨面を合わせて研磨します．研磨面が凹んでいる場合は，鉄板の上に♯120のカーボランダムを適量(カーボランダムを少しすりつぶすと膜ができるくらいの量)にまき，その上にもう1枚の鉄板を，研磨面を下にして載せます．

　上方の鉄板を，研磨面が平らになるまで，前後左右に動かしてすり合わせます．このとき，円を描くように回すと，鉄板の角がとれてしまうので，絶対に回してはいけません．カーボランダムが少なくなったら補給します．♯120で平らになったら，同様にしてその鉄板で使うカーボランダム♯400，♯800などで充分に仕上げます．

　研磨面があまり凹んでいない場合は，使用する粒度のものから始めます．

2）ガラス板の面出し

　上述の鉄板のすり合わせと同様の方法で，研磨面がひどく凹んでいる場合は♯400，♯800，♯1200で研磨し，あまり凹んでいないときには使用する粒度のもので研磨します．一度凹みができてしまうと，平らにするにはたいへんな労力が必要です．薄片を作る前，または後に，30分間以上すり合わせを行うよう心がけましょう．

③薄片の作り方 (図5.2)

　①カーボランダムやアランダムを，粒度の違うものごとに，調味料が入っていたふりかけ用の小びんに入れておきます(こうして保

第5章 岩石薄片の作り方と顕微鏡観察の仕方

存しておくと使うときに便利).

②岩石片は岩石切断機で25×30mmぐらいの大きさに切っておきます．厚さは，堅い岩石なら2mm程度,壊れやすいものは厚くします．岩石切断機がないときには，露頭で岩石を採集したとき，なるべく薄い岩石の破片を拾っておきます．

③片面を平らに仕上げていきます（片面ずり).まず粗ずりを行います(鉄板，カーボランダム＃120を使用).岩石切断機を用いた場合は，その歯跡がなくなり平らな面ができるまで行います．以下，次の工程に進む前には，岩石片をよく洗っておきます．

④中ずりを行います(鉄板,カーボランダム＃400・＃800を使用).片面がきれいな平らな面になるまで行います．

⑤仕上げずりを行います(ガラス板,アランダム＃1200・＃2000を使用)．面に艶が出るようになるまで行います.磨き上がった岩石片は水でよく洗い，布でふきます．

⑥スライドガラスに岩石片を貼り付ける作業にかかります．スライドガラスは布できれいにふき，加熱板の上でスライドガラスと研磨面を上にした岩石片を温めておきます．

⑦レーキサイトセメントをスライドガラスの中央にこすり付け,溶け始めたら円を描くように丸を広げます(岩石片とほぼ同じ面積).

⑧レーキサイトセメントはたっぷり使い，岩石片の研磨面にも同様にレーキサイトセメントを塗ります．数分すると泡が静まってきますが,泡がたくさん出たらつまようじで取り除きます(火力が強すぎないよう注意する).

⑨スライドガラスと岩石片を別の台の上に降ろし,岩石片を下に，その上にレーキサイトセメントを下にしたスライドガラスを重ねます．軽く力を入れながら，ピンセットとへらなどを使ってすばやく円を描くように静かに回して，気泡と余分なレーキサイトセメントを追い出します．

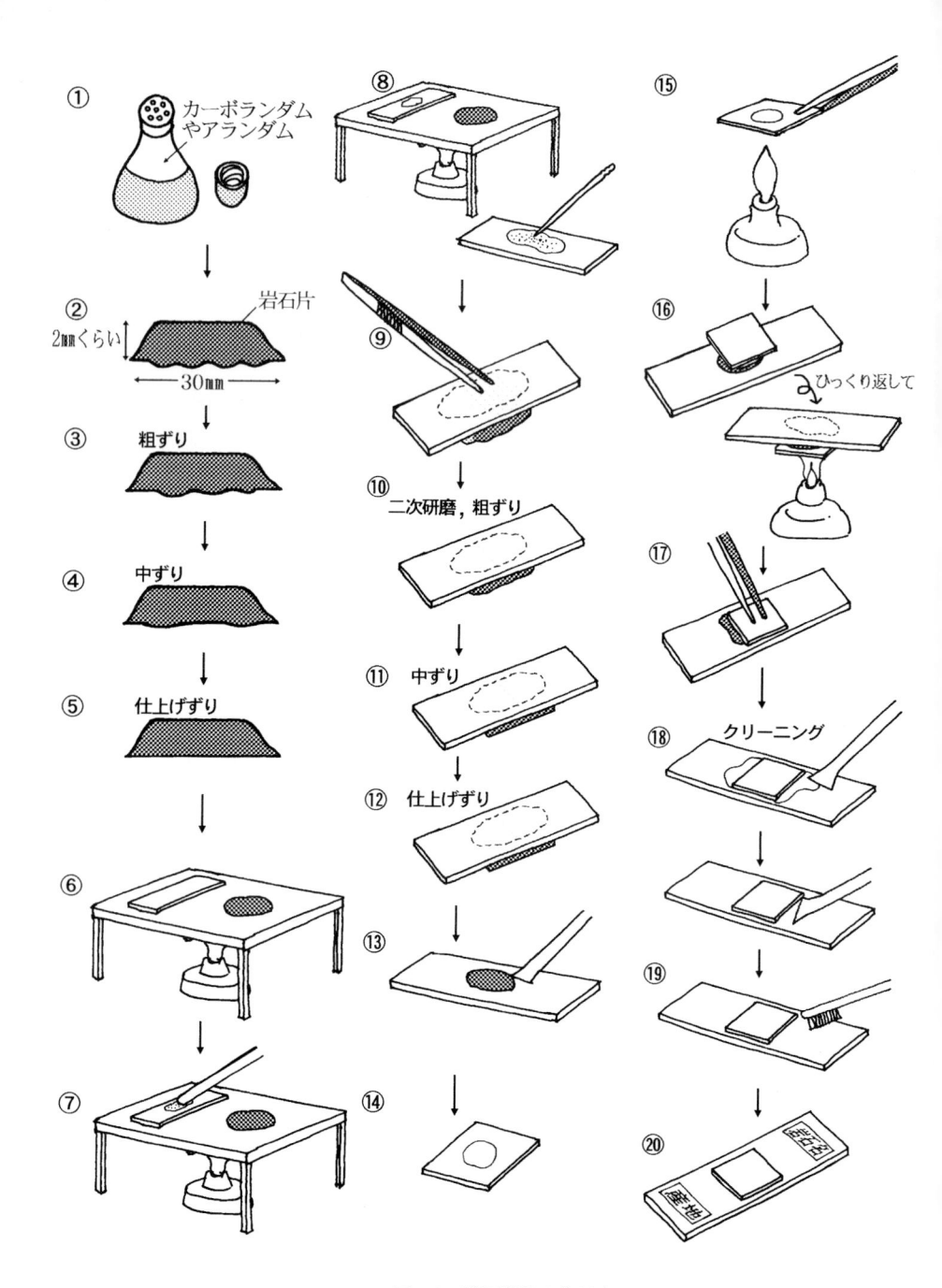

図5.2 岩石薄片の作り方

第5章　岩石薄片の作り方と顕微鏡観察の仕方

　スライドガラスのほうから見て，気泡の入っていないこと，およびスライドガラスと研磨面が密着していることを確かめます．もし，気泡が入っているときは，スライドガラス面を下にして加熱板に載せ，カナダバルサムを少し加熱し，ピンセットとへらで岩石片をスライドガラスに押さえつけながら静かに動かして気泡を出します．気泡が多量に入った場合は，岩石片をスライドガラスから離して，スライドガラスに岩石片を貼り付ける⑧の工程からやり直します．

　⑩二次研磨にかかります．まず粗ずりを行い，約1mmの厚さになるまですり減らします(カーボランダム＃120)．

　⑪中ずりを行い，ほぼ0.1mmの厚さになるまですり減らします(カーボランダム＃400・＃800)．

　⑫仕上げずり．約0.03mmの厚さになるまですり減らします(アランダム＃1200・＃2000)．薄片(岩石片)の厚さは，(簡易)偏光顕微鏡の干渉色で確かめます(図5.3参照)．

　⑬鉄のへらで薄片の周囲のレーキサイトセメントを削り取ります．

　⑭カバーガラスの中央にカナダバルサムを少量載せます．なお，カバーガラスの大きさは，薄片の大きさにより選びます．

　⑮ピンセットでカバーガラスの端を持って少し温めます．泡が消えなかったら，つまようじで泡を取ります．

　⑯薄片の上にカバーガラスをかぶせ，ひっくり返してカバーガラスの下から少し温めます．

　⑰カバーガラスの上からピンセットで静かに押さえるか，人差し指の腹でつめを立てずに円を描くように押しつけて，気泡や余分のカナダバルサムを追い出します．

　⑱クリーニングを行います．カバーガラスからはみ出たカナダバルサムを，熱した鉄のへらで削り取り，さらに鉄のへらを熱して，カバーガラスの四辺を焼き付けます．

　⑲歯ぶらしにキシロールを染み込ませて，スライドガラスの汚れ

Chapter 5

たカナダバルサムをふき取ります．さらに小布にキシロールを染み込ませて，カナダバルサムをふき取ります．カナダバルサムがとれたら石けんで洗います．

⑳ラベルを貼ります．岩石名，産地，採集日などを記入します．

4 薄片の厚さ

薄片の厚さはふつう0.02～0.04mmが標準です．これは，黒い色の鉱物でも，薄片を通して新聞の文字を読むことができる厚さです．

また，厚さの違いは，偏光顕微鏡で直交ポーラ（p.151の図4.10参照）にして薄片を見るとき，干渉色の違いとなって現れます．薄片が厚いと，無色の鉱物でも高次の干渉色が現れ，濃く色づいて見えます．また，薄片が薄いと，干渉色は黄色から無色になります．したがって，同じ鉱物でも薄片の厚さによって違った干渉色が現れますから，0.03mm前後の厚さにしないと鉱物の鑑定が困難になります．

逆に，この性質を利用して，薄片の厚さが適切かを確かめるのです．薄片の厚さを決める標準としては，薄片の中の石英を調べます．石英の厚さが0.1mmでは二次の干渉色で黄緑色，0.06mmでは赤色でどぎつい感じがしますが，0.03mmになると，灰色～白色になります（図5.3）．

斜長石でも同じように，厚さの違いが干渉色の違いとなって現れます．明るい色の干渉色がついているようなら，0.03mm以上の厚さがあります．斜

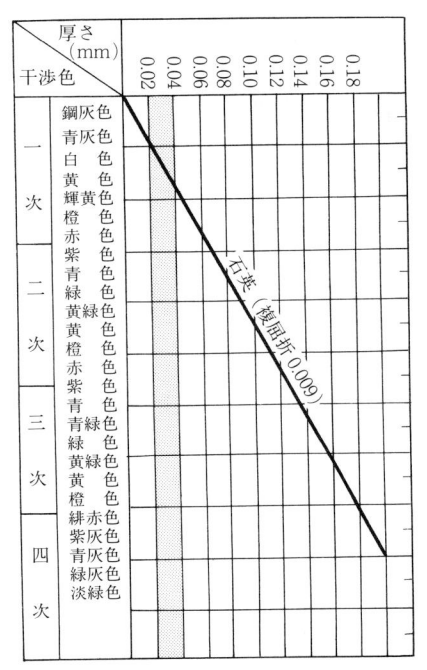

図5.3　石英の厚さによって現れる干渉色
網かけの部分は標準の厚さを示す．

（稲森潤他著(1964)『大学課程 地学実験』東京教学社，p.133の図5.3）

長石も，灰色～白色(無色)の干渉色が見られるときが，観察にちょうどよい厚さです．

　薄片を作っているとき，最後の仕上げずりの段階で，薄片面を水につけ，偏光顕微鏡で薄片の干渉色を調べながら，求める厚さ0.03 mmまで研磨して，仕上げをします．

5 研磨機を用いた場合の研磨の仕方

　岩石研磨機（写真5.1）を使うと，研磨が能率的に行えます．研磨機には様々な型式のものがありますが，小型卓上式のものでも，性能は大型のものに劣りません．研磨方法は手ずりの場合の手順①～⑳と同様ですが(p.176の図5.2参照)，注意する点を次に説明します．

　研磨機の回転円盤は，必ず粗ずり用，中ずり用を決めておきます．研磨を行うとき，粗いカーボランダムが細かいほうに混ざることが絶対にないよう，特に気をつけてください．粗ずりから中ずりに移るときには，岩石片や手をきれいに洗ってから，中ずりに入るよう気をつけましょう．洗いおけも，はっきり別のものにしておきます．また，研磨を行う前と行った後に必ず盤面のすり合わせをして，常に盤面を整えておくことが大切です．さらに，いつも回転研磨盤の同じところだけを使っていると，円盤は同心円状にすり減って凹むので，円盤の面全体を使うように心がけてください．

　カーボランダムはふりかけ用のびんに入れて使ったほうが効果的です．研磨中は，カーボランダムと水とを適当な割合で加え，回転研磨盤上では，いつもカーボランダムが水で付着して泥状になるようにします．

写真5.1　岩石研磨機．左：粗ずり用#120，右：中ずり用#800

Chapter 5

　カーボランダムは，水が少なくても多くても回転研磨盤の外へ飛び散って研磨に使われないので，適量を使うよう心がけます．カーボランダムを補充するときは，研磨盤の中心部に補充してください．量は状況によって違います．仕上げに近いときは，徐々に少量にしてください．

　岩石片の最初の片面ずり（図5.2の②〜⑤）は，特に技術もいりません．やや強く押してすります．粗ずりで，岩石切断機の歯跡がなくなり，一応の平面ができるまですります．水でよく洗った後，中ずりを行います．粗ずりによって岩石中の軟らかい鉱物の部分が凹んでいるので，全体が滑らかな表面になるまですります．

　スライドガラスに岩石片を貼り付けた後の二次研磨では，平行な平面を作ることが薄片作りのカギとなります．回転研磨盤で平行な平面を作ることはきわめて難しいので，鉄板上での手ずりによって，平行な平面をしっかりと作っておくことが最もよい方法です．それから，回転研磨盤で中ずりから行ったほうがよい薄片ができます．

　薄片を研磨盤に平行にして研磨しているつもりでも，回転円盤なので回転方向に向かって力が入ります．力が入ると，その部分は早くすり減ります．したがって，薄片をいつも同じ方向にしていると，片ずりになります（図5.4）．また，いつも向きを変えながら研磨していると，今度は薄片の中心部が厚くなり，山のようになります．そこで，最もよい方法は，研磨中スライドガラスの中央部に指を1本置き，軽く力を加える方法です．薄片は3〜4本の指で押さえます（図5.5）．

　中ずりでは，カーボランダムを，チャートのような堅いすり合わせ石とともに盤上でこねて，充分にすりつぶすことが大切です．カーボランダムの量は，鉄板上にうすい膜ができるくらいが適当です．

　中ずりでは，研磨の途中，絶えず厚さを調べながら研磨していきます．そして，そのつど最も厚いところの上に指を置いてすり減らしていきます．この段階では，できるだけ一様な厚さにするように

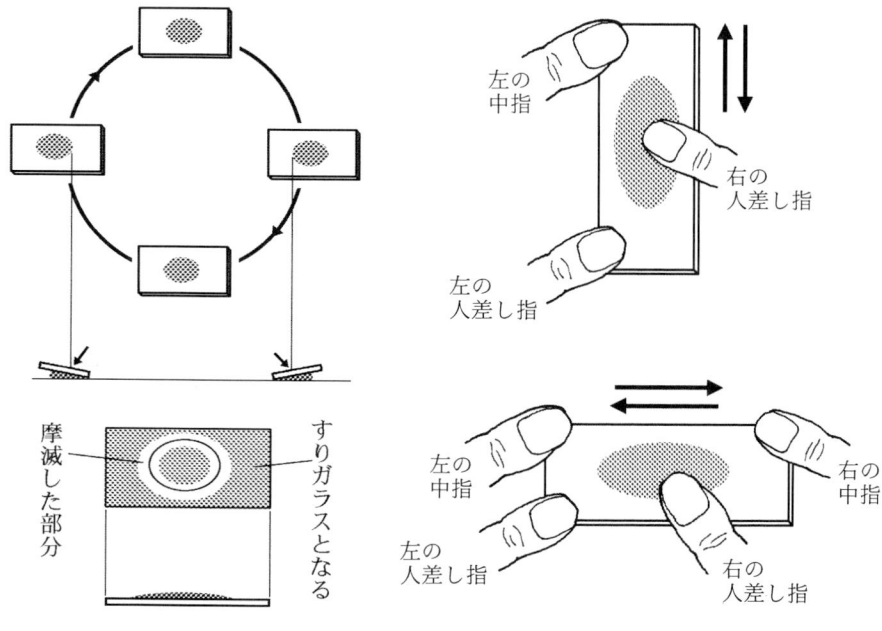

第5章　岩石薄片の作り方と顕微鏡観察の仕方

図5.4　摩耗のようす．円盤の回転方向に向かう側および円盤の周辺に近い側が厚くなりやすい．
(加納博『地球科学』1952年第7号)

図5.5　研磨中は薄片を絶えず前後左右に動かしながら，また厚い部分に指を一部かける．
(加納博『地球科学』1952年第7号)

研磨します．全体に透明度が出てきたところが0.1mmなので，ここで中ずりはやめてガラス板での仕上げに移ります．薄くなりすぎると，カーボランダムの粒によって，せっかく薄くなった部分が壊れてなくなることがあります．

　薄片は，どうしても周辺部から薄くなっていき，そして薄片の周囲のスライドガラスはすりガラスになります．スライドガラスの両端にはラベルを貼るので，すりガラスになっても心配はいりません．

　ただ，薄片が薄くなると，スライドガラス面と薄片面をまちがえてしまうことがあるので，表裏には充分注意して研磨してください．

　最終研磨には＃2000を使用します．これは平面がよく出るからで，出来上がった薄片を顕微鏡で見たとき，明るさがグンとよくなりま

す．研磨面に凹凸があると，p.152の図4.12のように光が乱反射したり，屈折したりします．なお，♯2000以上の研磨剤を使うときには，ガラス板のすり合わせを行い，平らにしておくことが必要です．めのう盤やセラミック盤を使用したほうがよいでしょう．

6 特殊な岩石や鉱物の薄片の製作

薄片として偏光顕微鏡で観察したいものは，堅い岩石の薄片だけではありません．鉱物の粒，壊れやすい岩石，気泡のある多孔質の岩石，ある一定方向の薄片，細かい鉱物などもあり，これらの薄片の製作には前処理を行っておく必要があります．前処理をしておけば，前述の岩石薄片とほぼ同じ方法で薄片を作ることができます．最も簡単な方法は，カナダバルサムと試料を磁製蒸発皿に入れて加熱する方法です．

1) 鉱物の粒の薄片の場合

①スライドガラスの上に，直径2 cm，長さ5 mmくらいの塩ビ管をアラルダイトで貼り付けます．

②塩ビ管の中にアラルダイトを満たし，その上に鉱物の粒を，一様に散布します(図5.6)．

③60～70℃で30分～1時間加熱すると，鉱物がアラルダイトの中を沈んでいきます．鉱物が沈んだ頃を見計らって，加熱をやめます．加熱の温度が高すぎても，また時間が長すぎても沈んだ鉱物が浮き上がってくるので，注意して操作します．

④アラルダイトが固まったら，岩石片の片面研磨と同じ要領により，研磨板上で，中ずりから研磨します．

⑤目的とする鉱物の断面ができたら，仕上げの研磨を行い，カバーガ

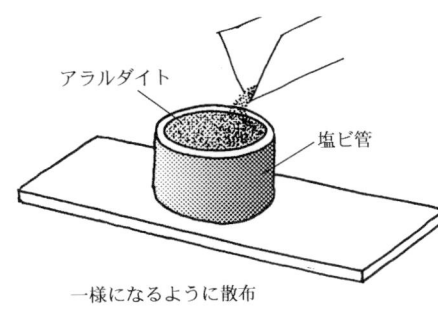

図5.6 鉱物の粒の散布の仕方

ラスを貼ります．

⑥研磨は，前述の「薄片の作り方」の⑩岩石の二次研磨以下の作業を行えば，鉱物粒の薄片を作ることができます（図5.2参照）．

2）壊れやすい岩石薄片の場合

①薄片を作ろうとする岩石の大きさに合わせて容器を用意します．容器はガラス製でもポリ製でもかまいません（発泡するので，大きいものがよい）．

②アロンアルファーを容器の中に入れます．試料が浸るだけの量が必要です．

③アロンアルファーは鉱物の粒と粒の間や，岩石のすき間に染み込んでいきます．図5.7のように真空ポンプを用いていったん真空にひき，ポンプを止め，上部の活栓を開いて空気を入れます．再び活栓を閉じてポンプで排気します．この操作を数回繰り返し行うと，アロンアルファーの染み込みがよく，また，アロンアルファーの固まりもよくなります．

④試料が固くなったら，「薄片の作り方」の作業を行って，薄片を作ることができます（図5.2）．

⑤なお，最近では，高い圧力をかけて岩石の割れ目に樹脂を押し込む方法も開発されています．

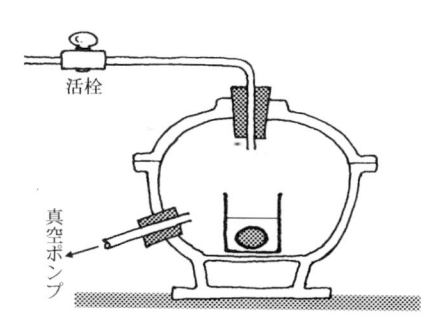

図5.7 アロンアルファーの染み込ませ方

3）気泡の多い多孔質の岩石薄片の場合

①薄片を作ろうとするチップを電気乾燥機に入れて，およそ60℃に加熱します．

②岩石チップにアロンアルファーを染み込ませて，再び電気乾燥機の中で約1時間乾固させます．アロンアルファーを染み込ませる

ことによって，完成近くなってからスライドガラスと薄片との間への空気の侵入や，研磨中，薄くなるにつれ，水による膨張のための薄片の伸縮による破壊を防ぐこともできます．

③アロンアルファーによる固定の後は「薄片の作り方」(図5.2)によって研磨を行い，薄片を作製します．アロンアルファーは猛烈な悪臭があるので，換気のよいところで扱ってください．

4）定方位の結晶薄片の場合

①結晶の大きさに応じた，ビニールあるいは厚紙の容器を用意します．

②容器の中で結晶の位置を決めて(研磨あるいは切断しやすい方向をとります)，固形剤を流し込みます．

③固形剤は5～6時間で固化します．固化した後は前述の方法によって研磨し(図5.2)，薄片を作製します．

7 鉱物粒の薄片の作り方

軽石(パミス)やスコリア，ロームや川砂などから取り出した鉱物を偏光顕微鏡で観察するには，スライドガラスに封入し，プレパラートを作ります．カナダバルサムでそのまま封じようとすると，カバーガラスの外に大切な鉱物粒が逃げ出してしまうので，次のような手順で封入します．

①スライドガラスの上に水を数滴載せます．

②水滴の上に鉱物粒を落とします．

③スライドガラスを弱い火にかざしながらつまようじで水滴と鉱物粒をかき混ぜ，カバーガラスの大きさに広げて水を蒸発させます．

④スライドガラスを裏返し，指先で強めに数回はじくと，スライドガラスに直接接している以外ははじかれて下に落ちます．なお，下に薬包紙を敷いておきます．

⑤カバーガラスにカナダバルサムを載せて弱火で溶かし，泡を取

第5章　岩石薄片の作り方と顕微鏡観察の仕方

った後，カバーガラスをかけます．

　この後のスライドガラスのクリーニングの方法は，薄片の場合(図5.2の⑱, ⑲)と同じです．

8 鉱石の表面研磨

　鉱石のような金属鉱物からできている岩石は，薄く研磨しても光を通しません．光に対して不透明ですが，金属の表面は特に光沢が出て，鏡と同じくらい光を反射します．そこで，鉱石を偏光顕微鏡で観察する場合には，鉱石の一面を磨いて研磨面を作り，上から光を当て，反射光によって観察する反射顕微鏡を用います．

　また，宝石の研磨の方法は薄片と全く同じ方法です(図5.2)．使う機械は岩石切断機と岩石研磨機です．宝石鑑定に使う顕微鏡は，直接光が宝石には入らないような特殊なものです．

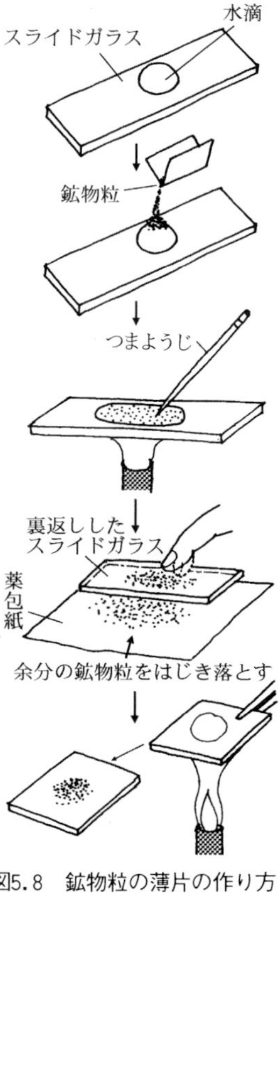

1) 研磨の材料

- カーボランダム：粗ずり用(#160〜200)，中ずり用(#500〜600)
- アランダム：仕上げ用(#1000〜1200)
- 酸化アルミナ粉末：艶出し用
- エメリーペーパー
- ラシャ布：艶出し用，15×15cm
- 小布
- 洗いおけ：3個

図5.8　鉱物粒の薄片の作り方

2) 鉱石研磨表面の作り方

①研磨しようとする鉱石を岩石切断機で切断します．どんな形で

Chapter 5

もかまいませんが，研磨しようとするところは，平面のほうが，次の作業がスムーズにいきます．

②薄片を作るのと同じ要領で，粗ずり，中ずり，仕上げを行います．鉱石は金属元素ですが，ふつうの鉱物よりも傷がつきやすいので，研磨には注意してください．一度表面に傷をつけると，なかなか取れません．

④ガラス板上での仕上げ(図5.2の②〜⑤)が終わったら，艶出しに移ります．ラシャ布を平らな板の上に張り付けておくと便利です．その上に細かい研磨剤を少量つけ，ガラス板で研磨するのと同じ要領で，静かに研磨します．

⑤仕上がりは研磨面が鏡のようになった状態です．自分の顔が写って見えるようになるまで艶出しを行います．

⑥反射偏光顕微鏡で観察するには，ステージの上にスライドガラスを置き，その上に油粘土を少量置いて，その上に研磨面を上にして鉱石を載せます．鉱石を押し，研磨面とスライドガラスとが完全に平行な平面になるようにします．

⑦鉱石の試料に高さがあり，上からの照明を必要とするので，ポラスターのような簡易偏光顕微鏡では観察することはできません．

2 岩石の染色

天然の岩石や鉱物の中には美しい色のものがたくさんありますが，装飾用に使用されているものには人工的に染色したものもあります．染色の方法は化学作用を応用したもので，ある鉱物の中に含まれている特徴的な元素に化学薬品を作用させて，その鉱物だけに色をつけるのです．

このことを岩石の顕微鏡観察にも利用します．生物の細胞などを

第5章　岩石薄片の作り方と顕微鏡観察の仕方

顕微鏡で観察するとき，核や染色体など特定の部位を染色して見やすくすることがあります．岩石の場合も同様で，化学作用を利用して，特定の鉱物だけに色を付け，区別しやすくするのです．

1 カリ長石の染色

　正長石やサニディンといったカリウムを主成分とするカリ長石は，比較的簡単に染色することができる鉱物です．石英，斜長石，カリ長石などは白い色をしており，無色鉱物と呼ばれています．これらの無色鉱物の中で，石英は透明度がよく，淡い灰色を示していることが多いのですが，斜長石とカリ長石はともに白色で，形も似ており，この二つを区別することが難しい場合も多いと思います．しかし，岩石にとってカリ長石の存在は重要です．例えば，花こう岩と花こうせん緑岩の区別はカリ長石の量によって決定され，カリ長石の量が斜長石の量より多いと花こう岩と呼ばれています．
　また，変成岩中にカリ長石が存在すると，岩石の受けた変成度の高いことがわかり，変成作用を知るうえでも重要な鉱物といえます．

1）試　薬
- フッ化水素酸〔HF〕46～52％
- 塩化バリウム〔$BaCl_2$〕飽和水溶液
- 亜硝酸コバルトナトリウム〔$Na_3Co(NO_2)_6$〕15％水溶液
- ロジゾン酸カリウム〔$C_6O_6K_6$〕3％水溶液……ロジゾン酸カリウム水溶液は酸化するので，染色を行うごとに水溶液を作る
- 透明ラッカー

2）器　具
- エッチング容器：プラスチック製，ふた付き1個（縦12cm×横20cm×高さ10cm程度）
- 洗浄用バット：材質・大きさは適当なもの，1個

- 褐色細口薬びん(亜硝酸コバルトナトリウム溶液用), 100～300 m*l*, 1本
- 白色滴びん(塩化バリウム溶液用)50～100m*l*, 1本
- ゴム手袋(化学実験用)1組
- ゴーグル(目の保護用)1個

3)作業順序
(1) フッ化水素酸のエッチング

①**染色面の研磨** 染色する面を＃800～＃1000のアランダムで仕上げます．エッチングによって研磨面が荒れるので，＃2000～＃3000のアランダムを使用する必要はありません．

研磨の後はよく水洗して，乾燥させます．電気乾燥機を使用する場合は60℃以下の温度で行います．

②**割れ目充填** 透明ラッカーを研磨面に塗ります．これは鉱物と鉱物のすき間や，鉱物の細かい割れ目にフッ化水素酸が入るのを防ぐためです．

③**染色面の研ぎ出し** 表面に塗ったラッカーを取るために，研磨面を再び＃800～＃1000のアランダムで軽く研磨します．研磨の後はよく水洗して乾燥させます．

④**フッ化水素酸のエッチング** ゴーグル・ゴム手袋を使用し，研磨面を下にして，フッ化水素酸に図5.9のように入れます(約1分間)．この際，注意することが二つあります．一つは染色しようとする岩石の面が直接エッチング容器の底につかないようにすること，もう一つは，フッ化水素酸はたいへん危険な薬品なので，使用するときは換気のよくきく実験室で，ドラフトチェンバーの中で行うことです．さらに，化学実験用ゴーグル・ゴム手袋は必ず使用すること，使用後は手を水でよく洗うことを厳守してください．

⑤**水洗と乾燥** 染色する岩石面を上に，図5.10のような位置に置いて水洗します(約5分間)．その際に，エッチングした面は直接水

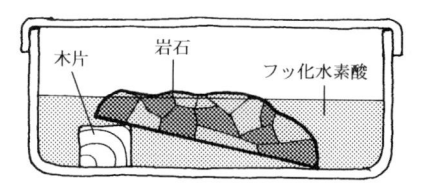

第5章　岩石薄片の作り方と顕微鏡観察の仕方

図5.9　フッ化水素酸によるエッチング 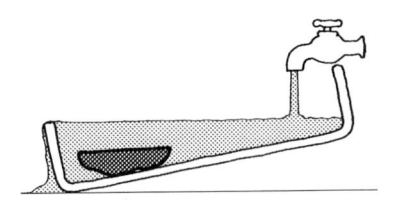　　　図5.10　エッチング面の水洗

道の水に当てないようにすることです．その後，表面が白い粉状になるまで乾燥させます．乾燥した鉱物は，石英は灰色に，斜長石，カリ長石は真っ白になります．

(2) 塩化バリウム飽和溶液処理

塩化バリウムの飽和溶液をエッチング面に流します．2～3度繰り返します．これは斜長石中のカルシウムをバリウムに置き換えるために行います．その後，蒸留水で過剰の塩化バリウム飽和水溶液を洗い流します．そして表面の水を切ります．

(3) 亜硝酸コバルトナトリウム溶液処理

(1)のエッチングの要領で，染色する岩石面を下にして，亜硝酸コバルトナトリウムの中に入れます(約1分間)．カリ長石は淡黄色～橙色に染まります．

水洗と乾燥も，(1)と同じように行います．もし，カリ長石が存在していても染まらないときは，水の中でエッチング面をこすり，亜硝酸コバルトナトリウムをこすり落とし，再び(1)のエッチングから行います．

(4) ロジソン酸カリウム溶液処理

エッチング面にロジソン酸カリウム溶液を流します(約1分間)．染色すると斜長石は暗赤色～レンガ色になります．

斜長石を染色する場合は，曹長石のようにカルシウム成分の少ないものは染色しにくく，また花こう岩のように結晶の大きいものは，斜長石の染色を行わずにカリ長石だけを染色しても，斜長石は真っ白であり，石英はエッチングに強く，わずかに白くなる程度ですか

ら，斜長石と石英ははっきり区別することができます．水洗と乾燥は，(1)と同様に行います（水洗は約15分）．

もし，カリ長石のみを染色するのであれば，上記の操作の(2)と(4)を省略することができます．

(5) コーティング

乾燥後，染色した面に透明ラッカーを塗ります．数年経っても変色しません．

2 方解石の染色

石灰岩が花こう岩などにより熱変成作用を受けると，主成分である $CaCO_3$ は再結晶して，細粒から粗粒の方解石の結晶ができます．このような鉱物からできている岩石を結晶質石灰岩あるいは大理石と呼んでいます．このような鉱物の中に，方解石（カルサイト）と苦灰石（ドロマイト）が共存している場合，岩石ができるときの温度に比例して方解石中に苦灰石成分の量が多くなることが知られています．したがって，方解石中の苦灰石成分の量を調べれば，岩石ができたときの温度がわかり，地質温度計として利用することができます．

方解石中の苦灰石の量はX線回折法で決めることができますが，肉眼で方解石と苦灰石とを区別することは困難です．方解石を染色することにより，両者を識別することができます．

1) 試　薬
・塩酸〔HCl〕0.1規定溶液
・アリザニンレッド溶液

2) 器　具
・エッチング容器：アクリル製，ふた付き（縦12cm×横20cm×深さ10cm程度）

・洗浄用バット
・褐色細口試薬びん：アリザニンレッド溶液用

3）作業順序

①**染色面の研磨**　染色する面を＃800〜＃1000のアランダムで仕上げます．

②**塩酸のエッチング**　試料の染色する面を，0.1規定の塩酸溶液に数秒間浸します．染色する面を静かに流れる水で洗い，塩酸を除去します．

③**染色**　染色する面が乾燥したら，アリザニンレッド溶液に浸し，乾燥させます．方解石は赤色に着色するので，表面に透明ラッカーを吹き付けておくとよいでしょう．

塩酸に浸さずに，直接アリザニンレッド溶液に浸しても，方解石を赤紫色に染めることもできます．この方法では，方解石と苦灰色の区別がはっきりしなくなることもあります．

3
岩石の顕微鏡観察

岩石とは，地殻を構成する最小単位である鉱物と，非結晶質の物質や有機物などが集まってできたものをさします．一般的に岩石は，その成因によって，火成岩，堆積岩，変成岩の3種類に大別して，分類します．

火成岩は地殻の約3分の2を占めており，マグマ起源の岩石です．

変成岩は，既存の岩石が変成作用を受けてできた岩石です．変成作用とは，地表付近とは異なる高温・高圧の条件の下で，既存の岩石中にあった鉱物が，別の鉱物に変化してしまう作用のことです．

堆積岩は，水中や空気中での堆積作用によって生じたさまざまな

堆積物が，続成作用を受けてできた岩石です。続成作用とは，堆積物が長い年月の間に圧縮されたり，粒子間のすき間に方解石や石英などのセメントが生じたりして，堆積物が固結する作用のことです。

ただし，火山灰が固結した凝灰岩は，ふつう堆積岩に分類されます。火口から噴出された粒径2㎜以下の火山灰からそれ以上の大きさの火山礫，火山岩塊なども火山砕屑物として分類されており，それらが固結するとそれぞれ岩石といわれます。

1 火成岩

火成岩は，地中のマグマが冷却されてできた岩石のことをいいます。マグマがゆっくりと冷却すると鉱物は大きく成長しますし，急激に冷却すると，細粒の鉱物になったり，非結晶質のガラスになったりします。そのため，マグマからの冷却の仕方の違いにより，組織の異なる火成岩ができるわけです。そこで，肉眼や偏光顕微鏡による組織の観察により，火山岩と深成岩に大きく二つに分けます。この他に半深成岩といって，岩脈（マグマが地層を横切って貫入した岩体）や岩床（マグマが地層と地層の間に入ってできた岩体）といった形で産出する岩石を含めて，三つに分けることもあります。

火山岩とは，通常斑状組織をもつ火成岩のことです。斑状組織とは，斑晶と呼ばれる比較的大きな鉱物の結晶が，石基（せっき）と呼ばれる細粒の鉱物やガラスの中に入っている組織のことをいいます。ただ，斑晶がほとんどなく，石基に相当する部分のみをもつ火山岩もあります（そのような組織は，特に「アフィリックな組織」という）。

一方，深成岩とは，通常等粒状組織をもつ火成岩のことです。等粒状組織とは，ほぼ同じような大きさの鉱物の結晶からできている組織のことをいいます。また，深成岩には，非結晶質のガラスは含まれていません。

そして，それぞれの岩石が，化学組成，特に，SiO_2の含有量によって，酸性岩（優白色岩，SiO_2の含有量66％以上），中性岩（SiO_2

の含有量52～66％)，塩基性岩（優黒色岩，SiO_2の含有量45～52％)に分けることができます．さらに，SiO_2の含有量45％以下のものは超塩基性岩といわれ，かんらん石や輝石が主成分鉱物のかんらん岩などが含まれます．

　火成岩のより細かな分類は，専門書を参考にしていただくとして，ここでは，火山岩と深成岩という組織と，SiO_2の含有量という化学組成とを組み合わせた代表的な6種類の火成岩を紹介しておきます（表5.1）．ただし，岩石の産地や風化の度合いによって，ここに示したようすと異なることがありますので，注意してください．

表5.1　代表的な火成岩

	酸性岩	中性岩	塩基性岩
火山岩	流紋岩	安山岩	玄武岩
深成岩	花こう岩	せん緑岩	はんれい岩

1）玄武岩（口絵，図5.11参照）

　肉眼的には暗灰色を示すことの多い微晶質な岩石です．

　顕微鏡下では斑状組織を示し，斑晶としてかんらん石が認められ，石基は短冊状〜針状の斜長石が網目状に散在する間を，細粒のかんらん石，輝石などの有色鉱物が埋めています（このような組織を間粒状組織という）．

　斑晶のかんらん石は短柱状で，長さは0.6mm程度です．干渉色は黄色，橙色，紫色など種々の二次の色を示しています．割れ目を多く不規則に生じており，周辺部は変質を受け，褐色になっています．

2）安山岩（口絵，図5.12参照）

　肉眼的には灰黒色を示す斑状緻密で，白色の斜長石と黒色の輝石の斑晶が見られる岩石です．

　顕微鏡下では斑状組織を示し，斑晶として斜長石，斜方輝石，単

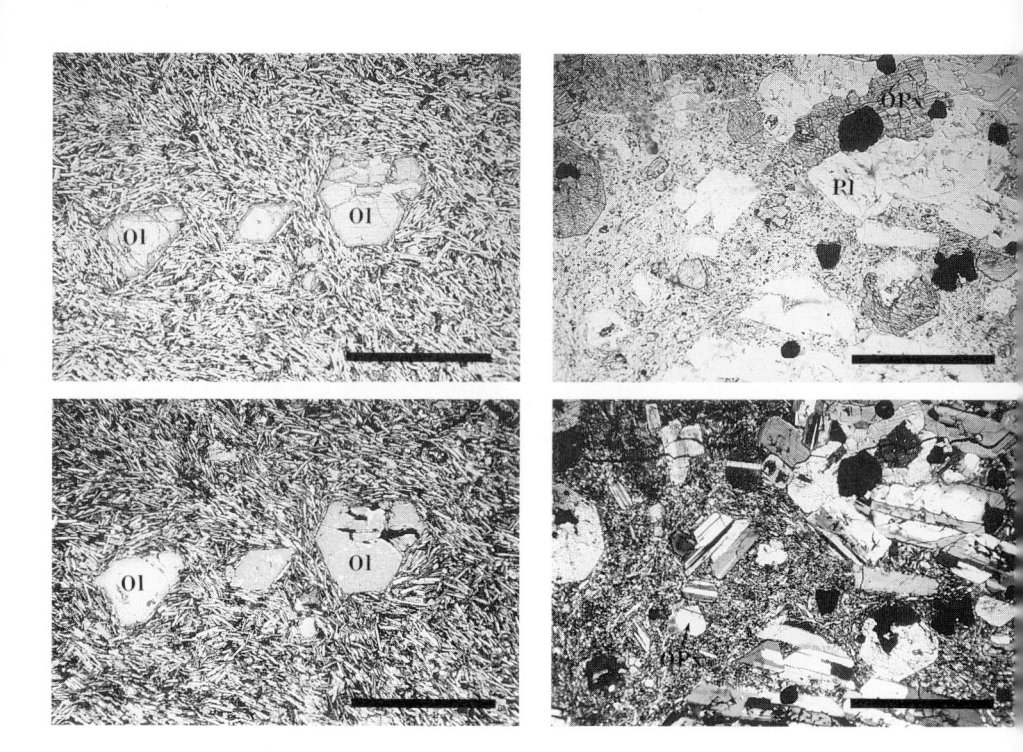

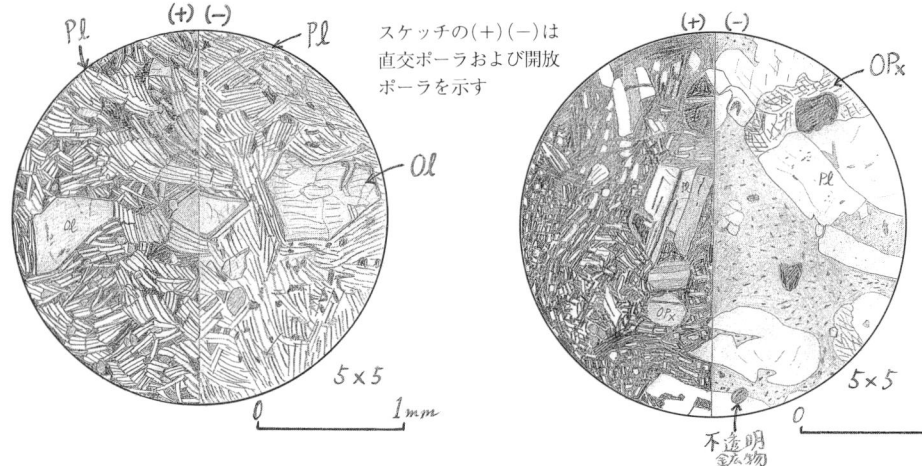

スケッチの(+)(−)は
直交ポーラおよび開放
ポーラを示す

図5.11　かんらん石玄武岩
（兵庫県豊岡市玄武洞産）
　スケールバーは1mm.
上：偏光顕微鏡写真（開放ポーラ）
中：偏光顕微鏡写真（直交ポーラ）
下：スケッチ（Ol：かんらん石，Pl：斜長石）

図5.12　紫蘇輝石普通輝石安山岩
（長野県諏訪市上諏訪産）
　スケールバーは1mm.
上：偏光顕微鏡写真（開放ポーラ）
中：偏光顕微鏡写真（直交ポーラ）
下：スケッチ（OPx：斜方輝石）

194

斜輝石などが認められ，石基は短冊状～柱状の斜長石が網目状に散在する間を，細粒の輝石やガラスが埋めています（このような組織を填間状組織という）．
　斑晶の斜長石は柱状をなし，長さは0.1～2.2mmで，アルバイト双晶を示しています（6章p.222の表6.1，p.223の表6.2を参照）．累帯構造の発達が顕著で，ほとんど変質が認められません．斜方輝石は柱状をなし，長さは0.1～1.4mmです．多色性は顕著で，$X'=$淡褐色，$Z'=$淡緑色を示しています．しばしば包有物が見られ，直消光です（4章p.157の図4.16参照）．単斜輝石と斜方輝石の微細な葉片状連晶が見られます．単斜輝石は柱状で，ときに凹凸の激しい外形を示します．長さは0.8～1.5mmです．淡褐色で多色性はなく，最大消光角は約44°です．(100)を双晶面とする双晶が見られ，一部変質を受けているものもあります．

3）流紋岩（口絵，図5.13参照）
　肉眼的には，斑晶が白桃色，石基が灰青色を示す斑状組織の岩石で，流状構造が見られます．
　顕微鏡下では，短冊状の斜長石が一定方向に流れたように配列した流理構造の粗面岩状組織を示しています．その他，斑晶として，石英，斜長石，正長石が認められます．石基は，微晶質で，何であるか判別することはできません．斑晶の斜長石は柱状をなし，長さは最大1.2mmほどで，変質はそれほど受けていません．石英は六角形の自形のものは少なく，溶触された外形をしています．正長石は球顆状構造をしているので，サニディンと同定することができます．

4）はんれい岩（口絵，図5.14参照）
　肉眼的には等粒状緻密な岩石で，白色の斜長石とオリーブ油の色で割れ目の激しいかんらん石，輝石とから成り立っています．
　顕微鏡下では，等粒状組織を示し，完晶質で，結晶として，斜長

Chapter 5

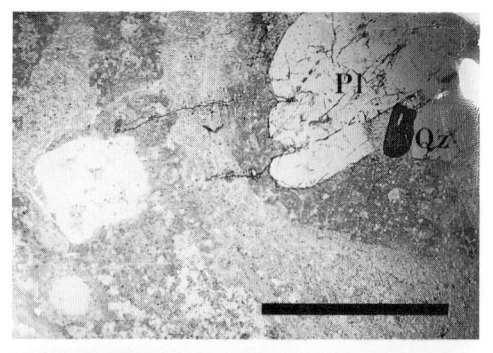

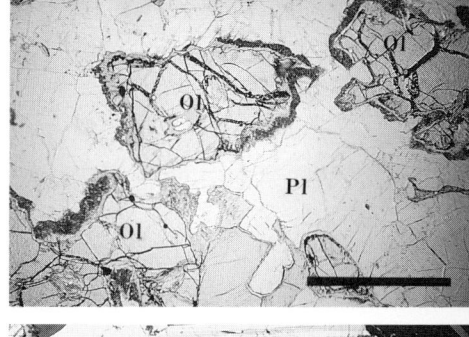

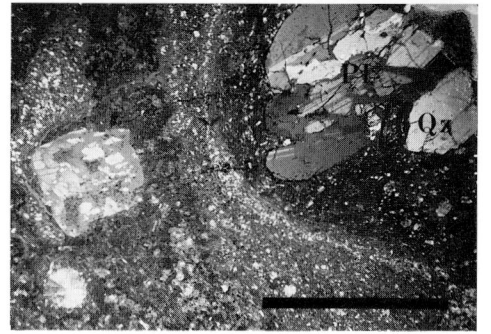

図5.13 流紋岩（長野県塩尻市産）
スケールバーは1mm. **Qz**：石英, **Pl**：斜長石
上：偏光顕微鏡写真（開放ポーラ）
下：偏光顕微鏡写真（直交ポーラ）

図5.14 はんれい岩（静岡県引佐郡三ヶ日町産）
スケールバーは1mm. **Ol**：かんらん石, **Pl**：斜長石
上：偏光顕微鏡写真（開放ポーラ）
下：偏光顕微鏡写真（直交ポーラ）

　石，かんらん石，斜方輝石，単斜輝石，角せん石が認められます．
　斜長石は柱状をなし，長さは0.5～1.8mmです．アルバイト双晶，カルスバド双晶を示し，組成の変化を示す累帯構造はほとんど認められません．また，新鮮でほとんど変質が認められません．角せん石は長柱状をなし，長さは0.5～0.8mmです．多色性は普通のものと比べると弱く，X'＝淡緑褐色，Z'＝淡緑色です．斜方輝石は柱状をなし，長さは0.7～0.8mmで，直消光します．単斜輝石は短柱状をなし，長さは0.7～0.8mmで，双晶が見られ，斜消光します．

5）せん緑岩 （口絵，図5.15参照）

肉眼的には，帯黒白色を示す等粒状緻密で，白色の石英，黒色の黒雲母と角せん石から成り立つ岩石です．

顕微鏡下では，等粒状組織を示し，完晶質です．結晶として，角せん石，黒雲母，単斜輝石，斜長石，正長石，石英が認められます．

角せん石は多色性が強く，$X´=$ 淡褐色，$Z´=$ 淡緑褐色です．長さは最大 2 mmで，半自形[*]のものが多く，斜消光（4章 p.157の図4.16）を示します．黒雲母は板状をなし，長さ最大 3 mmですが，ほとんど緑泥石に置き換えられています．多色性は強く，$X´=$ 淡黄緑色，$Z´=$ 淡緑色です．暗灰青色の異常干渉色を示し，直消光を示します．単斜輝石は短柱状をなし，淡褐色で，多色性はなく，長さは最大1.5mmです．最大消光角は約42°です．

斜長石は柱状をなし，長さは最大 3 mmです．アルバイト双晶を示し，顕著な累帯構造が発達しています．

カリ長石は柱状をなし，長さは 1〜1.5mmです．全体的に霞みがかかったように汚れて見えるパーサイト構造が見られます．石英は六角柱状をしているものは少なく，他形[*]が多く，長さは最大 2 mmです．

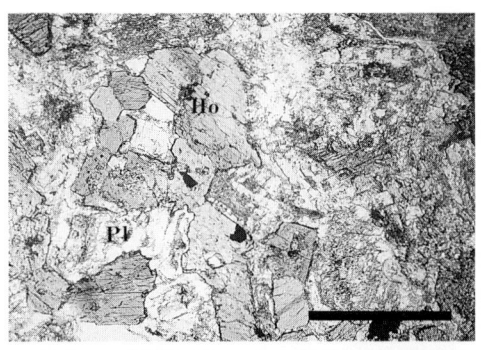

図5.15 せん緑岩（京都府京都市左京区鞍馬町産）
スケールバーは 1 mm．Ho：角せん石，Pl：斜長石
上：偏光顕微鏡写真（開放ポーラ）
下：偏光顕微鏡写真（直交ポーラ）

---

[*] p.212参照．

6）花こう岩（口絵，図5.16 参照）

肉眼的には，等粒状緻密で，黒色の黒雲母，白色の長石，半透明な石英から成り立っています．完晶質な岩石です．

顕微鏡下では，等粒状組織を示し，完晶質で，結晶として，黒雲母，斜長石，正長石，石英が認められます．

黒雲母は板状をなし，通常長さ2mm程度ですが，まれに4mmに達します．へき開が非常に顕著で，また，多色性もまた顕著で，X'＝茶褐色，Z'＝緑褐色を示します．さらに，包有物としてジルコンを含み，多色性ハローを生じていて，直消光を示します．斜長石は柱状をなし，長さは0.2〜3mmです．アルバイト双晶を示し，累帯構造の見られるものもあります．新鮮でほとんど変質が認められません．

正長石は，石英や斜長石によって他形を示し，長さは0.2〜1mmです．パーサイト構造は見られませんが，全体的に霞みがかかったように汚れて見えま

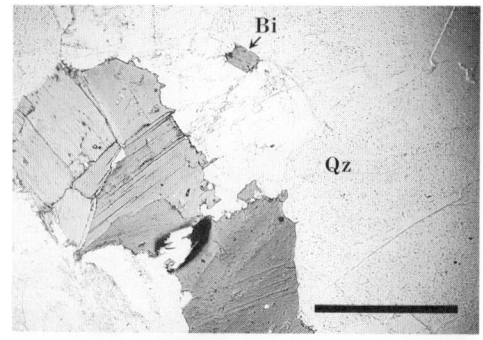

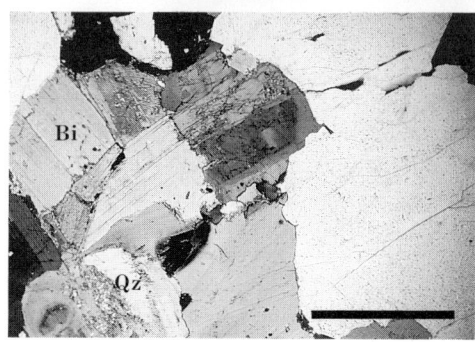

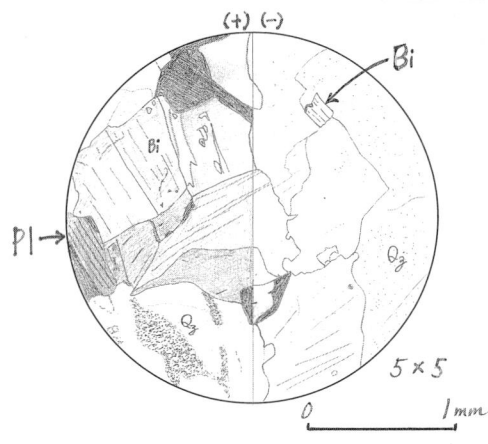

図5.16　黒雲母花こう岩（茨城県笠間市稲田産）
スケールバーは1mm．
上：偏光顕微鏡写真（開放ポーラ）
中：偏光顕微鏡写真（直交ポーラ）
下：スケッチ
　　Bi：黒雲母，Qz：石英，Pl：斜長石

す．石英は，部分的に六角形状を示し，長さは0.1～0.6mmです．無色で，包有物を多く含むものがあります．

2 堆積岩

　堆積岩は一般に，既存の岩石が風化作用を受けて，砕屑物(さいせつぶつ)と呼ばれる岩石の小さな破片となり，流水や風によって運搬された後，海底や湖沼に堆積してできます．水を多く含んだ柔らかいままでは岩石とはいいませんが，長い時間の経過のうちに，堆積物の重みで水が押し出され，また地下水の中に含まれるけい酸や炭酸カルシウムで結合されて硬い堆積岩になります．この過程を続成作用と呼んでいます．地球上の堆積岩の70％が頁岩(けつがん)やシルト岩で，15％が砂岩，10％が石灰岩，残りの5％がその他と考えられています．

　特に，砕屑物の割合が多い堆積岩を砕屑岩と呼び，砕屑物の大きさで分類します．砕屑物の大きさが1/256mm以下を粘土岩，1/256～1/16mmの間のものをシルト岩，1/16～2mmの間のものを砂岩，2mm以上のものを礫岩(れきがん)と呼んでいます．礫岩の礫が角張っているものを角礫岩として区別します．

　生物の遺骸で作られた堆積岩を生物岩ということがあります．石灰岩，チャート，石炭などがそうです．また，温泉などの近くで化学的に沈澱した石灰華(せっかいか)などは化学岩といいます．過去の海や湖が干上がって岩塩や石膏が堆積することがあり，これを蒸発岩といいますが，これらも1種の化学岩です．砕屑物が火山起源のものを特に火砕性堆積岩といい，主に火山灰起源のものを凝灰岩，火山弾や火山岩片などから成るものを集塊岩といいます．

　砂岩を作っている砂粒は，砕屑物を供給した陸地(後背地(こうはいち))の地質を反映しているため，砂岩の研究は過去の自然環境を知るために欠かせません．全堆積岩の中で石灰岩の占める割合は少ないのですが，一般に石灰質の殻を持った生物の遺骸からできているため，古生物の研究や地球史の研究に重要なものになっていると同時に，セメン

Chapter 5

トや肥料として重要な資源でもあります.

1）砂岩（sandstone）
A．分類

　砂岩はほとんどの地質時代に存在し，広く分布しています．昔から臼や建材として利用されてきた身近な岩石です．今まで多くの学者によって研究されていて，いろいろな分類法があります．その一つに，砂岩の粒度組成によるものがあります．これは砂サイズ，シルトサイズ，粘土サイズの3成分を頂点とする三角ダイアグラムで分類する方法ですが，研究者によってその区分が違っています．砂岩を構成する鉱物等での分類は，石英，長石，岩片の3成分を頂点とするダイアグラムを用います．

　野外で砂岩を見ると表面が風化していて茶褐色であったり，黒くくすんでいたりして，本来の砂岩の色をしていないので，ハンマーで割って風化していないところを見ないと砂岩かどうかがわかりません．割った断面を見ると，灰色，濃緑色，赤色，白色，黒色と，ひと口に砂岩といっても，いろいろな色の砂岩があることがわかります．これは，砂岩を作っている鉱物の種類によって色が付く場合と，基質（鉱物と鉱物を密着させている間の物質，マトリクスという）の色によって付く場合があります．海緑石を含んだ砂岩は緑色で，基質に鉄の酸化物を含んだものは赤褐色を呈します．

　ヨーロッパやアメリカ合衆国の西部には，古生代と中生代のある時代に，赤色砂岩が厚く堆積したところがあります．前者を旧赤色砂岩，後者を新赤色砂岩と呼びます（口絵，図5.17参照）.

　砂岩層の中には，構成粒子が層状に並んだ葉理の発達が見られることがあります．これらの葉理が斜交した斜交葉理があり，地層の上下判定に利用されます．砂岩の単層の中で粒子の大きさが下位から上位へだんだんと小さくなっているのが見られるときがありますが，これを級化層理と呼び，地層の上下判定に利用されます．

白や薄いピンク色をしたオーソコーツァイトと呼ばれる砂岩は，よく円磨された粒の揃った石英からできています．オーソコーツァイトは，地質時代の大陸の大きな川の河口や砂漠に堆積したと考えられています．日本では，飛騨山地の中生代の地層や紀伊半島の新生代の地層に礫(れき)として含まれていますが，現在のところ地層としては存在しません．

　カリ長石や斜長石を多く含み，石英も含んでいて，粒子の鉱物組成が花こう岩によく似ている砂岩を長石質アレナイトといいます．以前はアルコース砂岩と呼ばれてきました．色は白っぽく表面はざらざらしています．この砂岩は，近くに花こう岩が露出している地域に堆積したと考えられます．

　岩石片を多く含み，粗粒で粒子の大きさが不揃いで，チャートや頁岩の岩片を多く含んでいる砂岩を石質アレナイトと呼び，チャートの岩片を多く含む砂岩をチャート・アレナイトと呼んでいます．

　ワッケと呼ばれる砂岩(図5.18)は，粒子の間を微粒の粘土粒子が埋め，砂粒子の大きさが不揃いで，角張っています．以前はグレイワッケと呼ばれていました．わが国の中・古生層に多く見られます．

B．観察

　砂岩を肉眼で観察すると，構成する石英の粒のため，表面がざらざらしています．時々幅数mmの白色の脈が入っていることがあり，河原の礫などでは，この脈が凹んでいる場合があります．これは砂岩の割れ目にできた方解石の脈で，川の水が脈を溶かしたためです．

　河原の礫には砂岩が多く見つかり，石の表面はよく摩耗していて，ルーペで見ると砂粒が見えます．砂岩の様子を見るのに都合がよいでしょう．

　砂岩の薄片を偏光顕微鏡で観察すると，下方ポーラでは石英，斜長石，カリ長石が透明で角張って見えます．角せん石類などは薄い褐色に見え，黒色不透明に見える磁鉄鉱などが散在する場合もあります．直交ポーラでは石英は明るく，ステージを回転させると干渉

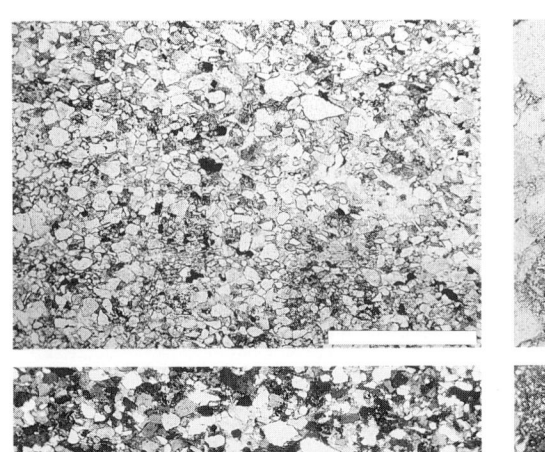

Chapter 5

図5.17 新赤色砂岩(アメリカ合衆国ユタ州ザイオン国立公園産，ジュラ紀ナバホ砂岩層)
上：偏光顕微鏡写真(開放ポーラ)，下：偏光顕微鏡写真(直交ポーラ)，スケールバーは1mm.

　砂岩の色はレンガのような赤色で，大規模な斜交層理が発達している．良く摩耗した石英の砂粒から成り，粒径もそろっており，酸化鉄が基質や石英の周りを被覆している．大きな川の河口の三角州や砂漠のような環境で堆積したと思われる．

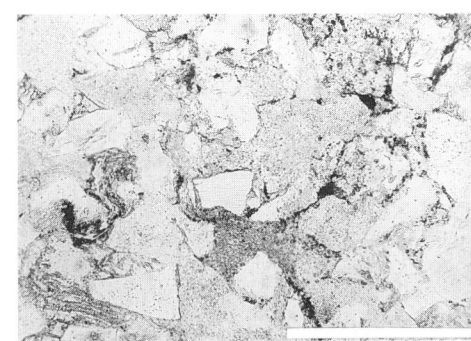

図5.18 砂岩（ワッケ）
（山梨県北都留郡小菅村産，白亜紀小仏層）
上：偏光顕微鏡写真(開放ポーラ)，下：偏光顕微鏡写真(直交ポーラ)，スケールバーは0.5mm.

　砂岩の色は灰色〜淡緑色．典型的なワッケで，石英などの砕屑物は摩耗されず角張っている．石英，斜長石，頁岩片などから成り，基質は粘土鉱物から成る．

色を示します．斜長石は累帯構造を示し，干渉色の強い雲母類などが見られます．基質は粒の細かい粘土鉱物になっています．

2）石灰岩（limestone）

A．分類

石灰岩はその構成物などからいくつかに分類されています．現在

国際的に広く採用されている分類は，ホルク（Folk）とダンハム（Dunham）の分類法です．

ダンハムは，石灰泥の量，粗粒子の量，およびそれらの支持の違いに注目して分類しており，ライム・マッドストーン（lime mudstone），ワッケストーン（wackstone），パックストーン（packstone），グレンストーン（grainstone），そして現地生の礁石灰岩のバンドストーン（boundstone）に区分しています．

B．観察

石灰岩を肉眼で観察すると，黒色，白色，灰白色，薄いピンク色などと，さまざまな色をしています．野外では，石灰岩の表面はつるんとしてすべすべしています．石灰岩によく似た苦灰岩は表面はつるんとしていますが，細い溝がたくさんあり，手で触るとざらざらしています．これは苦灰岩を作っている苦灰石が水に溶けにくいため，苦灰石の結晶が表面に飛び出しているからです．

紡錘虫化石が密集して含まれる紡錘虫石灰岩と呼ばれるものは，肉眼でも渦を巻いた紡錘虫をたくさん見つけることができます．石灰岩の大きな露頭などの下に崩れ落ちた石灰岩の角礫が堆積し，やがて雨水などに含まれた炭酸カルシウムによって，これらが固められて石灰角礫岩ができます．伊吹山のふもとの春日村に発達する石灰角礫岩は"さざれ石"といわれ，君が代の中に歌われています．

石灰岩を偏光顕微鏡で観察すると，へき開の発達した強い干渉色の方解石からできていることがわかります．

C．構成物と組織

石灰岩を堆積岩石学的に研究するときは一般に，堆積面に平行な薄片を作ります．薄片の厚さは石灰岩の組織や構造を観察しやすくするため，火成岩の薄片よりやや厚めのほうがよいでしょう．薄片の大きさは，通常2.4cm×3.0cmぐらいですが，大型の化石などを含む時や堆積環境などを復元する時には，必要に応じて大きな薄片を作ります．

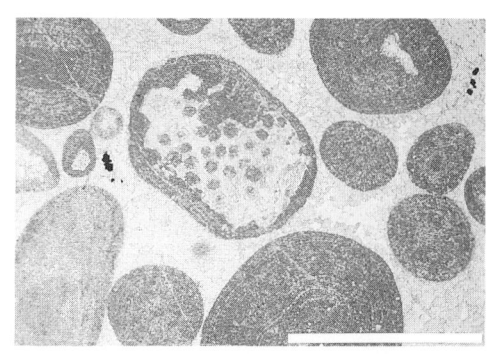

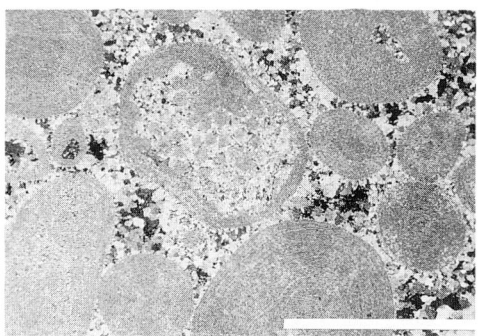

Chapter 5

図5.19　魚卵状石灰岩
(高知県高岡郡佐川町産，ジュラ紀鳥の巣層)
上：偏光顕微鏡写真(開放ポーラ)，下：偏光顕微鏡写真(直交ポーラ)，スケールバーは0.5mm.

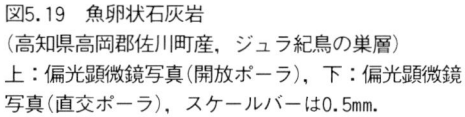

　魚卵状石灰岩の色は茶褐色で，石灰藻化石などの破片を核に同心円状に方解石が被覆しているウーイドから構成されている．基質は透明方解石で埋められており，波浪や流れのある高エネルギーの環境で形成されたと思われる．

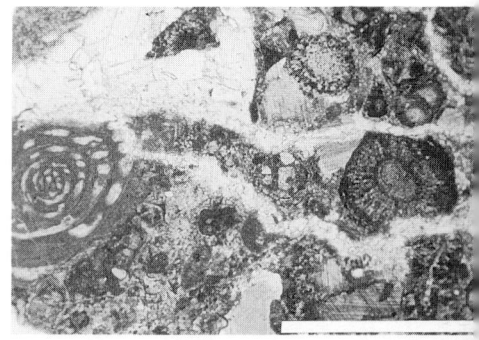

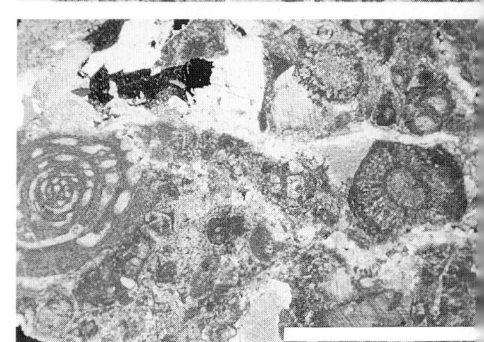

図5.20　石灰岩
(新潟県糸魚川市青海石灰岩産，石炭紀後期)
上：偏光顕微鏡写真(開放ポーラ)，下：偏光顕微鏡写真(直交ポーラ)，スケールバーは0.5mm.

　石灰岩は白色で紡錘虫(フズリネラ属)，小型有孔虫，ウミユリ，石灰藻の化石を含み，基質は主に石灰泥などから成る．堆積後形成された方解石の脈によって，紡錘虫が破壊されている．

　生物体の硬組織，例えば，紡錘虫，サンゴ，石灰藻，ウミユリなどの断片は生物起源骨格粒子として石灰岩を構成し，これらを生砕物(バイオクラスト)といいます．これらの生砕物の基質に見られる4μm以下の細粒な炭酸塩鉱物粒子を，岩石学者のホルクは石灰泥(ミクライト)と呼びました．また，粗粒の結晶質炭酸塩鉱物は生砕物の間に再結晶してできているように見えます．これは透明方解石

（スパーリーカルサイト）と呼ばれています．透明方解石は，海水の流れのあるようなエネルギーが高い環境で堆積した石灰岩に多く見られます．

石灰岩を構成している粒子には，サンゴや貝殻，砂粒などを核として，その外側に同心円状に炭酸カルシウムの層が沈殿した粒子から成るウーイド（魚卵石）があります．ウーイドで構成されている石灰岩は，魚卵状石灰岩（oolitic limestone）と呼ばれています（口絵，図5.19）．ウーイドは直径2mm以下で，直径2mm以上はピソイドと呼ばれています．

図5.21　石灰岩の断面に見られるジオペタル（geopetal）構造
石灰岩中の二枚貝や巻き貝の空隙に周りから石灰泥が浸入し，下部にたまり，上部の空隙には透明な方解石が晶出している（S）．これはジオペタル構造といわれ，石灰岩が堆積したときの上下を指示している．透明な方解石が晶出しているほうが上位である．

鏡下で，直径0.2〜0.8mmぐらいの黒い石灰泥から成る小さな球形状の粒子や楕円体の粒子が見られるときがあります．これは，環形動物，節足動物，軟体動物などの泥食性の動物の糞とされており，糞粒子（ペレットまたはペロイド）と呼ばれています．

生物起源骨格粒子や化石の中には，石灰岩が堆積時の上下を記録しているものがあり，地層の上下判定に役立ちます．このようなものをジオペタル（geopetal）構造といいます（図5.21）．

3）チャート（chert）（口絵，図5.22）

日本の中・古生層のチャートは，数cmの厚さで薄い粘土質の頁岩と互層しています．このため，層状チャートと呼ばれることがあります．色は黒灰色，暗緑色，赤褐色，白色などをしています．割れ口を観察すると，半透明で羊羹に似ています．ルーペでよく見ると，放散虫やコノドントが見えます．割ると黒曜石のように貝殻状の割

Chapter 5

れ口の断面が現れるので，縄文時代には石器に利用されました．

チャートなどのけい質堆積岩に産するけい酸鉱物は，SiO_2 にわずかな H_2O を含んだ非晶質のオパールや，低温型のクリストバライトと低温型のトリディマイトの混合体と石英からできています．

オパールは複屈折（4章p.124参照）がないので偏光顕微鏡の直交ポーラでは暗く見えますが，クリストバライトとトリディマイトは弱い複屈折があるのでわずかに灰色に見えます．石英は大きな複屈折があるので，偏光顕微鏡の直交ポーラでは明るく見えます（6章p.244参照）．

無色のため，光学顕微鏡で粒子を区別できないような石英の微粒子の集合体をカルセドニイといいます．玉髄(ぎょくずい)，瑪瑙(めのう)，碧玉(へきぎょく)などと呼ばれているものは鉱物学的にはカルセドニイですが，微量な金属元素が含まれたために，灰色，赤色，緑色などの美しい色が付いたものです．

中・古生代の層状チャートの薄片を偏光顕微鏡の直交ポーラで観察すると，カルセドニイ質石英からできている放散虫や海綿の骨針などが見られます．基質の部分は，細粒の石英や微粒の砕屑物と，続成作用によってできた鉱物などで構成されています．これらの粒子

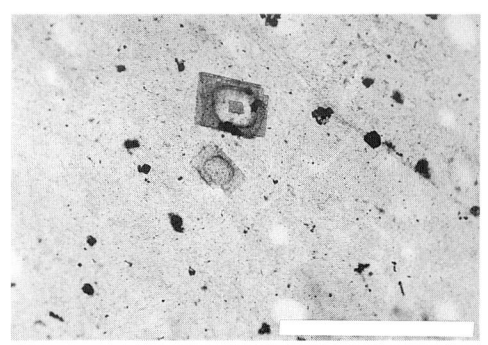

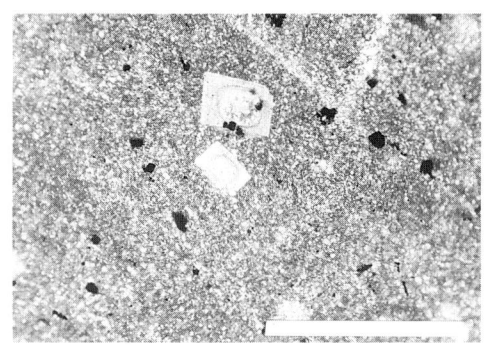

図5.22　チャート
（岐阜県本巣郡根尾村産，ペルム紀後期）
上：偏光顕微鏡写真（開放ポーラ），下：偏光顕微鏡写真（直交ポーラ），スケールバーは0.5mm.

チャートの色は淡黒色〜灰色で，微細なカルセドニイ質石英から成り，菱形の自生ドロマイトを含む．白い円形〜楕円形の放散虫化石が散在している．黒色の炭質物が散在する．

第5章 岩石薄片の作り方と顕微鏡観察の仕方

は非常に細かいため,光学顕微鏡で個々の粒子を区別することはできませんが,走査型電子顕微鏡で放散虫や海綿の骨針の部分を拡大してみると,カルセドニイ質石英の微細な粒子からできていることがわかります.

4) 泥岩(mudstone)

シルトと粘土が固結した岩石を泥岩といいます.石灰質,けい酸質のものもありますが,粘土の多くは粘土鉱物のカオリナイトとスメクタイトです.これらは微粒のため,光学顕微鏡でそれぞれの鉱物学的性質を調べることはできませんが,X線回折計や走査型電子顕微鏡で調べることができます.

泥岩やシルト岩が続成作用を受けて,層理面に平行な剥離面が発達したものを頁岩といいます.また層理面に関係なく,さらに顕著な剥離面が発達したものをスレート(粘板岩)と呼んでいます.

泥岩を肉眼で観察すると,表面は粉っぽく粒は見えません.乾燥した泥岩の表面に舌を付けると,吸い付くような感じがあります.色は灰白色,黒色,淡緑色とさまざまです.石灰質が多い泥岩を泥灰岩ということも

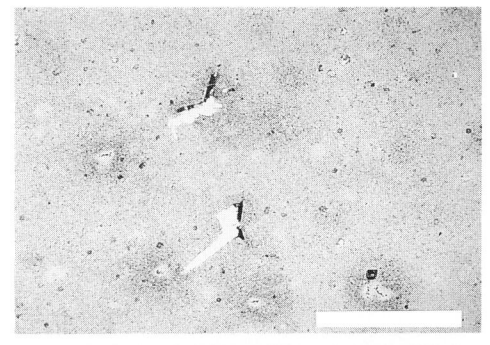

図5.23 頁岩(砥石)
(京都市高雄産,三畳紀前期)
上:偏光顕微鏡写真(開放ポーラ),下:偏光顕微鏡写真(直交ポーラ).スケールバーは1mm.
頁岩は淡黄色緻密で,微細な粘土鉱物から成り,コノドントの化石が散在する.コノドントはカルセドニイ質の石英に置換されている.

あります．

　頁岩は泥岩に似ていますが，ハンマーで割ると薄く割れるので区別がつきます．泥岩や頁岩は砂岩と互層することがあります．宮崎県の日南海岸の"鬼の洗濯岩"は，砂岩と泥岩の互層の泥岩が波に侵食されて凹み，洗濯板のようになったものです．

　日本の前期三畳紀には，薄い灰色から薄黄色の頁岩が西南日本の美濃帯や外帯に分布し，古くから仕上げ用砥石として利用されてきました（口絵，図5.23）．

　特に，京都市の西北の高雄から愛宕山(あたごやま)にかけて産する鳴滝砥石(なるたきといし)は約800年の歴史を持ち，日本の刃物の仕上げ用砥石として有名です．

　砥石の薄片を偏光顕微鏡を用いて下方ポーラで観察すると，淡い黄色で非常に細い粒からできていることがわかります．これらはほとんどが粘土鉱物から成り，その中に再結晶した放散虫の殻が散在しているのが観察されます．おもしろいことに，コノドントの化石も散在していますが，ほとんどのコノドントは溶解していて小さな穴になっており，コノドントの割れ目に入り込んだ石英の細脈が残っています．これらの微細な石英の粒子と粘土鉱物が，刃物の仕上げに重要な役割をしているものと考えられます．直交ポーラでは，放散虫の殻や石英の細脈が干渉色を呈します．

③ 変　成　岩

　変成岩は，既存の岩石が変成作用を受けてできた岩石です．

　海底で寄せ集められた厚い堆積物が，褶曲，隆起などによって山脈が形成されることがあります．日本列島やアルプス山脈などの造山帯は，まさにそのような地域です．造山帯を形成する一連の地殻の運動を，造山運動といいます．造山運動が起こる時に，造山帯の内部の岩石は，一般に高圧の環境にさらされます．その時の変成作用を広域変成作用といいます．広域変成作用によって生じた変成岩を広域変成岩といいます．

圧力の割に，温度がそれほど上昇しない場合には，低温高圧型の変成岩ができることが多く，圧力が強いために，片理(へんり)と呼ばれる鉱物の配列が一定方向に配列する組織を形成します．既存の岩石が泥岩の場合，変成の度合いが低いと，石墨(せきぼく)や緑泥石を含む千枚岩になり，さらに変成の度合いが高くなると再結晶により鉱物が結晶し，結晶片岩になります．結晶片岩は，既存の岩石の種類により，さまざまなものがあり，含まれている鉱物などによって，緑色片岩，らんせん石片岩，黒雲母片岩のように，さらに分類されています．

また，ある程度高い温度で広域変成作用を受けると，高温低圧型の変成岩ができます．主として，石英や長石の多い白の部分と，黒雲母などの多い黒の部分とが縞模様をなす，片麻岩になります．

なお，地球の表層を覆うプレートが沈み込む地域では，低温高圧型の変成岩と，高温低圧型の変成岩とが，対をなして形成されることが多く，海溝に近い側に，低温高圧型の変成岩が生じています．

一方，変成作用のうち，既存の岩石がマグマの貫入を受けて，主に，温度の上昇によって起こる変成作用を熱変成作用といいます．熱変成作用によって生じた変成岩を接触変成岩といいます．泥岩や砂岩が接触変成作用を受けると，鉱物が一定の方向に配列したり，剥離性をもったりせず，緻密で非常に硬いホルンフェルスに変成します．また，石灰岩が接触変成作用を受けると，方解石の結晶からなる結晶質石灰岩（大理石）に，さらにけい灰石に変成します．

1）片麻岩（口絵，図5.24参照）

肉眼的には，有色鉱物と無色鉱物とが交互に並んだ，縞模様が明瞭な片麻状組織が見られます．

顕微鏡下では，けい線石，黒雲母，斜長石，石英などが認められます．特に，黒雲母を中心に，一定方向に配列しています．けい線石は針状結晶で，白雲母とともによく見られます．

Chapter 5

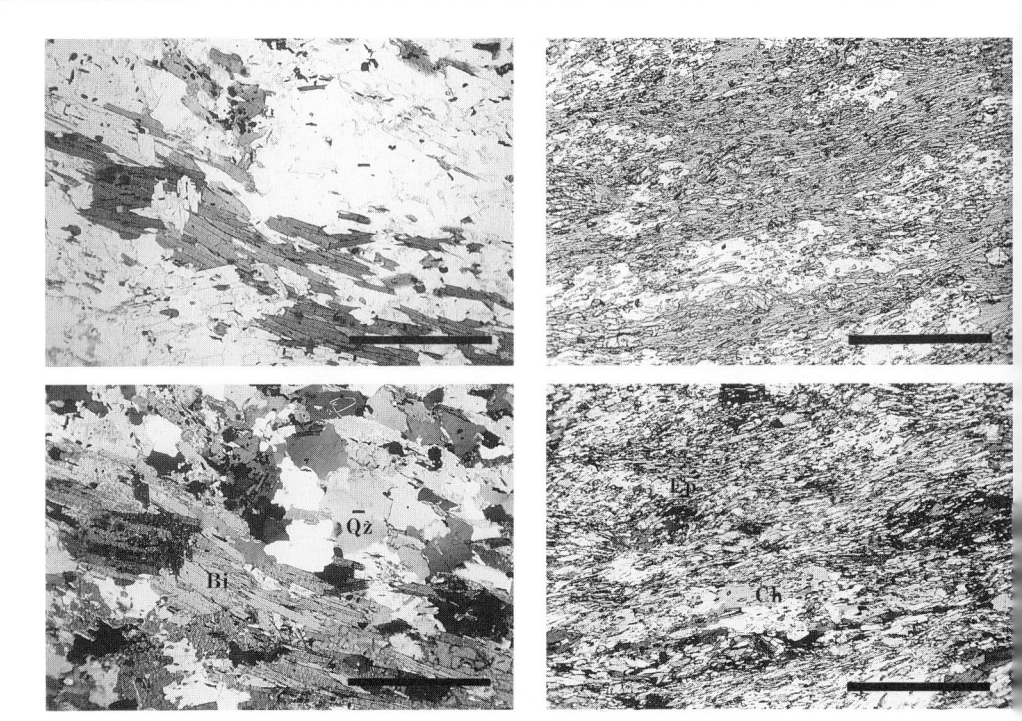

図5.24 両雲母片麻岩（愛知県北設楽郡富山村産）
スケールバーは1mm。**Bi**：黒雲母, **Qz**：石英
上：偏光顕微鏡写真（開放ポーラ）
下：偏光顕微鏡写真（直交ポーラ）

図5.25 緑泥片岩（埼玉県秩父市親鼻橋産）
スケールバーは1mm。**Ep**：緑れん石, **Ch**：緑泥石
上：偏光顕微鏡写真（開放ポーラ）
下：偏光顕微鏡写真（直交ポーラ）

2）結晶片岩（口絵，図5.25参照）

肉眼的には，片状組織が見られ，全体的に緑色を示す岩石です。

顕微鏡下では，緑せん石，緑泥石が一定方向に配列する組織を示しています。斑状変晶として，斜長石，緑れん石，緑泥石などが認められます。石基（マトリクス）として，緑せん石，緑泥石が認められます。

緑せん石は，針状結晶で，高次の黄色の干渉色を示し，へき開が顕著であり，多色性が強く，X'＝淡緑色，Z'＝緑色です。緑泥石も，針状結晶で，茶褐色の異常干渉色を示し，直消光を示します。多色性が強く，X'＝緑色，Z'＝淡緑色です。

緑れん石は，柱状結晶で，毒々しい黄色や青色の干渉色を示し，弱い多色性が見られます．

3）千枚岩

肉眼的には，細粒で，結晶片岩より弱い片状組織が見られます．顕微鏡下では，緑泥石，白雲母などが認められます．

4）ホルンフェルス（口絵参照）

肉眼的には片状組織や縞状組織は見られず，きん青石の斑状変晶が目立ち，全体的に赤みがかった黒っぽい色を示す硬い岩石です．

顕微鏡下では，柱状でへき開の明瞭なきん青石が斑状変晶状組織を示しています．その他，石英，けい線石が認められます．

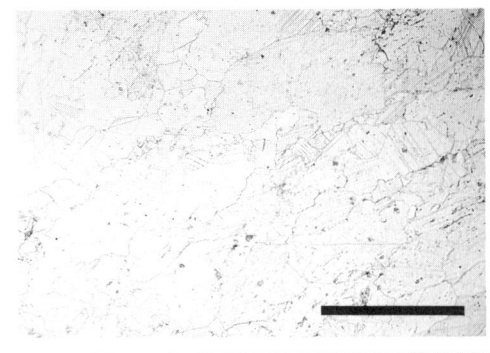

図5.26 結晶質石灰岩（茨城県常陸太田市真弓山産）
スケールバーは1mm．Ca：方解石
上：偏光顕微鏡写真（開放ポーラ）
下：偏光顕微鏡写真（直交ポーラ）

5）大理石（結晶質石灰岩）（口絵，図5.26参照）

肉眼的には，全体的に白っぽい色を示す岩石です．顕微鏡下では，ほとんどすべての結晶がへき開の顕著な方解石で，粗粒の方解石が寄せ集まって大理石を構成しています．

4 隕　石

宇宙空間にある塵などが，地球大気との摩擦で燃え尽きずに地表に落下したものを隕石といいます．隕石の中で，球状粒子を含まな

Chapter 5

い，コンドルールと呼ばれる隕石特有の石質隕石を，エイコンドライトといいます．その組織や化学組成は地球上の火成岩によく似ています．口絵の写真では，粗粒のかんらん石が顕著に見られます．

　隕石は，けい酸塩のほかに，鉄やニッケルのような金属を含んでいるのが特徴です．炭素質コンドライトといわれる特殊な隕石は，水やアンモニアを含んでいるものも見つかっています．これらの隕石の研究が進んで，隕石の起源が小惑星だけでなく，火星や月から来たものがあることがわかってきています．

　＊）自形と他形：自形とは，マグマ中から早い段階で晶出する鉱物の示す形のこと．隙き間が充分にあるので，本来の結晶の形をとることができる．
　　一方，他形とは，最終段階で晶出する鉱物の示す形のこと．他の鉱物があるため，本来の結晶の形をとることができない．半自形は他形と自形の中間．

第6章

偏光顕微鏡による造岩鉱物の見分け方

1. 鉱物の種類と分類
2. けい酸塩鉱物
3. けい酸塩以外の鉱物

Chapter 6

1 鉱物の種類と分類

　岩石は1種類以上の鉱物が集合したものです．この岩石をつくっている主要な鉱物を造岩鉱物(Rock forming minerals)といい，数十種類の鉱物です．現在知られている鉱物は7000種類以上あるともいわれています．しかし，岩石をつくっている造岩鉱物は限られた種類のものです．造岩鉱物として重要なものはけい酸塩鉱物で，その他のものとしては酸化鉱物，炭酸塩鉱物，硫化鉱物などがあります．

　この章では，数多くある鉱物の中から代表的なものを選び出し，特徴を一覧表にしました．取り上げた鉱物は，皆さんが偏光顕微鏡を用いて岩石薄片を観察したときによく見られるものを中心に選びました．なお，鉱物の結晶系・双晶・光学性・光学的方位・屈折率・バイレフリンゼンスなどのデータは，主にDeer, Howie, Zussman著の『Rock Forming Minerals』(vol.1～5)およびその改訂版から引用してあります．形態・色・多色性・鏡下の特徴については，可能な限り著者の経験に基づいて記述するように努めました．

　『Rock Forming Minerals』は，鉱物の光学的性質のほかに実際の分析値や物理的性質も多数収録されていますので，くわしく調べてみようという時にはぜひ利用されるようお勧めします．また，『Introduction to the Rock Forming Minerals』という題名の本は『Rock Forming Minerals』の縮小版で，英語で書かれた大変使いやすい鉱物識別の手引き書です．鉱物名の表記には，和名（漢字・仮名）・英語名などいろいろあります．それらの対比は森本信男著『造岩鉱物学』（東京大学出版会，1989）および文部省『学術用語集地学編』（日本学術振興会，1984）を参照してください．本書では，一般に使われているものを用いており，英語名は「カタカナ」，和名の常用漢字にないものは「ひらがな」を用いています．鉱物名の後に「族」を付してあるのは，例えば長石族や輝石族のように異なったそれぞ

れの鉱物の主成分元素の一部が固溶関係のような場合です．
　p.216〜217に主な鉱物の仲間分けをしてみました．右肩に＊印が付いているのは，p.244からの一覧表にも出てくる鉱物です．

2 けい酸塩鉱物

　けい酸塩鉱物は，4個の酸素原子が正四面体の頂点の位置にあって，その中心に1個のけい素原子が存在するSi−O四面体が構成の単位になっています（p.218の図6.1, p.219の図6.2参照）．この四面体が結びついて連続する場合には，必ず頂点の酸素イオンを共有して行われ，四面体の稜や面を共有することはありません．天然の鉱物においてはSi−Oの四面体のうち，Siの一部がAlによって置換されている場合もあります．
　けい酸塩鉱物は，その構造から6種類に分類されています．テクトけい酸塩鉱物，フィロけい酸塩鉱物，イノけい酸塩鉱物，サイクロけい酸塩鉱物，ソロけい酸塩鉱物，ネソけい酸塩鉱物の6種です．

1 テクトけい酸塩鉱物

1）シリカ鉱物族（Silica Minerals）

　シリカ鉱物というのは，SiO_2という化学組成をもった鉱物で，石英・トリディマイト（りんけい石）・クリストバライト・コーサイト・スティショバイトが知られています．このほかにカルセドニイ（玉髄）・オパール（たん白石）なども，けい酸塩鉱物として扱われています．石英・トリディマイト・クリストバライトは常圧下での同質異像（多形）です．
　石英は，さらに低温石英と高温石英の2種類に分けられます．低温石英と高温石英は，常圧下においては573℃を境にして，お互いに

〈けい酸塩鉱物〉

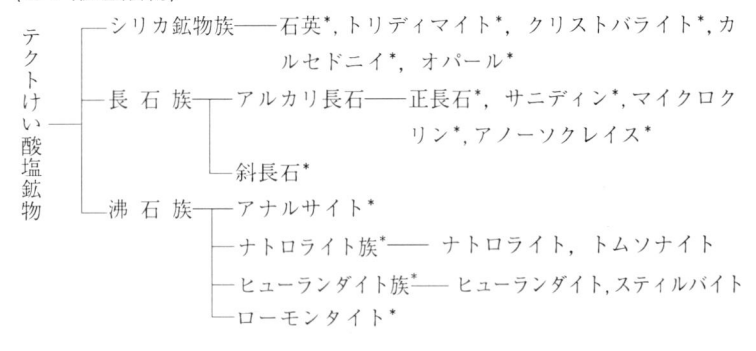

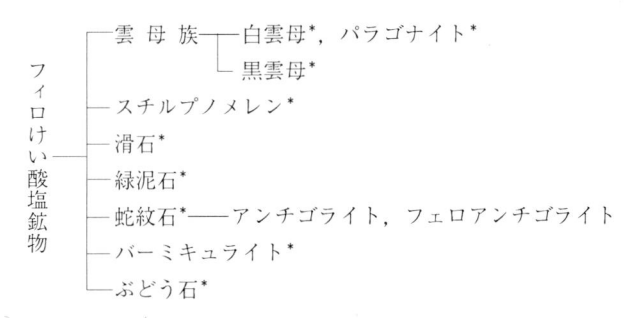

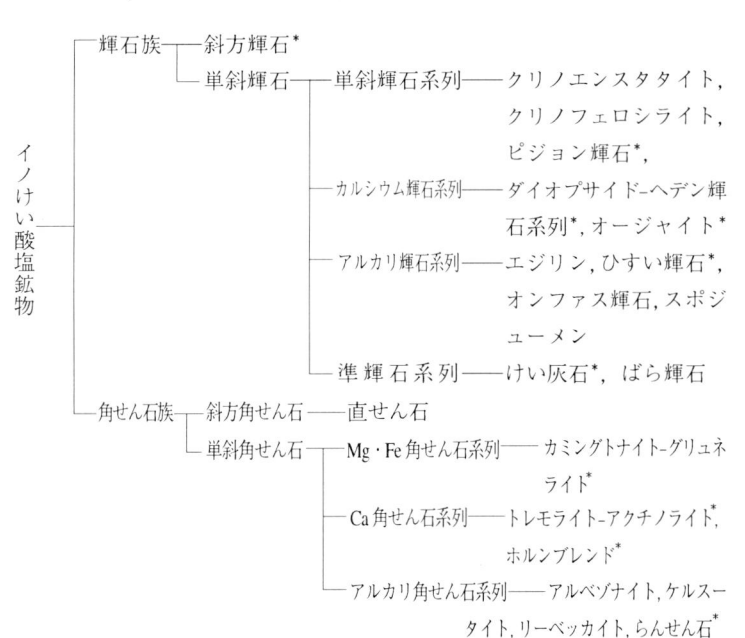

```
テクけい酸塩鉱物 ─┬─ シリカ鉱物族 ─── 石英*, トリディマイト*, クリストバライト*, カルセドニイ*, オパール*
                 ├─ 長石族 ─┬─ アルカリ長石 ─── 正長石*, サニディン*, マイクロクリン*, アノーソクレイス*
                 │         └─ 斜長石*
                 └─ 沸石族 ─┬─ アナルサイト*
                           ├─ ナトロライト族* ─── ナトロライト, トムソナイト
                           ├─ ヒューランダイト族* ─── ヒューランダイト, スティルバイト
                           └─ ローモンタイト*

フィロけい酸塩鉱物 ─┬─ 雲母族 ─┬─ 白雲母*, パラゴナイト*
                   │         └─ 黒雲母*
                   ├─ スチルプノメレン*
                   ├─ 滑石*
                   ├─ 緑泥石*
                   ├─ 蛇紋石* ─── アンチゴライト, フェロアンチゴライト
                   ├─ バーミキュライト*
                   └─ ぶどう石*

イノけい酸塩鉱物 ─┬─ 輝石族 ─┬─ 斜方輝石*
                 │         └─ 単斜輝石 ─┬─ 単斜輝石系列 ─── クリノエンスタタイト, クリノフェロシライト, ピジョン輝石*
                 │                     ├─ カルシウム輝石系列 ─── ダイオプサイド-ヘデン輝石系列*, オージャイト*
                 │                     ├─ アルカリ輝石系列 ─── エジリン, ひすい輝石*, オンファス輝石, スポジューメン
                 │                     └─ 準輝石系列 ─── けい灰石*, ばら輝石
                 └─ 角せん石族 ─┬─ 斜方角せん石 ─── 直せん石
                               └─ 単斜角せん石 ─┬─ Mg・Fe角せん石系列 ─── カミングナイト-グリュネライト*
                                               ├─ Ca角せん石系列 ─── トレモライト-アクチノライト, ホルンブレンド*
                                               └─ アルカリ角せん石系列 ─── アルベゾナイト, ケルスータイト, リーベッカイト, らんせん石*
```

- ソロけい酸塩鉱物・サイクロけい酸塩鉱物
  - 緑れん石族──緑れん石*，ゾイサイト*，紅れん石*，褐れん石*
  - パンペリー石*
  - きん青石*
  - 電気石*

- ネソけい酸塩鉱物
  - かんらん石族──かんらん石*
  - ヒューマイト族
  - ジルコン*
  - スフェーン*
  - ざくろ石族*
  - ベスブ石*
  - けい線石*
  - 紅柱石*
  - らん晶石*
  - 十字石*

〈けい酸塩以外の鉱物〉

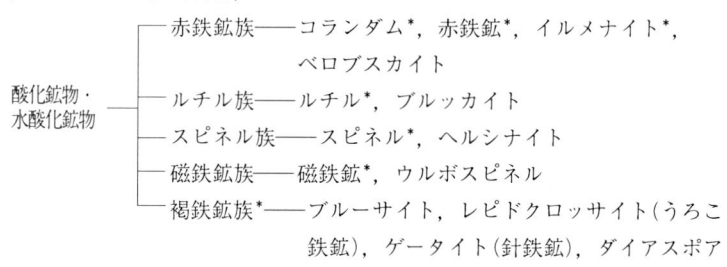

- 酸化鉱物・水酸化鉱物
  - 赤鉄鉱族──コランダム*，赤鉄鉱*，イルメナイト*，ベロブスカイト
  - ルチル族──ルチル*，ブルッカイト
  - スピネル族──スピネル*，ヘルシナイト
  - 磁鉄鉱族──磁鉄鉱*，ウルボスピネル
  - 褐鉄鉱族*──ブルーサイト，レピドクロッサイト(うろこ鉄鉱)，ゲータイト(針鉄鉱)，ダイアスポア

硫化鉱物──黄鉄鉱*

- 炭酸塩鉱物
  - 方解石族──方解石*，マグネサイト*，菱マンガン鉱*，シデライト*
  - ドロマイト*
  - アラゴナイト*

りん酸塩鉱物──りん灰石*

ハロゲン化鉱物──ほたる石*

Chapter 6

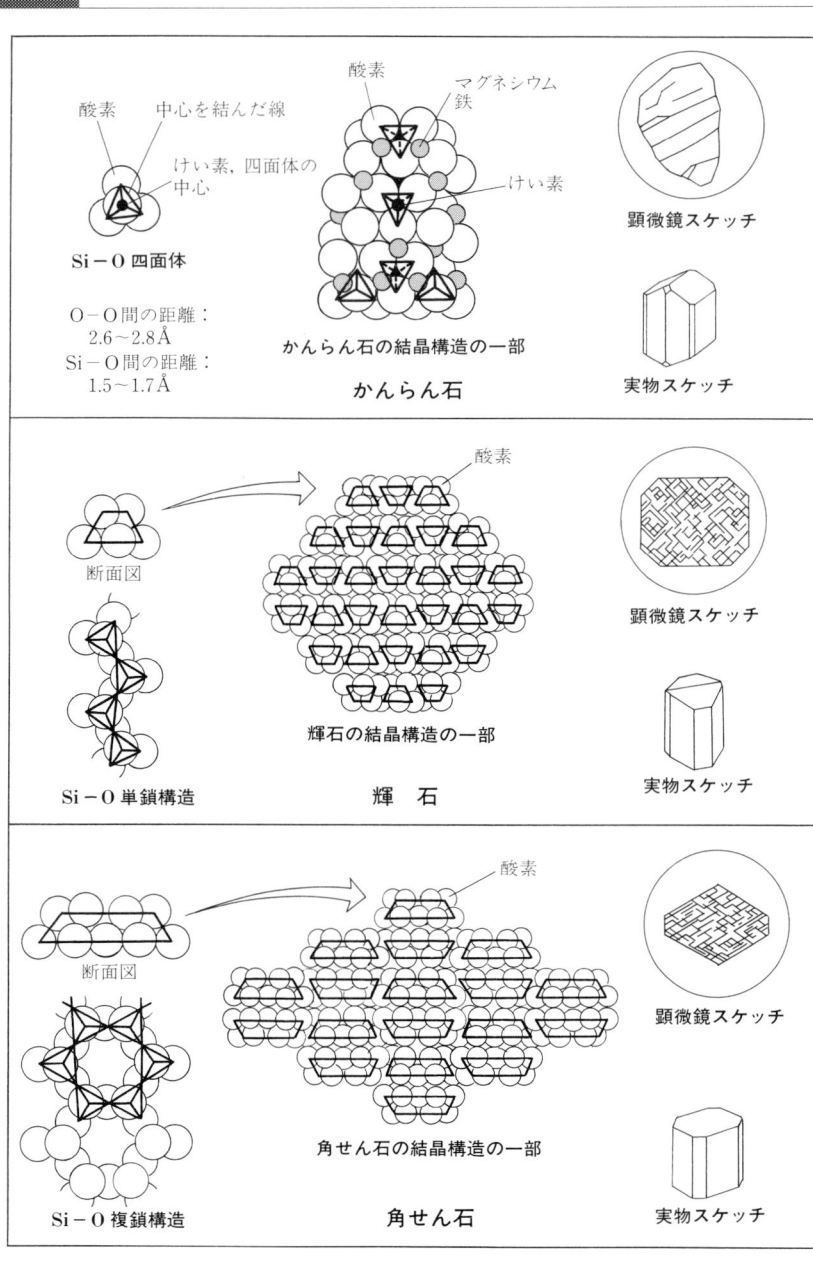

図6.1 けい酸塩鉱物の構造(1)
(秀文堂編集部編(1975)『現代地学図説』p.39)

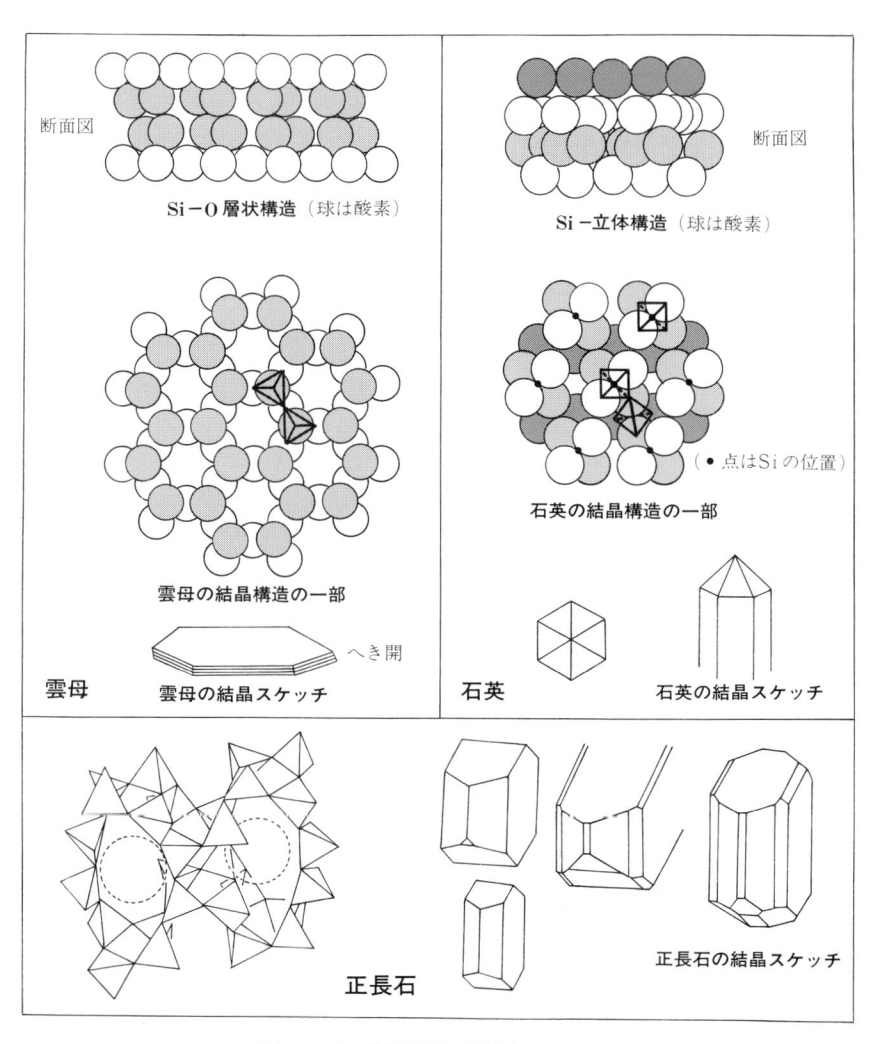

第6章 偏光顕微鏡による造岩鉱物の見分け方

断面図　Si-O層状構造（球は酸素）

断面図　Si-立体構造（球は酸素）

雲母の結晶構造の一部

石英の結晶構造の一部
（●点はSiの位置）

雲母　雲母の結晶スケッチ　へき開

石英　石英の結晶スケッチ

正長石　正長石の結晶スケッチ

図6.2　けい酸塩鉱物の構造(2)
（秀文堂編集部編(1975)『現代地学図説』p.40）

Chapter 6

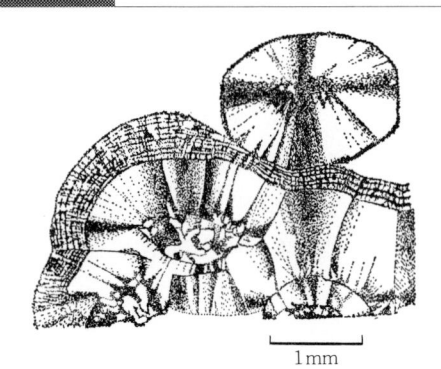

図6.3 カルセドニイ．放射状集合体のうち，縦，横の十字線方向が消光する．

容易に転化します．したがって，通常の偏光顕微鏡下では，高温石英そのものを見ることはできません．石英では，ドフィーネ双晶，ブラジル双晶，日本式双晶が代表的な双晶として知られていますが，石英の双晶は結晶学的に大変難しく，そのために双晶に関する研究が進んだといわれています．

石英よりもさらに高温で安定な多形のトリディマイトのβ相は870〜1470℃で安定で，α相は常温で安定です．また，クリストバライトのβ相は1470℃以上でのみ安定で，α相は低温で安定です．

コーサイトはSiO_2の高圧相で，約2.6〜3.6万気圧以上の圧力のもとで，500〜800℃の温度に生ずる鉱物です．最初，人工的に合成されただけで，地表の天然の岩石には含まれていない鉱物だと考えられていましたが，その後，隕石孔の岩石中にコーサイトが存在することが確かめられました．このコーサイトは，隕石が衝突した際に発生した高い圧力でできたと考えられています．スティショバイトも，コーサイトにともなって隕石孔の岩石から発見されています．

2）長石族（Feldspar group）

長石族は，大きく分類するとアルカリ長石と斜長石に分けられます．アルカリ長石はカリ長石（$KAlSi_3O_8$）とアルバイト（$NaAlSi_3O_8$）を端成分とする固溶体で，斜長石はアルバイトと灰長石（$CaAl_2Si_2O_8$）を端成分とする固溶体です．アルカリ長石と斜長石は，生成温度によって結晶構造が違っています．

高温では，アルカリ長石と斜長石がそれぞれ連続固溶体となり，また，相互に少しずつ固溶し合っています．低温で安定な結晶構造では，カリ長石とアルバイトが自由に固溶できなくなります．また，

斜長石のなかでも，灰長石の割合が5～20％の領域では，固溶が起こりにくくなるといわれています．

　長石類の組成はカリ長石成分（Or），アルバイト成分（Ab），灰長石成分（An）の割合で表しています．$Or_{20}Ab_{80}$というのは，カリ長石成分が20％で，アルバイト成分が80％のことです．

●アルカリ長石（Alkali feldspar）

　アルカリ長石では灰長石成分が5％を超えることはほとんどありません．ふつうはOr_{100}～$Or_{70}Ab_{30}$ぐらいの組成範囲のものを正長石と呼んでいます．アデュラリア（Adularia）は，$KAlSi_3O_8$に近い組成の正長石の一種と考えられており，バリウム長石（$BaAl_2Si_2O_8$）を10～40％ぐらいまで固溶することがあります．高い温度で正長石に固溶していたAb成分が，温度が低くなって固溶しきれずに析出したものをパーサイトといいます（図6.4）．パーサイトではホストのカリ長石が，一般にマイクロクリンになっています．

　パーサイトとは逆に，最初にアルバイト成分が多く，アルバイト中にマイクロクリンの析出したものをアンチパーサイトといいます．アノーソクレイスの化学組成はカリ長石とアルバイトの中間ぐらいか，アルバイト寄りで，他のアルカリ長石より灰長石成分が多くなっています．

　長石類は双晶していることが特徴ですが，双晶の種類が多いので，表6.1にまとめておきます．

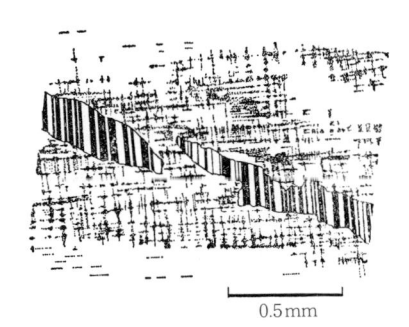

0.5mm

図6.4　パーサイト．格子模様のマイクロクリン中のアルバイトラメラ．

●斜長石（Plagioclase）

　斜長石の化学組成は，アルバイト（Ab）と灰長石（An）を端成分として，次の六つに細分されています．

　　アルバイト（$Ab_{100}An_0$～$Ab_{90}An_{10}$）
　　オリゴクレイス（$Ab_{90}An_{10}$～$Ab_{70}An_{30}$）

Chapter 6

表6.1 長石の双晶（Deer, Howie & Zussman, 1963による）

名称	双晶軸		接合面	特徴
垂直双晶				
アルバイト	⊥(010)		(010)	くり返し，三斜晶系のみ
マネバッハ	⊥(001)		(001)	単純
バベノ（右）	⊥(021)		(021)	単純，時に斜長石中に見られる
バベノ（左）	⊥(0$\bar{2}$1)		(0$\bar{2}$1)	
平行双晶				
カルスバド	[001]	(Z軸)	(010)	単純
ペリクリン	[010]	(Y軸)	($h0l$)	
アクリン A	[010]	(Y軸)	(001)	くり返し，三斜晶系のみ
アクリン B	[010]	(Y軸)	(100)	
エステレル	[100]	(X軸)	($0kl$)	
アラ A	[100]	(X軸)	(001)	くり返し
アラ B	[100]	(X軸)	(010)	
複合双晶				
アルバイト–カルスバド	⊥ Z		(010)	
アルバイト–アラ B	⊥ X		(010)	
マネバッハ–アクリン A	⊥ Y		(001)	くり返し
マネバッハ–アラ A	⊥ X		(001)	
X–カルスバド	⊥ Z		(100)	
X–アクリン B	⊥ Y		(100)	

アンデシン（$Ab_{70}An_{30}$～$Ab_{50}An_{50}$）

ラブラドライト（$Ab_{50}An_{50}$～$Ab_{30}An_{70}$）

バイトウナイト（$Ab_{30}An_{70}$～$Ab_{10}An_{90}$）

アノーサイト（$Ab_{10}An_{90}$～$Ab_{0}An_{100}$）

斜長石中のOr成分は，一部のアルバイト・オリゴクレイスを除き数％以下です．斜長石は温度と組成の違いによっていろいろな結晶構造をとり，低温におけるAn_5～An_{20}組成以外では，中間的な結晶構造をとっています．斜長石は多くの場合，双晶していて（表6.1），このなかでもアルバイト双晶，ペリクリン双晶，カルスバド双晶などは，特によく出現します．アルバイト双晶は双晶が明瞭に見える(010)に垂直な薄片で，対称消光し，また，双晶片を光の振動方向に一致させたときと，45°傾けたときに，すべての双晶片のレターデーションが等しくなり，双晶が見えなくなる特徴があります．

第6章 偏光顕微鏡による造岩鉱物の見分け方

表6.2 斜長石の屈折率とバイレフリンゼンスと組成の関係

		高温型アルバイト	低温型アルバイト	アノーサイト
化学式		$NaAlSi_3O_8$	$NaAlSi_3O_8$	$CaAl_2Si_2O_8$
屈折率	α	1.527	1.527	1.577
	β	1.532	1.531	1.585
	γ	1.534	1.538	1.590
バイレフリンゼンス		0.007	0.0105	0.0135
2V		45°(−)	77°(+)	78°(−)
分散		$\gamma < v$	$\gamma < v$	$\gamma < v$
比重		2.62	2.63	2.76
硬度		—	6〜6.5	6〜6.5

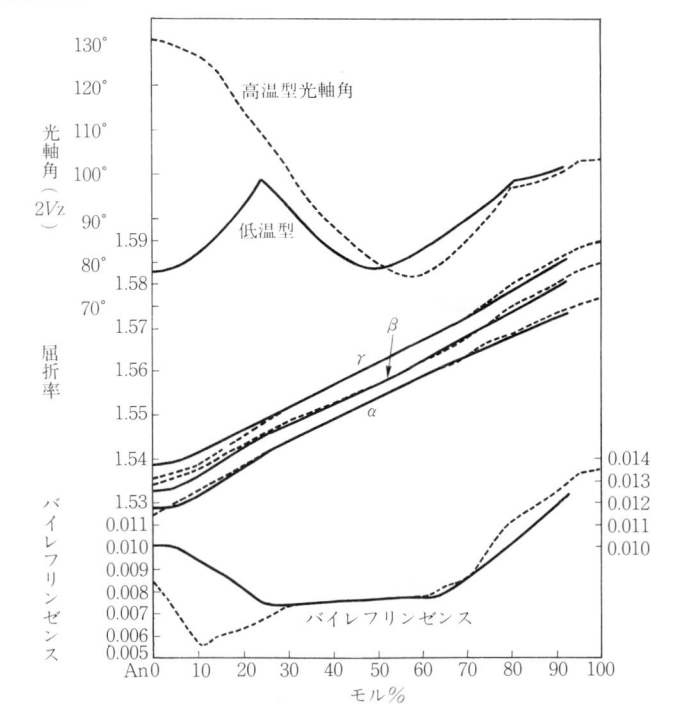

図6.5 斜長石の光軸角・屈折率・バイレフリンゼンスと組成の関係
（実線は低温型，点線は高温型を示す）
(Burri,C.,Parker R.L.und Wenk,E(1967)Die Optishe Orientierung der plagioklase, Birkhauser Verlag,Basal s,334のデータに基づく)．βの値は計算値．

斜長石の光学的弾性軸 X, Y, Z 軸の方位，光軸角の大きさも高温型と低温型で異なり，さらに組成によっても大きく異なっています．屈折率およびバイレフリンゼンスと組成との関係を表6.2, 図6.5に示します．屈折率 α, β, γ は高温型と低温型で少し違っています．ただし，α は高温型でも低温型でもよく似た値です．高温型の斜長石は温度が低くなっても高温の状態を保持していることがあるので，高温型と低温型のどちらの状態も観察できます．

3）沸石族（Zeolite group）

沸石族は Na, K, Ca, Al, H_2O を含むテクトけい酸塩鉱物で，主なものにアナルサイト・ナトロライト（ソーダ沸石，$Na_2Al_2Si_3O_{10}\cdot2H_2O$）・トムソナイト（トムソン沸石，$NaCa_2[(Al, Si)_{10}O_{20}]6H_2O$）・ヒューランダイト（輝沸石，$(Ca, Na_2)[Al_2Si_7O_{18}]6H_2O$）・スティルバイト（束沸石，$(Ca, Na_2, K_2)[Al_2Si_7O_{18}]7H_2O$）・チャバザイト・ローモンタイト・フィリップサイト・モルデナイト・スコレサイト・ワイラカイト・ゴナルダイト・メソライトなどがあり，これ以外にも沸石類も多数知られています．沸石は一般に結晶が小さく，偏光顕微鏡だけでは区別できないことがよくあります．このような場合には，X 線粉末回折法や化学分析法を併用して鑑定する必要があります．

2 フィロけい酸塩鉱物

1）雲母族（Mica Group）

雲母族は，K・Na・Li・Mg・Fe^{2+}・Fe^{3+}・Al・(OH) などを含むけい酸塩で，(001) に平行なへき開が著しい鉱物です．

●白雲母（Muscovite）

理想式は $K_2Al_4[Si_6Al_2O_{20}]\cdot(OH, F)_4$ ですが，ふつう，Mg・Fe^{2+}・Fe^{3+} を少し含み，2Al $\rightleftarrows$ (Mg, Fe^{2+}) Si という置換が起こったものをフェンジャイト（Phengite）といいます．白雲母の K を Na で置換し

た雲母がパラゴナイトです．白雲母とパラゴナイトは互いに少しずつ固溶し合います．白雲母は純粋なフロゴパイト・滑石・パイロフィライトなどとよく似ているので，区別が困難なことがあります．白雲母より光軸角が小さいのがフロゴパイトで，大きいのがパイロフィライトですが，それらの結晶が細かい場合，正確に区別するには，X線粉末回折法など，別の手段を必要とします．

薄片を作ったのち，カバーガラスを付ける前にフッ化水素酸処理をして亜硝酸コバルトナトリウムの飽和溶液に浸すと白雲母を黄色に染色できます（5章の「2.岩石の染色」を参照）．この方法で滑石・パイロフィライトあるいはパラゴナイトと区別できます．また，無色のフロゴパイトはMgに富みFeをほとんど含まない岩石にしか産出しないので，共存鉱物の違いも鑑定の助けとなります．

白雲母は泥質の変成岩のうち，角せん岩相の高温部ぐらいの変成度に達したものには，白雲母の代わりにけい線石（紅柱石）＋カリ長石が出現します．これは白雲母＋石英→カリ長石＋Al_2SiO_5鉱物＋H_2Oの反応により，白雲母が分解するためです．

なお，白雲母の中で結晶の細かいものを絹雲母（Sericite）と呼んでいます．

●**黒雲母**（Biotite）

フロゴパイト（$K_2Mg_6[Al_2Si_6O_{20}](OH)_4$），イーストナイト（$K_2Mg_5Al[Al_3Si_5O_{20}](OH)_4$），アナイト（$K_2Fe_6[Al_2Si_6O_{20}(OH)_4$，シデロフィライト（$K_2Fe_5Al[Al_4Si_4O_{20}](OH)_4$）を端成分とする固溶体です．ふつう，フロゴパイトと呼んでいるのは，端成分の意味で使っているのではなく，$Mg/(Mg+Fe)$が2/3以上のフロゴパイト–イーストナイト系列のものを指しています．黒雲母は$Ti・Fe^{3+}・Mn・F$なども含んでいて，TiO_2の量は4～5％に達することがあります．一般に，黒雲母中にTiO_2やFe_2O_3が多くなると，赤味の色が強くなり，また，TiO_2，Fe_2O_3が少なくFeOが多いと，色は緑色～暗緑色となります．このような雲母をレピドメレン（Lepidomelane）

といいます．フロゴパイトでFeを少ししか含まないものは無色に近く，多色性がありません．このような種類の黒雲母は白雲母にたいへんよく似ていますが，一般に白雲母より光軸角が小さいことが鑑定の基準になります．

　黒雲母は一部のバーミキュライトと区別しにくいことがありますが，一般的にはバーミキュライトのほうが屈折率とバイレフリンゼンスが小さいという特徴があります．黒雲母はまた，スチルプノメレンとも大変よく似ていて，これらは，偏光顕微鏡だけでは厳密な区別ができないことが多いので，X線粉末回折法などの方法を併用して鑑定する必要があります．

2）スチルプノメレン（Stilpnomelane）

　スチルプノメレンの化学式は，まだよくわかっていませんが，$(K,Na,Ca)_{0-1.4}(Fe,Mg,Al,Mn)_{5.9-8.2}Si_8O_{20}(OH)_4(O,OH,H_2O)_{3.6-8.5}$のような組成だと考えられています．スチルプノメレンはFe^{2+}の多いものは緑色を示し，Fe^{3+}の多いものは褐色を示します．また，正確な結晶構造もまだ決められていません．

3）滑石（Talc）

　滑石のMg原子6個を，4個のAl原子で置換した形の組成のものをパイロフィライトといいます．しかし，滑石とパイロフィライト

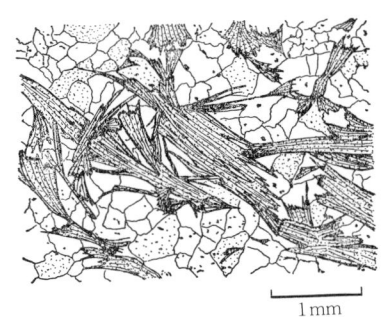

図6.6　スチルプノメレン 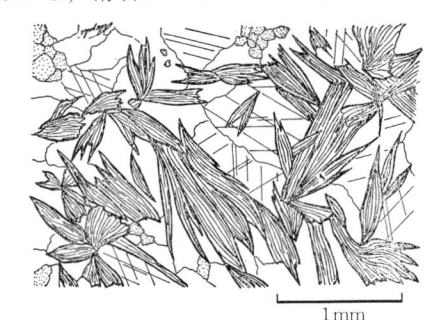　　　　　図6.7　滑石

は固溶体をつくることはありません．滑石は Al_2O_3 を 1～2％含むことがありますが，この Al は Mg を置換したものではなく，Si を置換したものと考えられています．

4）緑泥石（Chlorite）

緑泥石は滑石構造の層とブルーサイト構造の層が交互に積み重なったフィロけい酸塩鉱物です．Mg と Fe，(Mg, Fe) と Al，(Mg, Fe)Si と 2Al の置換で，多様な組成のものが出現します．一般式は $(Mg, Al, Fe)_{12}[(Si, Al)_8O_{20}](OH)_{16}$ です．緑泥石は変成度の低い緑色片岩相の主要な構成鉱物で，その代表的な鉱物組み合わせは，緑泥石–緑れん石–アクチノライト–アルバイトですが，変成温度が上がって緑れん石角せん岩相，または角せん岩相になると，緑泥石は大部分が消滅します．これは緑泥石，緑れん石，アクチノライトが反応して，黒雲母やホルンブレンドになるためです．

5）蛇紋石（Serpentine）

蛇紋石はアンチゴライト（$Mg_3[Si_2O_5](OH)_4$）とフェロアンチゴライト（$Fe_3[Si_2O_5](OH)_4$）を端成分とする固溶体です．天然の蛇紋石はアンチゴライトに近い組成のものが大部分で，著しく Fe に富むものは産出しません．アンチゴライトは板状結晶です．蛇紋石の主な多形として，同じく板状結晶のリザルダイト（Lizardite）と，管状のクリソタイル（Chrysotile）があります．クリソタイルの管状結晶は，a 軸方向に伸びています．

その他，フィロけい酸塩には，バーミキュライト（Vermiculite，化学組成は $(Mg, Ca)_{0.7}(Mg, Fe^{3+}Al)_6[(Al, Si)_8O_{20}](OH)_4 \cdot 8H_2O$），ぶどう石（プレーナイト；Prehnite，化学組成は $Ca_2Al[AlSi_3O_{10}](OH)_2$）などがあります．

3 イノけい酸塩鉱物

1) 輝石族（Pyroxene Group）

輝石族には斜方晶系と単斜晶系のものがあり，それぞれ斜方輝石，単斜輝石と呼ばれており，さらに準輝石といわれるものもあります．

①斜方輝石（Orthopyroxene または Rhombic pyroxene）

斜方輝石はエンスタタイト（Enstatite，頑火輝石，Mg_2SiO_6）とオルソフェロシライト（Orthoferrosilite，斜方鉄けい石，$Fe^{2+}{}_2SiO_6$）の固溶体で，$Al・Ca・Mn・Fe^{3+}・Ti・Cr・Ni$ を少量含んでいます．

斜方輝石の組成を表す $En_{25}Fs_{75}$ は，エンスタタイト成分（En）25％，フェロシライト成分（Fs）75％という意味です．Fs_{0-12} をエンスタタイト，Fs_{12-30} をブロンザイト，Fs_{30-50} をハイパーシン，Fs_{50-70} をフェロハイパーシン，Fs_{70-85} をユーライト，Fs_{85-100} をオルソフェロシライトといいます．

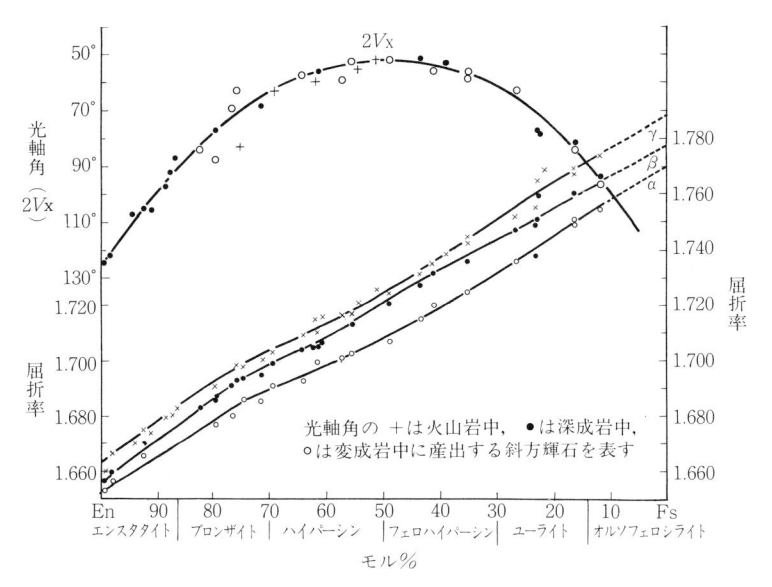

図6.8 斜方輝石の組成と屈折率・光軸角の関係
(Deer, Howie & Zussman(1963), Winchell & Winchell(1951)収録のデータに基づく)

斜方輝石は超苦鉄質岩やノーライトの主要鉱物で，かんらん石と斜方輝石を主とする超苦鉄質岩をハルツバージャイトといい，かんらん石とほぼ等量の斜方輝石，単斜輝石からできているものをレーゾライトといいます．これらに対して，斜方輝石が少なくかんらん石と単斜輝石を主とする超苦鉄質岩をウエールライトといいます．

斜方輝石は単斜輝石の離溶ラメラを含むことがあります．(100)面に平行なオージャイトまたはダイオプサイドの離溶ラメラをもつ斜方輝石をブッシュフェルト型の斜方輝石といい，他方(001)に平行なオージャイトの離溶ラメラをもつものをスチルウォーター型の斜方輝石といいます．スチルウォーター型のものは，本来ピジョン輝石として晶出したものが，オージャイトを離溶して斜方輝石に転化したものです．この斜方輝石は(100)を接合面として単純双晶することが多いので，離溶ラメラが魚骨状になっています．

また斜方輝石は，チャルノッカイトと呼ばれる高温変成岩の主要構成鉱物であり，グラニュライト相や輝石ホルンフェルス相の変成岩を特徴づける鉱物です．

②**単斜輝石**（Clinopyroxene）

単斜輝石としてクリノエンスタタイト（単斜頑火輝石），クリノフェロシライト（単斜鉄けい石），ピジョン輝石の単斜輝石系列, カルシウム輝石系列としてダイオプサイド-ヘデン輝石系列, オージャイト，アルカリ輝石系列としてエジリン，ひすい輝石，オンファス輝石（Omphacite, $(Ca, Na)(Mg, Al, Fe^{3+})Si_4O_{12}$），スポジューメン（Spodumen，リシア輝石, $(Li, Al)Si_2O_6$），準輝石系列としてけい灰石，ばら輝石（Rhodonite, ロードナイト）などがあります．最後二つの鉱物は三斜晶系です．

●**ダイオプサイド-ヘデン輝石系列**

ダイオプサイド（Diopside，透輝石）の理想式は $CaMg[Si_2O_6]$，ヘデン輝石（Hedenbergite，灰鉄輝石）は $CaFe^{2+}[Si_2O_6]$ で，実際は理想式よりいくらか Ca が少ないものも含めてダイオプサイド-ヘデ

Chapter 6

ン輝石系列の輝石といいます.単斜輝石を En(クリノエンスタタイト Clinoenstatite;$MgSiO_3$), Fs(フェロシライト Ferrosilite;$FeSiO_3$), Wo (ウラストナイトまたはけい灰石, Wollastonite, $CaSiO_3$) の 3 成分で表現すると,Wo_{45}〜Wo_{50}のものをダイオプサイド–ヘデン輝石系列と呼びます.Di_{100-90}の組成のものを広義のダイオプサイド,Di_{90-50}をサーライト,Di_{50-10}をフェロサーライト,Di_{10-0}のものを広義のヘデン輝石といいます.天然のダイオプサイド–ヘデン輝石は,Al_2O_3を最大10％まで含有することがあります.また,TiO_2・MnO・Cr_2O_3なども,いくらか含んでいます.Mg や Fe をほとんど Mn で置換したものをヨハンセナイトと呼び,Cr_2O_3の多いもの(約0.5重量％以上)を特にクロムダイオプサイド(Chromian diopside)と呼んでいます.

●オージャイト(**Augite**)

オージャイトは,$(Ca, Mg, Fe^{2+}, Fe^{3+}, Ti, Al)_2[(Si, Al)_2O_6]$で表される広い組成範囲をもっています.ふつう,Wo, En, Fs の 3 成分で表す単斜輝石のうち,Wo_{25-45}で Mg に富むものをフェロオージャイトと呼び,Wo_{15-25}で Mg に富むものをサブカルシックオージャイトと呼びます.また,Fe に富むものをサブカルシックフェロオージャイトと細分して呼んでいます.オージャイトのうち,TiO_2 に富むもの(通常3〜5重量％)を特にチタンオージャイトといい,Al_2O_3の含有量が大きく,最大 8 重量％ぐらいを含みます(ふつうのオージャイト中の Al_2O_3含有量は2.5〜4 重量％).オージャイトはひすい輝石成分やアクマイト成分も少量固溶しています.Na_2O の多いものをソーダオージャイトと呼ぶことがあります.

オージャイト–フェロオージャイトでは,結晶分化が進むにつれて輝石の組成は Fe に富むようになります.一連の分化をした輝石の Wo 成分の量は,オージャイトとフェローオージャイトの境界付近でもっとも少なくなり,さらに分化すると,再び多くなる傾向があります.屈折率は化学組成によって大きく変化しますが,Ca 含有量

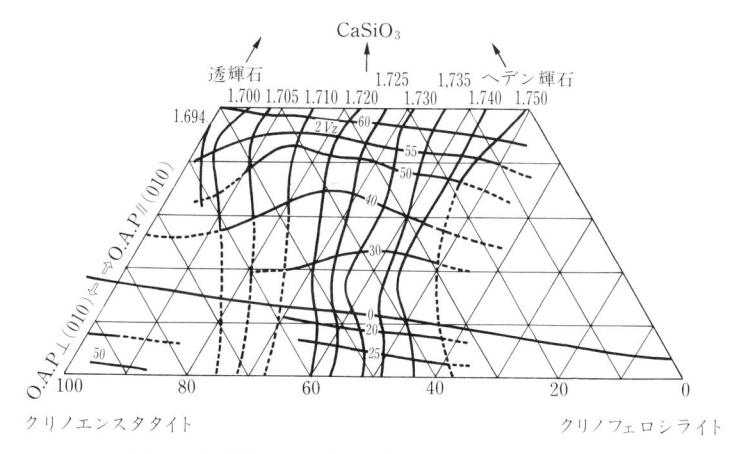

第6章 偏光顕微鏡による造岩鉱物の見分け方

図6.9 単斜輝石の組成と光軸角・屈折率(γ)の関係
(Deer, Howie & Zussman, 1963 と Winchell & Winchell, 1951 の収録データに基づく)

にはほとんど支配されずに（$Fe^{2+}+Mn+Fe^{3+}$）と Mg の比によって決まります．オージャイトの組成を光学的に決めるには，屈折率と光軸角を測定します．γ と光軸角の関係を図6.9に示しますが，一般によく使われているのは，β と光軸角の関係図です．

単斜輝石は化学組成が連続的に変化しているため，光学性だけからでは，厳密な区別がつけられないこともあります．光軸角や屈折率を測定しないで，ダイオプサイド–ヘデン輝石系列・オージャイト–フェロオージャイト系列・サブカルシックオージャイト–サブカルシックフェロオージャイト系列を区別するには，コノスコープ像の開きの度合を利用します．

●ピジョン輝石（Pigeonite）

サブカルシックオージャイトよりさらに Ca の少ないものです．ただし，斜方輝石よりは Ca が多く，およそ Wo 成分が 5〜15% です．Mg/（Mg+Fe）が0.2〜0.35のものをマグネシアンピジョン輝石，0.35〜0.65のものを中間ピジョン輝石，0.65〜0.8のものをフェロピジョン輝石といいます．この範囲より Mg や Fe に富むピジョン輝石は知られていません．

Chapter 6

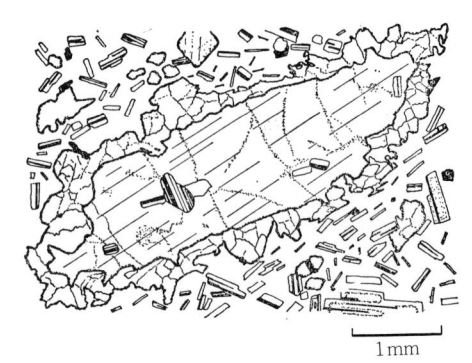

図6.10 斜方輝石の斑晶の周囲に生じたピジョン輝石

深成岩中のピジョン輝石はふつう，(001)に平行にオージャイトのラメラを生じて，斜方輝石に転化しています．これが双晶すると，特徴的な魚骨状組織（Herring-bone texture）を示します．骨状組織で特徴づけられる転化ピジョン輝石（オージャイトのラメラをもつ斜方輝石）は，スケールガード貫入岩体やスチルウォーター貫入岩体などのソレアイト質はんれい岩中によく見られます．

●ひすい輝石（Jadeite）

純粋のものは $NaAl[Si_2O_6]$ ですが，天然のものは少量の Di・Hd・Ac 成分を含んでいます．ひすい輝石はダイオプサイド-ヘデン輝石系列の単斜輝石と連続的な固溶体をつくっています．また，Ac 成分も相当量固溶しています．

一般に，ひすい輝石は（Jd）成分75％以上のものを広い意味でのひすい輝石と呼んでいます．ひすい輝石とダイオプサイド-ヘデン輝石の固溶体で Jd 成分25〜75％のものをオンファサイトと呼びます．エジリンとひすい輝石の中間の組成を持つものは，天然にはあまり産出しません．

ひすい輝石は低温高圧の広域変成作用で産出が知られていますが，ひすい輝石と石英が共存する場合は，高い圧力のもとで，

アルバイト → ひすい輝石 ＋ 石英
($NaAlSi_3O_8$ → $NaAlSi_2O_6$ ＋ SiO_2)

の反応が起こると考えられています．

ひすい輝石とネフェリンの共存は，上の反応よりも低い圧力（200℃で4 kb，400℃で8 kb）で生じます．

●けい灰石（ウラストナイト，Wollastonite）

ほぼ純粋な $CaSiO_3$ であることが多く，けい灰石の構造は，Ca を

第6章　偏光顕微鏡による造岩鉱物の見分け方

置換して Fe^{2+} や Mn を取り込みやすいのですが，Mg はほとんど取り込みません．FeO＋MnO が10重量％を超すものが知られています．特に Fe の多いものを鉄けい灰石といいます．同質異像として，高温型の擬けい灰石と低温型のパラけい灰石が知られていますが，これらはまれにしか産出しません．

けい灰石の中で，特に Fe の多いものを鉄けい灰石といい，特殊なアルカリ火成岩中にも産出します．擬けい灰石は天然ではまれな鉱物であり，ペルシャ南西部の，先史時代に石油の自然発火で生じたパイロ変成岩に産出することが知られています．擬けい灰石はスラグ中などにふつうに生じますが，けい灰石は生じません．

2）角せん石族（Amphibole Group）

角せん石族は元素の置換が相当自由に行われるので，化学組成もかなりの変化があります．

●カミングトナイト–グリュネライト

一般式は $(Mg, Fe^{2+})_7[Si_8O_{22}](OH)_2$ で表され，F, Cl は OH を置換して含まれます．$Mg_7[Si_8O_{22}](OH)_2$ の割合が，カミングトナイトでは70〜30％，グリュネライトでは30％以下です．

斜方晶系の鉱物としては直せん石（Anthophyllite）のみであり，ほかの角せん石族の鉱物はすべて単斜晶系で，カミングトナイト（Cummingtonite），グリュネライト（Grunerite），トレモライト（Tremolite, 透せん石），アクチノライト（Actinolite, アクチノせん石），フェロアクチノライト（Ferroactinolite, フェロアクチノせん石），ホルンブレンド（Hornblende, 普通角せん石）などがあります．

●トレモライト–フェロアクチノライト

化学組成は，$Ca_2(Mg, Fe)_5Si_8O_{22}(OH)_2$．Mg／（Mg＋Fe）比が 0.8以上のものをトレモライト（Tremolite），0.8〜0.2をアクチノライト（Actinolite），0.2以下のものをフェロアクチノライト（Ferroactinolite）といいます．(Mg, Fe)Si $\rightleftarrows$ 2Al の置換によって Al

233

を含有します．一般に，単位構造式中の Al 原子の数が0.5以下のものをトレモライト–フェロアクチノライトといいます．

●ホルンブレンド（Hornblende）

$(Ca, Na, K)_{2-3}(Mg, Fe^{2+}, Fe^{3+}, Al)_5[Si_6(Al, Si)_2O_{22}](OH, F)_2$ の一般式で表される幅広い組成範囲を示します．

ホルンブレンドは，トレモライト–フェロアクチノライト系列・エデナイト–フェロエデナイト系列・チェルマカイト–フェロチェルマカイト系列・パーガサイト–フェロフェスチングサイト系列の4種類の複雑な固溶体として表現されます．これらの端成分の光学性を表6.3に示します．端成分に近い組成のもの以外をホルンブレンドといいます．玄武ホルンブレンドの化学組成はホルンブレンドによく似ていますが，ホルンブレンドよりも Fe^{3+} の割合が大きいこと，構造水含有量が少ないことを特徴としています．

表6.3 ホルンブレンドの端成分の光学性

	ホルンブレンド	エデナイト	フェロエデナイト	チェルマカイト	フェロチェルマカイト	パーガサイト	フェロフェスチングサイト
α	1.615〜1.705	1.622	1.71	1.680	1.72	1.613	1.702
β	1.618〜1.714	1.630		1.695		1.618	1.729
γ	1.632〜1.730	1.645	1.73	1.698	1.75	1.635	1.730
δ	0.014〜0.026	0.023	0.02	0.018	0.03	0.022	0.028
$2Vx$	95〜27°	120°	20°	45°	70°	120°	〜10°

●らんせん石（Glaucophane）

$Na_2(Fe, Mg)_3Al_2[Si_8O_{22}](OH)_2$ の Mg の一部を Fe^{2+} で，Al の一部を Fe^{3+} で置換されており，$Mg/(Mg+Fe^{2+})$ の比が0.5以上のものをらんせん石（Glaucophane）といいます．この比が0.5以下のものをフェロらんせん石といいますが，天然の産出はまれです．らんせん石の Al の大部分を Fe^{3+} で置換したものをマグネシオリーベッカイトといい，また，$Na_2Fe^{2+}_3Fe^{3+}_2[Si_8O_{22}](OH, F)_2$ に近い組成のものをリーベッカイトといいます．らんせん石–フェロらんせん石系列とマグネシオリーベッカイト–リーベッカイト系列の中間の組成の

ものをクロッサイトといいます．

4 ソロけい酸塩鉱物，サイクロけい酸塩鉱物

ソロけい酸塩鉱物は二つの SiO 四面体が一つの角を共有してつながっていて，サイクロけい酸塩鉱物は，SiO 四面体が二つの角を共有して連なり，環をつくっています．

1）緑れん石族（Epidote Group）

●緑れん石（Epidote）

緑れん石（$Ca_2Al_2O.(Al,Fe^{3+})OH[Si_2O_7][SiO_4]$）の化学組成はクリノゾイサイト（Clinozoisite；$Ca_2Al_2OAlOH[Si_2O_7][SiO_4]$）成分と理想のピスタサイト（Pistasite；$Ca_2Fe_3Si_3O_{12}(OH)$）成分の割合で表します．天然の緑れん石の $Fe^{3+}/(Al+Fe^{3+})$ 比は約 0.33 以下です．$Ca_2Al_2O.AlOH[Si_2O_7][SiO_4]$）の組成に近いものをクリノゾイサイトと呼びます．緑れん石は Mn, Sr, Ce などを少量含むことがあります．

●ゾイサイト（ゆうれん石，Zoisite）

化学組成は $Ca_2(Al_2O.(AlOH[Si_2O_7][SiO_4]$ で，ピスタサイト成分を最大で 5 モル％ぐらい固溶しています．ピスタサイト成分がもっと多くなると，別の結晶系のクリノゾイサイトになります．Mn^{2+} を 0.5 重量％ぐらい含んでいるものをチューライト（Thulite）といいます．Mn^{2+} が多くなると，やはり別の結晶系の紅れん石になります．

ゾイサイトの光学的方位には α と β の 2 種類があります．この光学的方位の違いは，結晶構造ばかりでなく化学組成を反映しており，β-ゾイサイトはほとんど Fe を含みません（p.301 第 6 章の 10）参照）．ゾイサイトに類似した鉱物には，クリノゾイサイト，ベスブ石，りん灰石，けい線石などがあります．

●紅れん石（Piemontite）

化学組成は $Ca_2(Mn^{3+}, Fe^{3+}, Al)_3O.OH[Si_2O_7][SiO_4]$ です．天然のものは $Ca_2Fe^{3+}Al_2Si_3O_{12}(OH)$ ～ $Ca_2Mn^{3+}Al_2Si_3O_{12}(OH)$

ないし $Ca_2Mn^{3+}{}_2AlSi_3O_{12}(OH)$ の範囲の化学組成をもっています．
●褐れん石（Allanite）
緑れん石の Ca を Ce などの希土類元素で，Al の一部を Fe^{2+} や Mg で置換したものとみなせます．他に U, Th, Y などを含んでいます．

2）パンペリー石（Pumpellyrite）

化学組成は $Ca_2Al_2(Al,Fe^{3+},Fe^{2+},Mg,etc.)_{1.0}[Si_2(O,OH)_7][SiO_4]$-$(O,OH)_3$ です．

3）きん青石（Cordierite）

化学組成は $(Mg,Fe)_2[Si_5Al_4O_{18}]nH_2O$ です．きん青石の光軸角は Si と Al 原子の配列の秩序の度合が高いほど大きくなります．その秩序の度合は，X 線粉末回折法で(511)の回折線を A, (421)を B, (131)を D としたとき，$\Delta = 2\theta_D - (2\theta_A + 2\theta_B)/2$ と定義されるディストーション指数(Δ)で表されます．完全に秩序化したものは $\Delta = 0.29 \sim 0.31$ であり，無秩序なものは $\Delta = 0$ でインド石と呼ばれています．インド石は六方晶系で光学的性質は一軸性($-$)です．

きん青石は，泥質の岩石が接触熱変成によって産出する鉱物ですが，変質しやすく，結晶がピナイトやセリサイトのような鉱物となっていることもしばしば見られます．

4）電気石（Tourmaline）

$(Na,Ca)(Mg,Fe,Mn,Li,Al)_3(Al,Mg,Fe^{3+})_6[Si_6O_{18}](BO_3)_3(O,OH)_3$-$(OH,F)$ の一般式で表される，B を含む鉱物です．Mg に富んだものをドラバイト（Dravite），Fe と Mn に富んだものをショール（Schorl），Li と Al に富んだものをエルバイト（Elbaite）と呼びます．ドラバイトとショールの間およびショールとエルバイトの間には連続固溶体がありますが，ドラバイトとエルバイトの間には連続固溶体は知られていません．電気石はほぼ純粋なエルバイトを除き，強い多色性

を示します．非常に細粒で無色の電気石はりん灰石にたいへんよく似ていて顕微鏡では区別できないことがありますが，その鉱物を粉末とし，塩酸を加えた１：１の冷フッ化水素酸に溶かしてみると，電気石はほとんど溶けないので区別できます．

5 ネソけい酸塩鉱物

1）かんらん石族（Olivine Group）

かんらん石（Olivine）はフォルステライト（Forsterite, Mg_2SiO_4）とファヤライト（Fayalite, Fe_2SiO_4）の固溶体で，$Mg・Fe^{2+}$ は $Mn・Ca$ によって少量置換されています．Mg に富んでいるかんらん石は少量の $Ni・Cr$ を含み，MgO が 46.72～55.74％のもので NiO を 0.20～0.41％含んでいます．Fe_2O_3 を少量含むものもあります．マグマから早期に結晶したかんらん石は，後期に結晶したものに比べて Mg に富んでいます．フォルステライト成分を Fo，ファヤライト成分を Fa で表すと，組成により，次のような名前がつけられています．

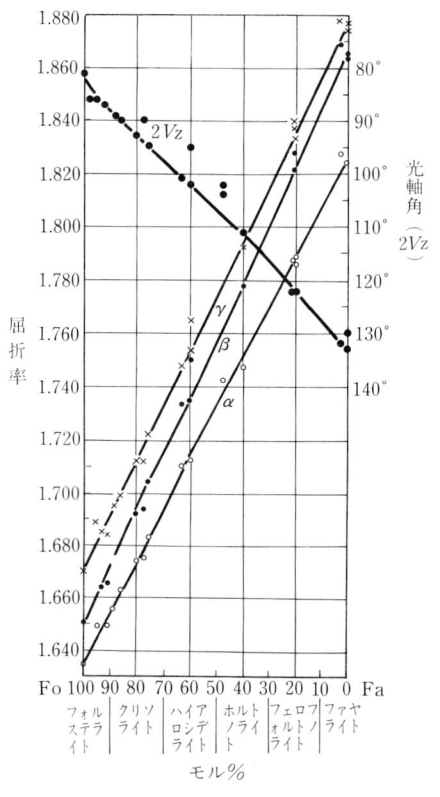

$Fo_{100}Fa_0$～$Fo_{90}Fa_{10}$：フォルステライト
$Fo_{90}Fa_{10}$～$Fo_{70}Fa_{30}$：クリソライト
$Fo_{70}Fa_{30}$～$Fo_{50}Fa_{50}$：ハイアロシデライト
$Fo_{50}Fa_{50}$～$Fo_{30}Fa_{70}$：ホルトノライト
$Fo_{30}Fa_{70}$～$Fo_{10}Fa_{90}$：フェロホルトノライト
$Fo_{10}Fa_{90}$～Fo_0Fa_{100}：ファヤライト

図6.11 かんらん石の組成と屈折率・光軸角の関係
（Deer, Howie & Zussman, 1963 と Winchell & Winchell, 1951 の収録データに基づく）

ふつうの塩基性マグマから結晶したかんらん石の組成は，Mg に富むものでも Fo_{88}〜Fo_{82} の範囲に入ります．火成岩では Fo_{90} 以上のかんらん石を含むものは，ピクライトなど特殊な岩石に限られています．超苦鉄質岩中のかんらん石は大部分 Fo_{93}〜Fo_{86} の組成で，ふつうエンスタタイト・クロムダイオプサイド・クロムスピネルを伴って産出します．

2）ヒューマイト族（Humite Group）

ヒューマイト族には，結晶構造・化学組成・光学性・産状の異なるノルベルガイト（Norbergite）・コンドロダイト（Chondrodite）・ヒューマイト（Humite）・クリノヒューマイト（Clinohumite）の四つの鉱物があります．ヒューマイト族は石灰岩およびドロマイトが，酸性深成岩によって変成を受けた場合に産出します．

3）ジルコン（Zircon）

ジルコンは Hf を約 1％含んでいます．HfO_2/ZrO_2 の比は通常 0.01 ですが，メタミクト化したものは 0.06 くらいになっています．その他，Y・U・Th・希土類元素・P なども含んでいます．ジルコンは，Th，U のような放射性元素によって変質し，非結晶質の SiO_2 と ZrO_2 の集合体に変わっていきます．このように変質し，バイレフリンゼンスの小さくなったものをヒヤシンス，光学的等方性を示すようになったものをマラコンといいます．

ジルコンは風化作用や磨滅に強いので，堆積サイクルや原岩の推定あるいは年代測定における重要な鉱物として注目されています．

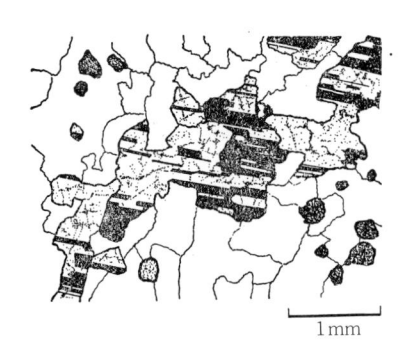

図6.12 集片双晶したクリノヒューマイト．白は方解石とドロマイト，黒はスピネル．

4）ざくろ石（ガーネット）族（Garnet Group）

ざくろ石族には、アルマンディン（Almandine；$Fe^{2+}_3Al_2Si_3O_{12}$），アンドラダイト（Andradite；$Ca_3(Fe^{3+},Ti)_2Si_3O_{12}$），グロシュラー（Grossular；$Ca_3Al_2Si_3O_{12}$），パイロープ（Pyrope；$Mg_3Al_2Si_3O_{12}$），スペッサルティン（Spessartine；$Mn_3Al_2Si_3O_{12}$），ウバロバイト（Uvarovite；$Ca_3Cr_2Si_3O_{12}$）の六つの端成分があります．アンドラダイトとグロシュラーは互いに固溶しやすく，特にこの系列のものをグランダイト（Grandite）といいます．また，アルマンディン・パイロープ・スペッサルティンは互いに固溶しやすく，この系列をパイラルスパイト（Pyralspite）と呼びます．

天然のざくろ石は，これらの端成分の固溶体として産出するため，いろいろな値の屈折率を持っています．グランダイトにはバイレフリンゼンス（$\delta = 0.001 \sim 0.003$）が認められるものがあります．

その他，ネソけい酸塩の代表的なものに，スフェーン，ベスブ石，けい線石，紅柱石，らん晶石，十字石，クロリトイドなどがあります．

3
けい酸塩以外の鉱物

1 酸化鉱物・水酸化鉱物

1）赤鉄鉱族

●コランダム（Corundum）

コランダム（$\alpha\text{-}Al_2O_3$）は数重量％の Fe_2O_3 を含むことがあり，Cr・Ti・Fe^{2+} を含むものはルビー，サファイヤとして宝石に使用されます．泥質変成岩のコランダムは白雲母の脱水分解で生じたと考えられています．また，斜長石に富むはんれい岩などが，たいへんな高

Chapter 6

温高圧(約100℃,10kb前後と推定される)の条件下(グラニュライト相)で変成した場合にも出現します.このコランダムはスピネルやオンファサイトと共存しているので,かんらん石＋斜長石＝スピネル＋斜方輝石＋オンファサイト,スピネル＋斜長石＝コランダム＋オンファサイトという2段階の反応で生じたと考えられています.

●赤鉄鉱（Hematite）

理想的な化学組成は Fe_2O_3 です.1000℃以上の高温ではイルメナイトと連続的に固溶しています.低温では離溶します.

玄武岩質岩石中には初生赤鉄鉱はほとんど見られませんが,かんらん石の変質で生じた二次的な赤鉄鉱が緑泥石などと集合体をつくっていることがあります.変成岩では,緑色変岩相やらんせん石片岩相の岩石によく含まれています.しかし,より高温の角せん石相やグラニュライト相の岩石は一般に赤鉄鉱を含みません.ただし,先カンブリア時代の層状鉄鉱層(変成したもの)では,角せん岩相程度の高温になっても赤鉄鉱が存続しています.

●イルメナイト（チタン鉄鉱, Ilmenite）

理想的な組成は $FeTiO_3$ ですが,天然のものは赤鉄鉱を10重量％くらいまで固溶することがあります.また,Fe を置換して Mg や Mn を数％含むこともあります.

2）ルチル族（TiO_2 鉱物, Rutile Group）

ルチル（金紅石；Rutile)は一般に理想的な組成に近いものが多いのですが,Nb や Ta を $Fe(Nb,Ta)_2O_6$ の形で,それぞれ10％以上含むこともあります.また,V や Sn を1％近く含むものも知られています.ルチルは TiO_2 鉱物の高温相であり,最もモル体積が小さいため,高温高圧の鉱物組み合わせの中に産出しやすい傾向があります.ルチル族には TiO_2 の低温相の鉱物であるアナテース,ルチルと同質異像のブルッカイトもあります.

第6章　偏光顕微鏡による造岩鉱物の見分け方

3）スピネル族（尖晶石族，Spinel group）

スピネル（尖晶石，Spinel；$MgAl_2O_4$），ヘルシナイト（鉄尖晶石，Hercynite；$FeAl_2O_4$），クロマイト（クロム鉄鉱，Chromite；$FeCr_2O_4$），マグネシオクロマイト（ピクロクロマイト，Picrochromite；$MgCr_2O_4$）を端成分とする連続固溶体です．天然のものは，このほかに磁鉄鉱やウルボスピネル（Ulvöspinel・Fe_2TiO_4）を固溶しています．

スピネルとヘルシナイトの間の組成のものをセイロナイト（Ceylonite），プレオネイスト（Pleonaste）といい，スピネルとマグネシオクロマイトの間の組成のものをクロムスピネル（Chromspinel）といいます．ピコタイトというのは，クロムスピネルの Mg の一部を Fe^{2+} で置換したものです．

磁鉄鉱（Magnetite）は広義のスピネル族に属し，$Fe^{2+}Fe^{3+}_2O_3$ の理想組成をもっています．ウルボスピネルと連続固溶体をつくります．この固溶体の中間組成のものをチタン磁鉄鉱といいます．チタン磁鉄鉱の理想式より Fe^{3+} の多いものをチタノマグヘマイト（Titanomaghemite）と呼び，準安定相です．火山岩中の磁鉄鉱はマグネシオフェライト成分（$Fe^{3+}_2(Mg, Fe)^{2+}O_4$）を2～30モル％固溶しています．

4）褐鉄鉱（Limonite）

褐鉄鉱の化学組成は $FeO \cdot OH \cdot nH_2O$ で，ゲータイト（Goethite；$\alpha FeO \cdot OH$）とレピドクロッサイト（Lepidocrocite；$\gamma FeO \cdot OH$）の集合に，水が加わったものと考えられています．

2 硫化鉱物

硫化鉱物には，黄鉄鉱（Pyrite）や磁硫鉄鉱（Pyrrhotite）があります．黄鉄鉱の化学組成は FeS_2 ですが，Fe を置換した Ni や Co をいくぶん含んでいます．理想的には $S/(Fe+Ni+Co)=2$ ですが，天然のものは1.98～1.96であることが多いようです．これは黄鉄鉱の結晶のうち，S の場所が空所になっていたり，S の空所を過剰な Fe が占めてい

ることに起因しています．磁硫鉄鉱の化学組成は FeS とほぼ Fe_7S_8 の範囲で，Fe と S の割合が変動します．

3 炭酸塩鉱物

1) 方解石族（Calcite Group）

方解石族には，方解石（Calcite），マグネサイト（Magnesite），菱マンガン鉱（Rhodochrosite），シデライト（Siderite）などがあります．方解石は，ふつうの石灰岩や大理石中のものは純粋な $CaCO_3$ に近い化学組成ですが，Mg・Fe・Mn・Sr・Ba・Pb など2価の元素が Ca を置換して存在しています．大理石中に方解石とドロマイトが共存している場合は，方解石中の $MgCO_3$ の量が温度に比例して多くなるため，その量が地質温度計となることが知られています．方解石中の $MgCO_3$ 成分の量は X 線粉末回折法で決めることができます．純粋の方解石は（104）面（CuKαで2θ＝29.4°付近の強いピーク）に3.035Åの面間隔を示します．この面間隔は，Mg が増えるにしたがって直線的に小さくなり，純粋なドロマイトでは2.866Åになります（図6.13，図6.14）．マグネサイト（$MgCO_3$）はシデライト（$FeCO_3$）と連続固溶体をつくります．方解石成分は極めて少量しか固溶しません．菱マンガン鉱の理想組成は $MnCO_3$ ですが，天然には純粋なものがほとんど産出しません．また，方解石やシデライトを10モル％以上固溶していることもあります．

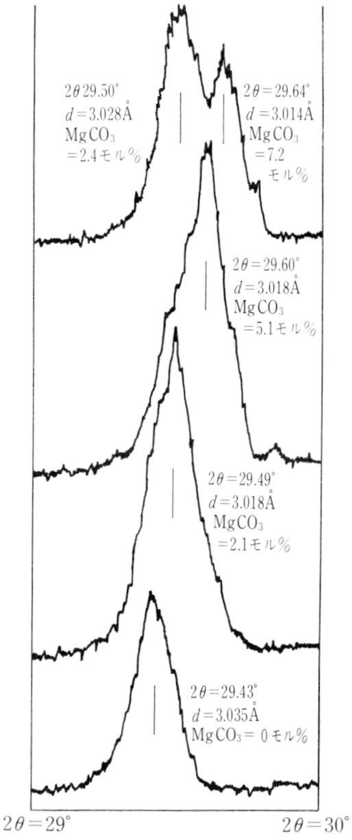

図6.13 方解石の $MgCO_3$ 含有量（モル％）と2θ（104）の関係

2) ドロマイト（Dolomite）

$CaMg(CO_3)_2$ の Mg を置換して，少量の Fe,

Mnが存在しています．Fe, Mnの多いものをアンケライトと呼びます．Ca／(Mg＋Fe＋Mn)の比は，変成再結晶したものでは常に1に近いのですが，堆積性のものは1より大きいことがあります．

3）アラゴナイト（あられ石； **Aragonite**）

アラゴナイトは方解石と同質異像です．熱水性のものは，SrをSrCO$_3$（ストロンチアナイト）の形でいくらか含んでいます．方解石からアラゴナイトに変わる場合には，300℃で6 kb以上，400℃では8 kb以上の圧力のもとで変成したと考えられています．

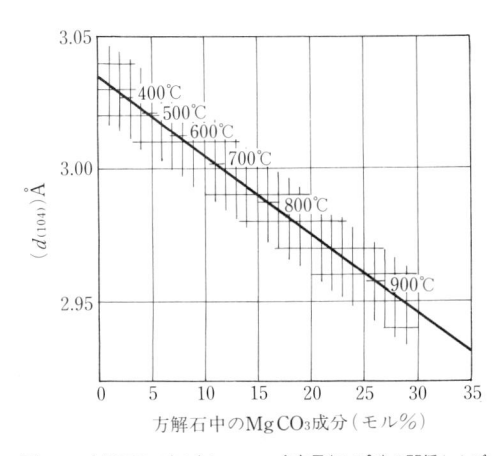

図6.14 方解石のd(104)とMgCO$_3$含有量(モル%)の関係およびドロマイトと共存する方解石の組成と平衡温度との関係
(温度は，Harekr & Tuttle(1955)とGoldsmith & Newton(1969)の実験に基づく)

4 りん酸塩鉱物

●りん灰石（アパタイト，Apatite）

化学組成は，Ca$_5$(PO$_4$, CO$_3$)$_3$(OH, F, Cl)の一般式で表されますが，次のような端成分があると考えられています．

　フローアパタイト：Ca$_5$(PO$_4$)$_3$F
　クロールアパタイト：Ca$_5$(PO$_4$)$_3$Cl
　ハイドロキシアパタイト：Ca$_5$(PO$_4$)$_3$(OH)
　カーボネイトアパタイト：Ca$_5$(PO$_4$, CO$_3$)$_3$(F, OH)

5 ハロゲン化鉱物

●ほたる石（Fluorite）

化学組成はCaF$_2$ですが，YやCeを含むことがあります．

Chapter 6

＜テクトけい酸塩鉱物＞
1）シリカ鉱物族

鉱物名・化学組成	比重(D)・硬度(H)	結晶系・形態	へき開・双晶	光学性・屈折率(n)・バイレフリンゼンス(δ)・光学的分散
石英 (Quartz) SiO_2	$D=2.65$ $H=7$	三方晶系：低温石英（α-石英）六角柱状両錐 六方晶系：高温石英、そろばん玉状 $a=4.913$Å $c=5.405$Å	へき開はない．岩石中の他形の石英はほとんど双晶をしてはいない．	一軸性（＋） $\omega=1.544$ $\varepsilon=1.553$ $\delta=0.009$
トリディマイト (Tridymite, りんけい石) SiO_2	$D=2.27$ $H=7$	六方晶系（β相） 870～1470℃で安定 斜方晶系（擬六方晶系）（α相）常温で準安定 $a=9.88$Å $b=17.1$Å $c=16.3$Å	六角板状	二軸性（＋） $2Vz=66$～$90°$ OAP∥(100) $X=b, Y=a, Z=c$ $\alpha=1.472$～1.479 $\beta=1.472$～1.480 $\gamma=1.474$～1.483 $\delta=0.003$～0.004
クリストバライト (Cristobalite) SiO_2	$D=2.33$ $H=6$～7	等軸晶系（β相） 1470℃以上で安定 正方晶系または三方晶系（擬等軸晶系）（α相）低温で安定 $a=4.97$Å $c=6.92$Å	(111)を双晶面とする単純双晶	一軸性（－） $\varepsilon=1.484$ $\omega=1.487$ $\delta=0.003$
カルセドニイ (Chalcedony, 玉髄) SiO_2	$D=2.625$	細かい針状，ごく細かい石英とオパールの集合体で特定の結晶構造は持たない．形態は不規則．		水を10％以上含むけい質岩中のものは $\varepsilon=1.540$ $\omega=1.537$ $\delta=0.003$ 水が10％以下のものでは $\varepsilon=1.539$ $\omega=1.534$ $\delta=0.008$
オパール (Opal, たん白石) $SiO_2\cdot nH_2O$	$D=2.008$～2.160 $H=5.5$～6.5	固有の形はない．ときどきコロフォーム状（コロイド状沈殿物に特徴的な丸い集合状態）．		屈折率は水の含有量によって $n=1.441$～1.459 の範囲内で変化する．

第6章 偏光顕微鏡による造岩鉱物の見分け方

色・多色性	鏡下の特徴	産状
無色透明，白色，紫色，灰色．薄片では無色．	屈折率はカナダバルサムよりわずかに大きい．通常の厚さで灰色の干渉色．明暗の消光が急激に変化する．波動消光をすることが多い．ときには液体包有物を含む．	酸性火成岩・けい長質な変成岩・堆積岩の主要造岩鉱物である．低温石英の自形結晶（水晶）は花こう岩中の晶洞やペグマタイトの中に見られる．高温石英の自形結晶は低温石英に変わって仮像として流紋岩・デイサイトの斑晶として産出する．
無色〜白色．薄片では無色．	鑑定には，①六角形または双晶したくさび状の形態，②小さな屈折率（バルサムより小）と小さなバイレフリンゼンス，③伸長が負のことが多い，などが区別の手がかりとなる．	天然の場合，火山岩の最末期鉱物として流紋岩や安山岩の空隙を満たしたり石基に産出するが，これは本来の安定領域より低い温度で，準安定相として生じたものである．
無色〜淡黄色．薄片では無色．	直交ポーラで見ると，屋根瓦のように見える．隣り合う結晶の方位が反対であるので，石膏検板を入れると黄色と青色が互い違いに見える．	天然の場合，流紋岩や安山岩の空隙中に立方体，八面体の球状集合として産出するが，本来の安定領域より低い温度で，準安定相として生じたものである．
褐色〜黒色．薄片では無色〜淡褐色．	バイレフリンゼンスは石英程度で，屈折率だけが小さい．繊維状のカルセドニイが放射状に集合しスフェリティック組織を示す．繊維状に伸びたものは正負の伸長を示すこともある．赤色不透明のものを特にジャスパー（Jasper）と呼ぶ．	流紋岩や安山岩の空隙を埋めたり，堆積岩のセメントとしても産出する．また，チャートの主要な構成成分になっていることもよくある．
白色〜青色，褐色．薄片では無色〜淡褐色．多色性はない．	低い屈折率と等方性，縞状のコロフォーム組織を示すのが特徴．一部の沸石とは偏光顕微鏡で区別しにくい．正確には，X線回折法などを併用する．弱いクリストバライト状（$2\theta(CuK\alpha) \simeq 20°$）の回折ピークを示すことがよくある．	流紋岩や安山岩の空隙や割れ目を満たして産出する．長石などの他の鉱物と置換していることもある．チャートや砂岩のセメントとしても産出する．オパールは放散虫などの殻をつくっている．

2) 長石族

鉱物名・化学組成	比重(D)・硬度(H)	結晶系・形態	へき開・双晶	光学性・屈折率(n)・バイレフリンゼンス(δ)・光学的分散
正長石 (Orthoclase, オルソクレイス) $KAlSi_3O_8$	$D=2.56\sim2.62$ $H=6$	単斜晶系 $a=8.5616Å$ $b=12.9962Å$ $c=7.1934Å$ $\beta=116°09'$ 柱状, 斑晶以外は不規則な形である.	カルスバド双晶が発達している. へき開は(001)と(010)に完全, (010)に平行な弱いものが見られ, (100), (110), (110), (201)にパーティングがある.	二軸性(−) $2Vx=33\sim70°$ アデュラリアは $2Vx=50\sim70°$ $Z=b$ $X \wedge a=5\sim12°$ $Y \wedge c=14\sim21°$ $\alpha=1.518\sim1.527$ $\beta=1.523\sim1.530$ $\gamma=1.524\sim1.533$ $\delta=0.005\sim0.007$
サニディン (Sanidine, はり長石) $(K, Na)AlSiO_8$ $Or_{100}\sim Or_{45}Ab_{55}$	$D=2.56\sim2.62$ $H=6$	単斜晶系 $a=8.5642Å$ $b=13.0300Å$ $c=7.1749Å$ $\beta=115°59.6'$	カルスバド双晶, へき開は(001)に著しく, 他に, (010)にも見られる. 低温型サニディン $2Vx=0\sim35°$	二軸性(−) $\alpha=1.518\sim1.527$ $\beta=1.522\sim1.532$ $\gamma=1.522\sim1.534$ $\delta=0.006\sim0.007$ 高温型サニディン $2Vx=60\sim63°$
マイクロクリン (Microcline, 微斜長石) $(K, Na)AlSi_3O_8$ $Or_{100}\sim Or_{80}Ab_{20}$	$D=2.56\sim2.63$ $H=6\sim6.5$	三斜晶系 $a=8.57Å$ $b=12.98Å$ $c=7.22Å$ $\alpha=90°41'$ $\beta=115°59'$ $\gamma=87°30'$ 自形結晶は柱状, ふつうの岩石中では不規則な形をしている.	一般に細いアルバイト双晶とペリクリン双晶が直交して格子模様を示す. へき開は(001)に著しく, (010)にも発達している.	二軸性(−) $2Vx=66\sim84°$ $\alpha=1.514\sim1.529$ $\beta=1.518\sim1.533$ $\gamma=1.521\sim1.539$ $\delta=0.007\sim0.010$ OAP∥(010), Z軸も(010)面とほぼ平行. $X \wedge c=15\sim20°$
アノーソクレイス (Anorthoclase, 曹微斜長石) $(Na, K)AlSi_3O_8$	$D=2.56\sim2.62$ $H=6$	三斜晶系 $\alpha=90°30'$ $\beta=118°16'$ $\gamma=90°$	へき開は(001)にも著しく, (010)にも見られる.	二軸性(−), $2Vx=32\sim54°$ 大部分のアノーソクレイスの光軸角は50°前後である. $Y \wedge c=20°$ $\alpha=1.518\sim1.527$ $\beta=1.522\sim1.532$ $\gamma=1.522\sim1.534$ $\delta=0.006\sim0.007$
斜長石 (Plagioclase) 化学組成はp.221~222を参照.	$D=2.62\sim2.76$ $H=6.5$	三斜晶系 ただし, 高温型アルバイトは単斜晶系. 自形の結晶は柱状. 岩石中では, 斑晶などを除き, 不規則な形.	へき開は(001)と(010)に著しい. また(110)にも不完全なものがある.	光軸角, 屈折率, バイレフリンゼンスは組成によって変化する. 表6.2および図6.5を参照.

第 6 章 偏光顕微鏡による造岩鉱物の見分け方

色・多色性	鏡下の特徴	産状
白色～淡褐色. 淡褐色は微量に含まれている Fe に関係していると考えられている. 薄片では一般に無色, 淡いピンク色に見えることもある. わずかに変質し, 曇って見えることがよくある.	①屈折率とバイレフリンゼンスがともに小さい (屈折率はバルサムより小), ② (001) に平行な完全へき開と (010) に平行な弱いへき開がある, ③ (001) で直消光し, (010) で 5～12° の斜消光をする, ④変質のために曇って見える, ⑤葉片状のアルバイトを含む (パーサイト), など.	花こう岩やせん長岩などの主要造岩鉱物である. 一部の花こう岩では, 斑晶として正長石が産出することもある. 火山岩では斑晶として出現する. 変成岩では角せん岩相よりも高温の, 砂質や泥質の片麻岩に出現し, けい線石を伴うことが多い.
薄片では無色.	常温では低温サニディンになっているので, 著しく小さい光軸角が特徴である. 屈折率やバイレフリンゼンスは正長石とよく似ているが, 一般に変質がなく, 正長石より澄んで見える.	通常, 観察できるものはすべて低温サニディンで, 流紋岩, 石英安山岩, トラカイト (粗面岩) などの火山岩中に含まれている. また, はんれい岩や大きな玄武岩脈に接したり, 取り込まれた高温の砂泥質変成岩にも出現する.
薄片では一般に無色, 曇って見える.	細いアルバイト双晶と, ペリクリン双晶が直交して発達しているので, 直交ポーラで観察すると一種独特な格子模様が見られる. このマイクロクリンの双晶片は, 紡錘状になっているのが特徴である. マイクロクリンはパーサイト, アンチパーサイトになっていることがよくある.	花こう岩・ペグマタイト・せん長岩・片麻岩の中にふつうに見られる. ただし, 流紋岩などの火山岩中には, ほとんど産出しない (火山岩中に出現するカリ長石は正長石かサニディンである).
薄片での色は無色.	マイクロクリンより, はるかに細い格子状双晶 (アルバイト双晶とペリクリン双晶) が見られることがある.	アノーソクレイスはややアルカリ質の火山岩や, ペグマタイト中に産出する.
薄片では無色.	①累帯構造を示すことが多い. ②双晶がよく見られる. ③アルバイトは屈折率がバルサムより小さい. ④オリゴクレイスは消光角が小さい. などが鑑定の基準になる.	超塩基性火成岩やアルカリ岩の一部を除いたすべての火成岩に出現する. また, 変成岩や堆積岩にもふつうに含まれている.

247

Chapter 6

3) 沸石族

鉱物名・化学組成	比重(D)・硬度(H)	結晶系・形態	へき開・双晶	光学性・屈折率(n)・バイレフリンゼンス(δ)・光学的分散	
アナルサイト (Analcite, 方沸石) Na[AlSi$_2$O$_6$]・H$_2$O	$D=2.24\sim 2.39$ $H=5.5$	等軸晶系 $a\simeq 13.7$Å	双晶は（001），（110）を双晶面とするラメラ双晶。 へき開は（001）に弱いものが発達している。	$n=1.479\sim 1.493$	
ナトロライト族 (Natrolite) ナトロライト Na$_2$[Al$_2$Si$_3$O$_{10}$]・2H$_2$O トムソナイト NaCa$_2$[(Al,Si)$_5$O$_{10}$]$_2$6H$_2$O	$H=5\sim 5.5$ ナトロライト $D=2.20\sim 2.26$ トムソナイト $D=2.10\sim 2.39$	斜方晶系 （擬三方晶系） ナトロライト $a=18.30$Å $b=18.63$Å $c=6.60$Å トムソナイト $a=13.07$Å $b=13.09$Å $c=2\times 6.68$Å	双晶はまれに，（110），（011），（031）を双晶面として発達している。 へき開は（110），(110)に明瞭なものがある。	ナトロライト 二軸性（＋） $2Vz=58\sim 64°$ $X=a,\ Y=b,\ Z=c$ OAP∥（010） $\alpha=1.473\sim 1.483$ $\beta=1.476\sim 1.486$ $\gamma=1.485\sim 1.496$ $\delta\simeq 0.012$	トムソナイト 二軸性（＋） $2Vx=42\sim 75°$ $X=a,\ Y=c,\ Z=b$ OAP∥（001） $\alpha=1.497\sim 1.530$ $\beta=1.513\sim 1.533$ $\gamma=1.518\sim 1.544$ $\delta=0.006\sim 0.015$
ヒューランダイト族 (Heulandite) ヒューランダイト （輝沸石） (Ca,Na$_2$)[Al$_2$Si$_7$O$_{18}$]・6H$_2$O スティルバイト （束沸石） (Ca,Na$_2$,K$_2$)[Al$_2$Si$_7$O$_{18}$]・7H$_2$O	$D=2.1\sim 2.2$ $H=3.5\sim 4$	擬単斜晶系 ヒューランダイト $a=15.85$Å $b=17.84$Å $c=7.46$Å $\beta=91°26'$ スティルバイト $a=13.63$Å $b=18.17$Å $c=11.31$Å $\beta=129°10'$	双晶はヒューランダイトにはほとんど見られないが，スティルバイトには（001）にふつうに発達している。 へき開は，両者ともに（010）に著しいものが発達している。	ヒューランダイト 二軸性（＋） $2Vx=0\sim 50°$ $Z=b$ $Y\wedge c=0\sim 33°$ OAP⊥（010） $\alpha=1.491\sim 1.505$ $\beta=1.493\sim 1.503$ $\gamma=1.500\sim 1.512$ $\delta\simeq 0.006$	スティルバイト 二軸性（－） $2Vx=30\sim 49°$ $Y=b$ $Y\wedge c\simeq 5°$ $a\wedge Z\simeq 34°$ OAP∥（010） $\alpha=1.484\sim 1.500$ $\beta=1.492\sim 1.507$ $\gamma=1.494\sim 1.513$ $\delta\simeq 0.01$
ローモンタイト (Laumontite, 濁沸石) Ca[Al$_2$Si$_4$O$_{12}$]・4H$_2$O	$D=2.2\sim 2.3$ $H=3\sim 3.5$	単斜晶系 $a=14.90$Å $b=13.17$Å $c=7.55$Å $\beta=111°30'$	双晶は（100）に発達している。 へき開は（010）と（110）に著しい。	二軸性（－） $2Vx=26\sim 47°$ $Y=b,\ Z\wedge c=8\sim 33°$ OAP∥（100） $\alpha=1.502\sim 1.514$ $\beta=1.512\sim 1.522$ $\gamma=1.514\sim 1.525$ $\delta\simeq 0.01$	

第6章　偏光顕微鏡による造岩鉱物の見分け方

色・多色性	鏡下の特徴	産状
白色，ピンク，灰色．薄片では無色．	リューサイトには一般に弱いバイレフリンゼンスがあるのでアナルサイトと区別できる．ソーダライトとはへき開の有無を鑑定の基準とするが，偏光顕微鏡だけでは区別が困難である．	アルカリ火成岩の初生か，二次的鉱物として産出する．また，沸石相の変成岩からも産出する．
薄片では無色．	ナトロライトは，一般に針状結晶が束状になって産出する．直消光で正の伸長が特徴である．トムソナイトはc軸がYになるから，正と負と両方の伸長を示すことが特徴となる．	ナトロライトは，塩基性の火山岩の空隙を二次的に埋めて産出する．また，長石やネフェリンを置換していることもある．トムソナイトは沸石相の変成岩からも産出する．
薄片では無色．	ヒューランダイトは，通常，針状になることはまれで，(010)に平行な板状結晶として出現する．この形と光学性が正であることにより，他の沸石から区別することができる．シリカの多いものをクライノプチロライトと呼んでいる．スティルバイトは針状結晶であり，その伸長は正と負の両方あるのが特徴である．	火山岩や凝灰岩中のガラスや長石などを置換して出現する．また，火成岩や変成岩中の熱水脈としても産出する．沸石相変成岩にも出現する．
薄片では無色，結晶は白色のものが大部分である．	比較的小さい光軸角と，大きいバイレフリンゼンスを特徴とする．結晶の伸長は正である．	火山岩の空隙や変成岩中の脈に産出する．また沸石相の変成岩からも広く産出する．

Chapter 6

＜フィロけい酸塩鉱物＞

鉱物名・化学組成	比重(D)・硬度(H)	結晶系・形態	へき開・双晶	光学性・屈折率(n)・バイレフリンゼンス(δ)・光学的分散	
白雲母 (Muscovite) $K_2Al_4[Si_6Al_2O_{20}]$·(OH, F)$_4$ パラゴナイト (Paragonite, ソーダ雲母) $Na_2Al_4[Si_6Al_2O_{20}](OH)_4$	白雲母 $D=2.77$ ～2.88 $H=2.5$～3 パラゴナイト $D=2.85$ $H=2.5$	単斜晶系 白雲母 $a=5.19$Å $b=9.04$Å $c=20.08$Å $\beta=95°30'$ パラゴナイト $a=5.13$Å $b=8.89$Å $c=\sin\beta\ 18.99$Å $\beta=95°30'$	双晶は(001)を接合面, (310)を双晶軸として発達することがある。へき開(001)に著しく発達している。	白雲母 二軸性(－) $2Vx=30\sim47°$ $Z=b$ $X\wedge c=0\sim5°$ $Y\wedge a=1\sim3°$ OAP⊥(010) $\alpha=1.552\sim1.574$ $\beta=1.582\sim1.610$ $\gamma=1.587\sim1.616$ $\delta=0.036\sim0.049$ $\gamma>v$	パラゴナイト 二軸性(－) $2Vx=0\sim40°$ $Y\simeq a,\ Z=b$ $X\wedge c\simeq5°$ OAP⊥(010) $\alpha=1.564\sim1.580$ $\beta=1.594\sim1.609$ $\gamma=1.600\sim1.609$ $\delta=0.028\sim0.038$ $\gamma>v$
黒雲母 (Biotite) 化学組成は p.225を参照	$D=2.7\sim3.3$ $H=2.5$～3	単斜晶系 $a=5.3$Å $b=9.2$Å $c=10.2$Å $\beta=100°$	双晶は接合面(001), 双晶は(310). へき開(001)に著しい	二軸性(－) $2Vx=0\sim25°$ $Y=b$, $Z\wedge a=0\sim9°$ OAP∥(010) Feの増加に比例して, 屈折率とバイレフリンゼンスが大きくなる。 黒雲母 フロゴバイト α 1.565～1.625　　1.530～1.590 β 1.605～1.696　　1.557～1.637 γ 1.605～1.696　　1.558～1.637 δ 0.04～0.08　　0.028～0.049 　　$\gamma\lessgtr v$　　　　$\gamma<v$	
スチルプノメレン (Stilpnomelane) 化学組成は p.226を参照	$D=2.59\sim2.96$ $H=3\sim4$	単斜晶系 $a=5.40$Å $b=9.42$Å $d_{001}=12.14$Å $\beta\simeq93°$	へき開は(001)に完全なものがある。(010)に不完全なへき開がある。	二軸性(－), $2Vx\simeq0°$ $X\wedge c\simeq7°$　$X\perp(001)$ $Y=b$,　$Z\simeq a$ OAP∥(010) $\alpha=1.543\sim1.634$ $\beta=\gamma=1.576\sim1.745$ $\delta=0.030\sim0.110$	

第6章　偏光顕微鏡による造岩鉱物の見分け方

色・多色性	鏡下の特徴	産状
無色～淡黄色．薄片では無色である．	(001)にほぼ垂直に切った薄片では，明瞭なへき開が平行になって，へき開に対して直消光で，レターデーションが著しく高い．(001)にほぼ平行に切った薄片では，へき開線はほとんど見られず，レターデーションも著しく低い．この断面の薄片では，二軸性のきれいなコノスコープ像が観察でき，その中心にXが現れる．	泥質の変成岩に広く産出する．角せん岩相の高温部ぐらいの変成度に達したものでは，白雲母が分解して，けい線石（紅柱石）が出現する．また，変成岩中では斜長石が白雲母に置換されていることもある．白雲母は一部の花こう岩やペグマタイトにも含まれている．また，堆積岩にも含まれている．パラゴナイトは泥質または塩基性の結晶片岩に出現する．無色のフロゴパイトはMgに富みFeをほとんど含まない岩石にしか産出しない．
無色～淡褐色～赤褐色，緑色，暗緑色である．多色性は非常に強い．$X \quad Y \simeq Z$ 無色……淡黄色～淡褐色，濃褐色 淡黄色…緑色～暗緑色 褐色……淡赤褐色のように変化する．	(001)にほぼ垂直に切った薄片では，①顕著なへき開が見える，②ほとんど無色から褐色，または緑色の著しい多色性がある，③レターデーションが高い．(001)にほぼ平行に切った薄片では，①へき開は見られない，②多色性はほとんどない，③レターデーションもほとんどない，④直交ポーラにすると視野は暗黒になる．⑤二軸性（−）のコノスコープ像がよく見える．黒雲母中にジルコン・モナザイト・アラナイトなどの放射性元素を含む鉱物が含有されていると，その周囲に多色性ハロー（Pleochroic halo）を生じる．	多くの岩石にもっとも広く産出する鉱物の一つである．ほとんどすべての火成岩，片麻岩，結晶片岩から見つけることができる．ほぼ純粋なフロゴパイトはかんらん岩や石灰岩質変成岩に出現する．
褐色～赤褐色～黒色，または濃緑色．薄片の多色性は$X=$黄色～黄褐色，淡黄色．$Y \simeq Z=$淡赤褐色で不透明または濃緑色	細長い結晶が束状，または放射状になって出現することがよくある．黒雲母と大変よく似ていて，偏光顕微鏡では区別することができないのがふつうである．緑泥石にも形や色がよく似たものがあるが，緑泥石はバイレフリンゼンスが著しく小さいので区別できる．	堆積性鉄鉱床またはマンガン鉱床が比較的低温の変成を受けたときによく出現する．ふつうの泥岩・砂岩あるいは苦鉄質火成岩が緑色片岩相程度の変成作用を受けたときにも出現する．この代表例として，日本の三波川変成岩がある．

Chapter 6

鉱物名・化学組成	比重（D）・硬度（H）	結晶系・形態	へき開・双晶	光学性・屈折率（n）・バイレフリンゼンス（δ）・光学的分散
滑石 (Talc) $Mg_6[Si_8O_{20}]\cdot(OH)_4$	$D=2.58\sim2.83$ $H=1$	単斜晶系 $a=5.28$ Å $b=9.15$ Å $c=18.9$ Å $\beta=100°15'$	へき開は（001）に完全なものが発達している。	二軸性（−） $2Vx=0\sim30°$, $X\wedge c\simeq10°$ $Y\simeq a$, $Z=b$ OAP $\perp$ (010) $\alpha=1.539\sim1.550$ $\beta=1.589\sim1.594$ $\gamma=1.589\sim1.600$ $\delta\simeq0.05$, $\gamma>v$
緑泥石 (Chlorite) 一般式は $(Mg, Al, Fe)_{12}\cdot[(Si, Al)_8O_{20}](OH)_{16}$	$D=2.6\sim3.3$ $H=2\sim3$	単斜晶系 $a=5.3$ Å $b=9.2$ Å $c=14.3$ Å $\beta\simeq97°$	双晶は（001）が双晶面，接合面が（001），双晶軸が（310）のものが見られる．へき開は（001）に完全なものが発達している．	二軸性，（＋）・（−） $2Vx=20°$ $2Vz=\sim60°$ OAP $/\!/$ (010) $Y=b$, $X\simeq a$, $Z\simeq c$ と $Y=b$, $X\simeq c$, $Z\simeq a$ のときがある． $\alpha=1.57\sim1.66$ $\beta=1.57\sim1.67$ $\gamma=1.57\sim1.67$ $\delta=0.00\sim0.01$ $\gamma<v$，強い分散，異常干渉色を示すことがある．
蛇紋石 (Serpentine) 化学組成は p.227参照	$D=2.55\sim2.6$ $H=2.5\sim3.5$	単斜晶系 $a\simeq5.3$ Å $b\simeq9.2$ Å $c\simeq7.3$ Å $\beta\simeq93°$または$90°$ アンチゴライトは板状結晶である．	双晶はほとんど見られない．へき開はアンチゴライトとリザルダイトは（001）に完全なものがある．クリソタイルには認められない．	$2Vx=37\sim61°$, $\gamma<v$ アンチゴライト $\alpha=1.558\sim1.567$ $\beta=1.565$ $\gamma=1.562\sim1.574$ リザルダイト $\alpha=1.538\sim1.554$ $\gamma=1.546\sim1.560$ クリソタイル $\alpha=1.532\sim1.549$ $\gamma=1.545\sim1.556$
バーミキュライト (Vermiculite, ひる石) 化学組成は p.227参照	$D\simeq2.3$ $H\simeq1.5$	単斜晶系 $a\simeq5.3$ Å $b\simeq9.2$ Å $c\simeq28.9$ Å $\beta=97°$	へき開は（001）に完全なものが発達している．	二軸性（−） $2Vx=0\sim8°$ $X\wedge c\simeq5\sim6°$ $Y\simeq b$ $Z\wedge a=1\sim2°$, OAP $/\!/$ (010) $\alpha=1.525\sim1.564$ $\beta=1.545\sim1.583$ $\gamma=1.545\sim1.583$ $\delta=0.02\sim0.03$
ぶどう石 (Prehnite, プレーナイト) $Ca_2Al[AlSi_3O_{10}]\cdot(OH)_2$	$D=2.90\sim2.95$ $H=6\sim6.5$	斜方晶系 $a=4.61$ Å $b=5.47$ Å $c=18.48$ Å	細かい集片双晶をすることもあるが，双晶しないのがふつう．へき開は（001）に著しく，（110）に弱いものがある．	二軸性（＋） $2Vz=65\sim69°$ $X=a$, $Y=b$, $Z=c$ OAP $/\!/$ (010) $\alpha=1.611\sim1.632$ $\beta=1.615\sim1.642$ $\gamma=1.632\sim1.665$ $\delta=0.022\sim0.035$ $\gamma>v$ まれに $\gamma<v$

第6章 偏光顕微鏡による造岩鉱物の見分け方

色・多色性	鏡下の特徴	産状
塊は白～緑～淡褐色. 薄片ではすべて無色.	細い結晶が束状に集まって産出していることが多い. このようなものは, 同じような形態で産出する白雲母やパイロフィライトと区別することが大変難しいが, パイロフィライトより光軸角が小さいので, 区別できる. ブルーサイトはバイレフリンゼンスがやや小さく, 一軸性により区別ができる.	少し熱水変質を受けた蛇紋岩に含まれている. また, けい質なドロマイト岩が接触変成を受けたときにも大量に生じている. ドロマイト岩中の滑石は, ドロマイト＋石英＝滑石＋方解石という反応で生じる. $6CaMg(CO_3)_2 + 8SiO_2 + 2H_2O = Mg_6Si_8O_{20}(OH)_4 + CaCO_3 + 6CO_2$
白, 緑, 褐色. 薄片では無色～淡緑色, ときどき非常に濃い緑色や褐色. 吸収は著しく, 緑色または褐色が濃くなる. 多色性は $X < Y = Z$, あるいは $X = Y > Z$	ふつう, 細粒結晶が集合した形で産出する. 一般に多色性が弱く, 著しい異常干渉色を示す. (001)へき開の伸長が（ー）なら光学性は（＋）,（＋）なら光学性は（ー）. 光学性が（＋）のものは Mg・Al に富み,（ー）のものは Fe・Si に富む傾向がある.	低変成度の変成岩, 特に緑色片岩相の主要な構成鉱物として産出する. 熱水変質を受けた塩基性火成岩中の苦鉄質鉱物を置換して広く産出する. また, 泥質堆積岩にも出現する.
アンチゴライト・リザルダイト・クリソタイルは, 薄片で無色～淡褐色の弱い多色性を示す.	かんらん石を置換した蛇紋石は, ときどき特徴的なメッシュ構造や砂時計構造を示す.	蛇紋岩の主要な鉱物として産出する. また, ブルーサイトや滑石をともなっていることがある. クリソタイルは綿状になって脈をつくって産出し, アスベストの原料に用いられる.
薄片では無色～緑, または褐色. 無色以外のものは $X < Y \simeq Z$ の弱い多色性がある.	黒雲母によく似ていて区別しにくいことがあるが, 黒雲母より屈折率とバイレフリンゼンスが小さい特徴がある.	偏光顕微鏡で鑑定が可能な大きさのものは, ほとんどが黒雲母の熱水・風化変質した産物である. 花こう岩, 花こうせん緑岩や片麻岩中にごくふつうに見られる.
薄片では無色.	放射状に集合して出現することが多い. 一見, 白雲母のように見えることもあるが, 光学性が（＋）であることで容易に区別できる. 柱状のものは, 一見, ローソナイトに似ているが, ローソナイトのほうがバイレフリンゼンスが小さいのが特徴である.	ぶどう石ーパンペリー石相変成岩の主要構成鉱物である. また, 玄武岩質火山岩の空隙に産出するほか, 熱水脈やペグマタイト脈からも, 産出が報告されている.

＜イノけい酸塩鉱物＞
1) 輝石族

鉱物名・化学組成	比重(D)・硬度(H)	結晶系・形態	へき開・双晶	光学性・屈折率(n)・バイレフリンゼンス(δ)・光学的分散
斜方輝石 (Orthopyroxene または Rhombic pyroxene) (Mg, Fe)[SiO$_3$] エンスタタイト (Enstatite, 頑火輝石)〜オルソフェロシライト (Ferrosilite, 鉄けい石)	$D=3.209$（エンスタタイト）〜3.96（オルソフェロシライト） $H=5〜6$	斜方晶系 エンスタタイト $a=18.223$Å $b=8.815$Å $c=5.169$Å オルソフェロシライト $a=18.431$Å $b=9.080$Å $c=5.238$Å	へき開は（210）に著しい，（210）と（2$\bar{1}$0）が約88°で交差する。(100), (010)にパーティングがある。	エンスタタイトとオルソフェロシライトは，二軸性（＋），他は二軸性（－），Fs$_{35〜65}$では火山岩中の結晶のほうが深成岩中のものより$2Vx$がわずかに小さい。$X=b, Y=a, Z=c$ OAP//(100) エンスタタイト　　　オルソフェロシライト $2Vz=55〜90°$　　Fs$_{50}$ $2Vx=50〜90°$ α　1.650　　　　　1.768 β　1.653　　　　　1.770 γ　1.658　　　　　1.788 δ　　　0.007〜0.020 屈折率はFs成分の増加にともなって規則的に変化
ダイオプサイド (Diopside, 透輝石)-ヘデン輝石 (Hedenbergite, 灰鉄輝石)系列 化学組成は p.229〜230参照	ダイオプサイド $D=3.22〜3.38$ $H=5.5（〜6.5）$ ヘデン輝石 $D=3.50〜3.56$ $H=6$ サーライトとフェロサーライトはダイオプサイドとヘデン輝石の中間の値	単斜晶系 ダイオプサイド $a=9.752$Å $b=8.926$Å $c=5.248$Å $\beta=105°83'$ ヘデン輝石 $a=9.844$Å $b=9.028$Å $c=5.246$Å $\beta=104°80'$	へき開は(110)に著しい。c軸に垂直な面で(110)と($1\bar{1}$0)が約87°で交差する。(100), (010)にはパーティングがある。(100), (001)に単純双晶並びに繰り返し双晶が発達	二軸性（＋） $Y=b$ OAP//(010) $Z \wedge c=38〜46°$（ダイオプサイド） $Z \wedge c=47〜48°$（ヘデン輝石） 　　　　　天然のもの　　　　合成した純粋 　　　　ダイオプ　ヘデン　ダイオプ　ヘデン 　　　　サイド　　輝石　　サイド　　輝石 $2Vz$　49〜64°　52〜64°　59.3° α　1.644〜　1.771〜　1.664　　1.732 　　　1.695　　1.726 β　1.672〜　1.723〜　1.6715 　　　1.701　　1.730 γ　1.694〜　1.741〜　1.694　　1.757 　　　1.721　　1.751 δ　0.024〜　0.025〜　0.030　　0.024 　　　0.031　　0.034 屈折率は連続的に変化する。単斜輝石の光軸角はFeとMgの比にはほとんど関係なく，Ca含有量によって変化する。 $\gamma>v$　ダイオプサイド・サーライトには弱い分散がある。

第6章 偏光顕微鏡による造岩鉱物の見分け方

色・多色性	鏡下の特徴	産状
純粋なエンスタタイトに近い組成のものは無色．Feが多くなるにしたがって，灰色，淡緑色，緑〜茶色，淡褐色になる．薄片ではエンスタタイトは無色，他のものには多色性がある．X＝淡褐色，Y＝淡緑褐色〜淡黄褐色〜淡褐色，Z＝淡緑色〜緑色を示す．斜方輝石の化学組成と薄片での色は一般に対応しない．	一般に柱状であり，直消光する．ハイパーシン-フェロハイパーシンには，赤褐色〜緑色の多色性がある．屈折率が大きい割にバイレフリンゼンスが小さい．c軸に垂直な断面では88°で交差するへき開がある．	カルク-アルカリ系列の玄武岩や安山岩の斑晶や石基鉱物として出現する．チャルノッカイト中の斜方輝石は主にハイパーシンで，単独にまたはきわめて少量の単斜輝石・ホルンブレンド・黒雲母・ざくろ石をともなって，マイクロクリン-マイクロパーサイト・石英・斜長石と共存している．泥質変成岩では，きん青石またはざくろ石-オルソクレイスと共存し，塩基性変成岩では単斜輝石と共存している．
純粋なダイオプサイドは白色，Feが増加するにしたがって緑色が強くなる．ヘデン輝石は濃緑褐色〜濃緑色．クロムダイオプサイドは鮮やかな緑色．薄片の色はダイオプサイドが無色，サーライト，フェロサーライトが無色〜淡緑色．ヘデン輝石が淡緑〜緑褐色で，クロムダイオプサイドは淡緑色．ダイオプサイドは多色性を示さない．フェロサーライトまれにサーライトには弱い多色性がある．フェロサーライト-ヘデン輝石はX＝淡緑〜淡青緑色，Y＝淡緑褐色〜緑色，Z＝淡緑褐色〜黄緑色の軸色を示す．	ダイオプサイド-ヘデン輝石系列の単斜輝石は，c軸に垂直な断面でへき開が約87°で交わるので，ホルンブレンドと容易に区別できる．また，斜消光すること，バイレフリンゼンスが大きいこと，光学的（＋）結晶であることなどで斜方輝石と区別できる．同じ単斜輝石であるオージャイトやフェロオージャイトによく似ている．ダイオプサイド-ヘデン輝石系列のほうがわずかに光軸角が大きくなっている．ほぼ純粋なダイオプサイドとけい灰石の区別は，ダイオプサイドのへき開が（110）と（1$\bar{1}$0）の2方向にしか発達していないこと，バイレフリンゼンスが大きいこと，屈折率が大きいことなどが鑑定の基準である．フェロサーライト-ヘデン輝石は，ばら輝石より光軸角が小さく，バイレフリンゼンスが大きい．	ダイオプサイド-ヘデン輝石系列の単斜輝石は，石灰質の堆積岩が熱（広域）変成したり，石灰岩や苦灰岩が交代変成したときに特徴的に出現する．ただし，ほぼ純粋のダイオプサイドの出現は，けい質苦灰岩が熱変成を受けたスカルンなど，特殊な場合に限られている．ダイオプサイドやサーライトは，未分化玄武岩やノーライトやはんれい岩中に出現することがある．火成岩にはフェロサーライトやヘデン輝石は，通常，産出しない．

Chapter 6

鉱物名・化学組成	比重(D)・硬度(H)	結晶系・形態	へき開・双晶	光学性・屈折率(n)・バイレフリンゼンス(δ)・光学的分散
オージャイト (Augite, 普通輝石) $(Ca, Mg, Fe^{2+}, Fe^{3+}, Ti, Al)_2$-$[(Si, Al)_2O_6]$	$D=3.19\sim3.56$ $H=5.5\sim6$	単斜晶系 $a \simeq 9.8Å$ $b \simeq 9.0Å$ $c \simeq 5.25Å$ $\beta \simeq 105°$（組成によっていくらか変化する）	へき開は（110）と（1$\bar{1}$0）がよく発達して約87°で交差する．（100）と（010）にパーティングがある．（100）のパーティングが著しく発達したオージャイトをダイアレイジ（Diallage, 異はく石）と呼ぶ．双晶は（100）を双晶面とした単純・多片双晶がよく発達している．（001）にも多片双晶が発達している．	二軸性（＋） $2Vz=25\sim61°$ $Y=b$ $Z \wedge c=35\sim48°$ OAP // (010) $\alpha=1.671\sim1.735$ $\beta=1.672\sim1.741$ $\gamma=1.703\sim1.774$ $\delta=0.018\sim0.033$ 光軸角の大小は主にWo成分の割合に支配されている．サブカルシックオージャイトは$2Vz$が30°以下となるので，コノスコープ像を見れば，オージャイトと区別できる． $\gamma > v$ 一般に弱い．
ピジョン輝石 (Pigeonite) (Mg, Fe^{2+}, Ca)-$(Mg, Fe^{2+})[Si_2O_6]$	$D=3.17\sim3.46$ $H=6$	単斜晶系 $a=9.67\sim9.73Å$ $b=8.90\sim8.97Å$ $c=5.22\sim5.25Å$ $\beta=108°3'$ $\sim108°7'$	へき開は（110）と（1$\bar{1}$0）に著しく発達して，約87°で交差している．（100），（010），（001）にパーティングが見られる．双晶は（100），（001）を双晶面とする単純双晶や多片双晶がよく発達している．	二軸性（＋） $2Vz=0\sim30°$ $X=b$ $Z \wedge c=32\sim44°$ OAP ⊥ (010) 組成によって $\alpha=1.682\sim1.732$ $\beta=1.684\sim1.732$ $\gamma=1.705\sim1.757$ $\delta=0.023\sim0.029$ の範囲で変化する．
ひすい輝石 (Jadeite) 純粋なものは$NaAl[Si_2O_6]$，天然のものには少量の Di・Hd・Ac 成分を含んでいる．	$D=3.24\sim3.43$ $H=6$	単斜晶系 $a=9.418Å$ $b=8.562Å$ $c=5.219Å$ $\beta=107°58'$	へき開は（110）と（1$\bar{1}$0）に著しく，約87°で交差している．双晶は（110）と（001）に単純双晶およびラメラ双晶が発達している．	二軸性（＋） $2Vz=60\sim96°$ $Y=b$ $Z \wedge c=32\sim55°$ OAP // (010) $\alpha=1.640\sim1.681$ $\beta=1.645\sim1.684$ $\gamma=1.652\sim1.692$ $\delta=0.006\sim0.021$ Ac 成分を固溶すると，純粋なものより屈折率が大きくなる． $\gamma > v$，強い

第6章　偏光顕微鏡による造岩鉱物の見分け方

色・多色性	鏡下の特徴	産状
淡緑色, 褐色, 黒褐色などと多彩である. 薄片の色は無色～淡緑色～淡緑褐色で, 色のついたものは一般に弱い多色性を示す. チタンオージャイトは X=淡黄緑色, 淡緑褐色, 緑色, Y=淡緑色, 淡黄緑色, 紫褐色, Z=淡緑色, 灰緑色, 紫褐色の多色性を示す.	チタンオージャイトは色が濃く, 多色性が強いこと, Z軸色が紫褐色であること, 一般に累帯構造が著しいことなどの点で他の単斜輝石と区別できる. 無色のオージャイトとけい灰石の区別は, へき開が2方向（約87°；オージャイト）か, 多方向（けい灰石）かを利用する.	苦鉄質～中性火成岩の主要造岩鉱物であり, また, 超苦鉄質岩や変成岩にもふつうに含まれている. ソレアイト質およびカルクアルカリ岩質火成岩中のCa輝石は大部分がオージャイト-フェロオージャイトで, 斜長石を含有してオフィティック組織を示すことがある. 深成岩, 特にソレアイト質岩石中のオージャイトは, (100)面に平行に斜方輝石の離溶ラメラを持ったり, (001)面に平行にピジョン輝石の離溶ラメラを持っている. 変成岩の場合, グラニュライト相くらいの変成度のものには, オージャイトが出現することがある. 角せん岩相より変成度が低い場合は, ダイオプサイド-ヘデン輝石系列のものが出現する.
褐色～緑褐色～黒色. 薄片では無色～淡緑褐色, または淡黄緑色. 色の濃いものには, X=無色～淡緑色～黄緑色, Y=淡褐色～淡緑褐色, Z=無色～淡緑色または淡黄色の多色性がある.	光軸角が0～30°と小さいのでコノスコープ像を観察することにより, 他の輝石と区別できる. 光軸面が(010)に垂直であることも, 他の輝石と異なっている. 光軸角はクリノエンスタタイトと似ているが, クリノエンスタタイトは特殊な高マグネシウム安山岩にしか出現しないので, 産状によって区別できる.	ソレアイト質火山岩中によく含まれるが, この場合, 斑晶として出現するのはまれで, 石基鉱物として, または斑晶オージャイトやハイパーシンを縁どって産出することが多い（図6.10）. このピジョン輝石は共存する両輝石よりもFeに富んでいる.
無色, 白色, 緑色および青緑色. 薄片では無色である.	スポジューメン以外のどの単斜輝石よりも屈折率の小さいのが特徴である. スポジューメンとの区別はひすい輝石のほうがバイレフリンゼンスが小さいこと, 消光角が大きいこと（スポジューメンは $Z \wedge c = 22 \sim 26°$）を基準にする. ひすい輝石とオンファサイトの区別は, 屈折率とバイレフリンゼンスを利用する.	低温高圧で生じたらんせん石片岩相のいろいろな組成の変成岩に特徴的に産出する. ひすい輝石は石英と高い圧力のもとで共存し, ネフェリンとはそれよりも低い圧力のもとで共存する.

257

Chapter 6

鉱物名・化学組成	比重(D)・硬度(H)	結晶系・形態	へき開・双晶	光学性・屈折率(n)・バイレフリンゼンス(δ)・光学的分散
けい灰石 (Wollastonite, ウラストナイト) ほぼ純粋な $Ca[SiO_3]$ であることが多い.	$D=2.86\sim3.09$ $H=4.5\sim5$	けい灰石： 三斜晶系 $a=7.94Å$ $b=7.32Å$ $c=7.07Å$ $\alpha=90°02'$ $\beta=95°22'$ $\gamma=102°26'$ 擬けい灰石： 三斜晶系 (擬斜方晶系) $\alpha=90°$ $\beta=90°48'$ $\gamma=119°18'$ パラけい灰石： 単斜晶系 $\beta=95°24'$	へき開は(110)に著しく，他に(001)および($\bar{1}02$)にも発達している．(010)面上で(100)と(001)は84.5°で交差し，また(100)と($\bar{1}02$)は70°で交差する．双晶は接合面が(100)や(010)を双晶軸とする双晶が発達している．	けい灰石は二軸性(−) $2Vx=36\sim60°$ $X\wedge c=30\sim44°$ $Y\wedge b=0\sim5°$ 擬けい灰石は二軸性(+) $2Vz=$小 $X\wedge c=9°$ $Y\wedge b=0°$ パラけい灰石は二軸性(−) $X\wedge c=38°$ OAPは(010)にだいたい平行 屈折率はけい灰石，凝けい灰石，パラけい灰石でほとんど同じ． $\alpha=1.616\sim1.640$ $\beta=1.628\sim1.650$ $\gamma=1.631\sim1.653$ $\delta=0.013\sim0.014$

2) 角せん石族

鉱物名・化学組成	比重(D)・硬度(H)	結晶系・形態	へき開・双晶	光学性・屈折率(n)・バイレフリンゼンス(δ)・光学的分散
カミングトナイト (Cummingtonite) グリュネライト (Grunerite) 化学組成は p.233参照	$D=3.10$ (カミングトナイト) ~3.60 (グリュネライト) $H=5\sim6$	単斜晶系 $a\simeq9.6Å$ $b\simeq18.3Å$ $c\simeq5.3Å$ $\beta\simeq101°50'$	へき開は(110)∧($1\bar{1}0$)$\simeq55°$ 双晶は(100)に単純および集片双晶が発達する． カミングナイト： 二軸性(+) $2Vz=65\sim90°$ $Y\parallel b$ $Z\wedge c=15\sim21°$ $\alpha=1.635\sim1.665$ $\beta=1.644\sim1.675$ $\gamma=1.655\sim1.698$ $\delta=0.020\sim0.030$	グリュネライト： 二軸性(−) $2Vx=84\sim90°$ $Z\wedge c=10\sim15°$ $\alpha=1.665\sim1.696$ $\beta=1.675\sim1.709$ $\gamma=1.698\sim1.729$ $\delta=0.030\sim0.045$ OAP∥(010) $r\lessgtr v$, 弱い カミングトナイト−グリュネライトの光学的性質は，連続的に変化する．

第6章　偏光顕微鏡による造岩鉱物の見分け方

色・多色性	鏡下の特徴	産状
白色～淡緑色，薄片では常に無色である．b軸方向に伸長した柱状，または(100)か(001)に平行な板状結晶である．	けい灰石とパラけい灰石の区別は，消光角（$Y \wedge b$）を基準とする．けい灰石は$Y \wedge b$が3～5°であるのに対して，パラけい灰石は0°である．擬けい灰石は二軸性（+）で，光軸角が小さいことから区別できる．けい灰石とよく共存して出現するダイオプサイドは，屈折率，光軸角が大きく，かつ光学的に正の結晶である．	変成作用を受けたけい質石灰岩や石灰質堆積岩の主要な構成鉱物である．スカルンとしても出現する．この場合のけい灰石の生成は， $CaCO_3 + SiO_2 \rightarrow CaSiO_3 + CO_2$ の反応による．この反応の平衡温度は圧力や流体相中のCO_2とH_2Oの割合に大きく支配される．圧力が低く（2kb），水の分圧が大きい場合には500℃ぐらいからけい灰石が生じる．

色・多色性	鏡下の特徴	産状
濃緑～褐色 薄片では無色～淡緑色． 多色性はMgに富むカミングトナイトにはない．ふつうのカミングトナイト，グリュネライトには，多色性がある．カミングトナイト： 　$X =$ 無色， 　$Y =$ 無色， 　$Z =$ 淡褐色 グリュネライト： 　$X =$ 淡黄～褐色 　$Y =$ 淡黄～褐色 　$Z =$ 淡褐色	カミングトナイトは，他の単斜角せん石と異なり，光学的に（+）であることで特徴づけられる． 直せん石とは斜消光であることで区別することができる． グリュネライトはFe^{2+}に富むアクチノライトと光学性，光軸角が似ているが，それよりも屈折率とバイレフリンゼンスが大きいことが特徴である． カミングトナイト-グリュネライトは(100)を双晶面とする集片双晶を示すことが特徴である．	カミングトナイトは角せん岩にしばしば含まれ，グリュネライトはFeに富む変成岩（変成鉄鉱層など）に含まれている． カミングトナイトはまた，はんれい岩やせん緑岩中で緑色～褐色のホルンブレンドに縁取られて産出する．

Chapter 6

鉱物名・化学組成	比重 (D)・硬度 (H)	結晶系・形態	へき開・双晶	光学性・屈折率 (n)・バイレフリンゼンス (δ)・光学的分散	
トレモライト-アクチノライト-フェロアクチノライト (Tremolite-Actinolite-Ferroactinolite) 化学組成は p.233～234参照	$D=3.02\sim3.44$ $H=5\sim6$	単斜晶系 $a\simeq9.85$Å $b\simeq18.1$Å $c\simeq5.3$Å $\beta\simeq104°50'$	へき開は (110)∧ ($1\bar{1}0$) $\simeq56°$ (100) にパーティングがある。双晶は (100) を接合面とした単純・集片双晶のほか、(001) を接合面とした集片双晶もまれに見られる。	トレモライト 二軸性 (−) $2Vx=65\sim86°$ $Y=b$ OAP∥(010) $Z\wedge c=10\sim21°$ $\alpha=1.599\sim1.688$ $\beta=1.612\sim1.697$ $\gamma=1.622\sim1.705$ $\delta=0.027\sim0.017$ Feが多くなると屈折率は大きくなる。	アクチノライト $Z\wedge c=16\sim21°$ $\delta=0.017\sim0.027$
				フェロアクチノライト $\gamma\simeq1.735$ $\gamma<v$、一般に弱い	
ホルンブレンド (Hornblende, 普通角せん石) $(Ca, Na, K)_{2-3}$-$(Mg, Fe^{2+}, Fe^{3+}, Al)_5$-$[Si_6(Si, Al)_2O_{22}]$-$(OH, F)_2$ の一般式で表される幅広い組成範囲を示す。	$D=3.02\sim3.45$ $H=5\sim6$	単斜晶系 $a\simeq9.9$Å $b\simeq18.0$Å $c\simeq5.3$Å $\beta\simeq105\sim105°30'$ c軸方向に長く伸びた柱状結晶をして産出することが多い。	へき開は (110) と ($1\bar{1}0$) によく発達している。約56°で交差する。(100) と (001) にはパーティングが見られる。双晶は (100) を双晶面とする双晶が見られる。	二軸性 (−) すべて $Y=b$ OAP∥(010) $\alpha=1.615\sim1.705$ $\beta=1.618\sim1.714$ $\gamma=1.632\sim1.730$ $\delta=0.014\sim0.026$ $\gamma\lessgtr v$	
		端成分	比重	$Z\wedge c$	$2Vx$ (−)
		ホルンブレンド		$13\sim34°$	$95\sim27°$
		エデナイト	3.06	$27°$	
		フェロエデナイト	3.42	$15°$	
		チェルマカイト	3.13	$20°$	
		フェロチェルマカイト	3.42	$18°$	
		パーガサイト	3.05	$26°$	$120°$
		フェロフェスチングサイト	3.50	$12°$	$10°$

光学性が (+) のものを広義のパーガサイトといい、$2Vx$ が 50° より大きいものを広義のフェスチングサイト、小さいものをフェロフェスチングサイトと細分する。

第6章　偏光顕微鏡による造岩鉱物の見分け方

色・多色性	鏡下の特徴	産　状
トレモライト：淡緑色，薄片では無色 アクチノライト：淡緑色 フェロアクチノライト：濃緑色 Feに富むアクチノライトとフェロアクチノライト： $X=$淡黄〜淡黄緑色 $Y=$淡黄緑〜緑色 $Z=$淡緑〜濃青緑色 の多色性を示す．	c軸に垂直な断面でへき開が約55°で交差すること，斜消光することが特徴である．Mgに富むトレモライトとカミングトナイトは光学性・屈折率で区別できるがアクチノライト・フェロアクチノライトとグリュネライトは光学性・屈折率・色ともに似ており，区別することが困難なことがある．しかし，アクチノライト・フェロアクチノライトは一般に集片双晶を作らないので，これがある程度，区別の基準となる．また，このFeに富んだものはホルンブレンドとも似ており，光学的手段だけで区別できないことがあるので，鑑定には特に注意する必要がある．一般的には，アクチノライトは消光角が5〜10°で，ホルンブレンドよりも小さい．	トレモライトはけい質苦灰岩が変成した場合に特徴的に生じ，アクチノライトは緑色片岩相の玄武岩・安山岩組成の変成岩に特徴的に産出し，緑れん石・緑泥石・アルバイトと共存するほか，らんせん石片岩相の変成岩にも出現する．せん緑岩や花こうせん緑岩では，アクチノライトがホルンブレンドのリムを形成したり，また，オージャイトを置換したアクチノライトが生じたりしていることがある．
緑色〜暗緑色である．薄片では，緑色〜緑褐色〜褐色を示す．フェロフェスチングサイト：特徴的な淡青緑色を示す． ホルンブレンド： $X=$無色〜淡黄〜淡緑〜緑褐色， $Y=$淡黄緑色〜淡緑〜緑色〜赤褐色， $Z=$淡緑〜淡青緑色〜褐色〜赤褐色 パーガサイト： $X=$無色，$Y=$淡褐〜淡青緑色，$Z=$淡褐〜淡青緑色 フェロフェスチングサイト：$X=$黄緑色，$Y=$暗緑色，$Z=$濃青緑色 の多色性を示す．	c軸に垂直な面ではへき開が56°で交差し，斜消光することが特徴である．光学的手段だけで他の角せん石類を常に区別できるとは限らないが，①トレモライトやMgに富むアクチノライトより多色性が強く，屈折率が大きい特徴がある．②パーガサイトは光学性が（+）であるので，ホルンブレンドやアクチノライト・フェロアクチノライトと区別することができる．しかし，エデナイトやカミングトナイトとの区別は困難である．③ホルンブレンドにはカミングトナイトのような著しい集片双晶が発達しない．④フェロフェスチングサイトは小さい光軸角と，特徴的な青緑色の軸色，などで区別することができる． 変成岩中のホルンブレンドのZ軸色は，変成温度の上昇にしたがって，淡緑色から緑色・緑褐色を経て褐色に変化する傾向がある．	多くの火成岩や変成岩に産出する．火成岩の場合，せん緑岩や花こうせん緑色によく出現するほか，より塩基性のはんれい岩や酸性の花こう岩にも出現することがある．ホルンブレンドを多く含んだはんれい岩を特にホルンブレンドはんれい岩と呼ぶこともある．フェロフェスチングサイトはネフェリンせん長岩によく産出するが，花こう岩にも産出する．火成岩中のホルンブレンドには，繊維状をしていて，明らかに輝石から変わったことのわかるものがあり，これをウラライトと呼ぶ．また，この変化をウラライト化作用という．変成岩の場合，玄武岩質の組成をもった岩石にホルンブレンドがよく出現する．ホルンブレンド＋緑れん石＋アルバイトの組み合わせをもつものを緑れん石-角せん岩，ホルンブレンド＋Ca斜長石（An_{25}以上のことが多い）の組み合わせをもって，緑れん石を含まないものを角せん岩という．

Chapter 6

鉱物名・化学組成	比重(D)・硬度(H)	結晶系・形態	へき開・双晶	光学性・屈折率(n)・バイレフリンゼンス(δ)・光学的分散
らんせん石 (Glaucophane) $Na_2Mg_3Al_2$- $[Si_8O_{22}](OH)_2$	$D=3.08\sim3.30$ $H=6$	単斜晶系 $a\simeq9.7$Å $b\simeq17.7$Å $c\simeq5.3$Å $\beta\simeq104°$	へき開は(110) ∧($1\bar{1}0$)$\simeq58°$ 双晶は(100)を双晶面とする単純双晶、集片双晶がある。	二軸性($-$) $2Vx=0\sim50°$ $Y=b$ $Z\wedge c=4\sim14°$ OAP∥(010) $\alpha=1.606\sim1.661$ $\beta=1.662\sim1.667$ $\gamma=1.627\sim1.670$ $\delta=0.008\sim0.022$ $\gamma<v$

＜ソロけい酸塩鉱物・サイクロけい酸塩鉱物＞
緑れん石族

鉱物名・化学組成	比重(D)・硬度(H)	結晶系・形態	へき開・双晶	光学性・屈折率(n)・バイレフリンゼンス(δ)・光学的分散	
緑れん石 (Epidote) $Ca_2Al_2O.(Al, Fe^{3+})$- $OH[Si_2O_7][SiO_4]$	緑れん石 $D=3.38\sim3.49$ $H=6$ クリノゾイサイト $D=3.21\sim3.38$ $H=6.5$	単斜晶系 緑れん石 $\beta=115°42'$ クリノゾイサイト $\beta=115°27'$ クリノゾイサイトも緑れん石もb軸方向に伸びた柱状結晶をしていることが多い.	へき開は(001)によく発達している。双晶は作らないことが多いが、(100)を双晶面とする多片双晶が発達していることもある.	クリノゾイサイト 二軸性(+) $2Vz=14\sim90°$ $X\wedge c=0$ $\alpha\quad1.670\sim1.718$ $\beta\quad1.670\sim1.725$ $\gamma\quad1.690\sim1.734$ $\delta\quad0.004\sim0.015$ $\gamma<v$	$Y=b$ OAP∥(010) 緑れん石 二軸性($-$) $2Vz=90\sim116°$ $X\wedge c=0\sim15°$ $1.715\sim1.751$ $1.725\sim1.784$ $1.734\sim1.797$ $0.015\sim0.051$ $\gamma>v$

第6章　偏光顕微鏡による造岩鉱物の見分け方

色・多色性	鏡下の特徴	産状
灰色〜ラベンダー青色で，薄片での多色性は $X=$ 無色，$Y=$ ラベンダー青色，$Z=$ 青色	青色の Z 軸色が特徴．らんせん石とマグネシオリーベッカイトの区別は，らんせん石のほうが屈折率が小さく，伸長が正であることを基準にして鑑定する．らんせん石とクロッサイトの光学性は連続しているが，$Z=b$（伸長が負）で，光軸角が小さいことがクロッサイトの特徴となる．	らんせん石と，Mg・Fe がほぼ等量で Al に富むクロッサイトは，らんせん石片岩相の変成岩に限って産出する．このような岩石中でらんせん石はローソナイト・パンペリー石・緑れん石・緑泥石・ひすい輝石・アルマンディンなどと共存している．

色・多色性	鏡下の特徴	産状
クリノゾイサイト：無色〜淡黄〜緑色．薄片では無色．緑れん石：黄緑色〜緑色．薄片では $X=$ 無色〜淡黄緑色，$Y=$ 黄緑色，$Z=$ 黄緑色の多色性を示す．	柱状結晶の伸長は正のことも負のこともある．クリノゾイサイトは，ゾイサイトに似ているが，斜消光することで区別できる．緑れん石とクリノゾイサイトの違いは緑れん石のほうが屈折率やバイフリンゼンスが大きいこと，多色性があること，累帯構造をよく示すことなどがある．また，緑れん石は光学性が負である．緑れん石中のピスタサイト成分の割合は，屈折率や光軸角から推定できる．	緑れん石は緑色片岩相の変成岩中にアルバイト–アクチノライト–緑泥石と共存して出現する．また，緑れん石–角せん岩相の変成岩では，Na 斜長石–ホルンブレンドと共存して出現する．らんせん石片岩相の変成岩中にも産出する．火成岩中にも熱水変質によって緑れん石が生じ，また，マグマの最末期の晶出物として出現することもある．

Chapter 6

鉱物名・化学組成	比重(D)・硬度(H)	結晶系・形態	へき開・双晶	光学性・屈折率(n)・バイレフリンゼンス(δ)・光学的分散
ゾイサイト (Zoisite, ゆうれん石) $Ca_2Al_2O.AlOH$-$[Si_2O_7][SiO_4]$	$D=3.15\sim3.365$ $H=6\sim7$	斜方晶系 b軸の方向に長い柱状の形で産出する. $a\sim16.4$Å $b\sim5.54$Å $c\sim10.05$Å	へき開は（100）に著しく，（001）には不完全なものがある. 双晶はない．まれにα-ゾイサイトとβ-ゾイサイトが連晶したり，累帯して，双晶と見誤ることがある.	二軸性（+） $\alpha=1.685\sim1.705$ $\beta=1.688\sim1.710$ $\gamma=1.697\sim1.725$ $\delta=0.003\sim0.008$
			α-ゾイサイト $2Vz\leqq30°$ OAP∥(100) $X=b$ $Y=a$ $Z=c$ $\gamma<v$	β-ゾイサイト $2Vz=0\sim69°$ OAP∥(010) $X=a$ $Y=b$ $Z=c$ $\gamma>v$
紅れん石 (Piemontite) $Ca_2(Mn^{3+},Fe^{3+},Al)_3$-$O.OH[Si_2O_7][SiO_4]$	$D=3.38\sim3.61$ $H=6$	単斜晶系 $\beta=115°42'$ b軸方向に伸びた柱状.	へき開は（001）に著しい. 集片双晶が（100）に発達することがあるが，ふつうは双晶しない.	二軸性（+） $2Vz=64\sim106°$ $X\wedge c=2\sim9°$ $Y=b$ $Z\wedge a=27\sim32°$ OAP∥(010) $\alpha=1.730\sim1.794$ $\beta=1.740\sim1.807$ $\gamma=1.762\sim1.829$ $\delta=0.025\sim0.073$ $\gamma>v$ または $\gamma<v$.
褐れん石 (Allanite) $(Ca,Mn,Ce,La,Y,Th)_2$-$(Fe^{2+},Fe^{3+},Ti)(Al,Fe^{3+})_2$-$O.OH[Si_2O_7][SiO_4]$	$D=3.4\sim4.2$ $H=5\sim6.5$	単斜晶系 $a=8.9\sim9.0$Å $b=5.7\sim5.8$Å $c=10.2$Å $\beta=115\sim116°$ b軸方向に伸びた柱状の形である.	へき開は（001）に弱いものがある. 双晶は（100）にまれに発達する.	二軸性で，（−）と（+）の両方がある. $2Vx=40\sim123°$ $X\wedge c=1\sim42°$ $Y=b$ $Z\wedge a=26\sim67°$ OAP∥(010) $\alpha=1.690\sim1.813$ $\beta=1.700\sim1.857$ $\gamma=1.706\sim1.891$ $\delta=0.013\sim0.036$ $\gamma>v$

色・多色性	鏡下の特徴	産状
灰白色〜緑褐色. 薄片では無色. ただしチューライトはピンク色で, 薄片ではピンク〜黄色. 多色性はチューライトにのみ観察され, $X=$ 淡桃色〜桃色, $Y=$ 無色〜桃色, $Z=$ 淡黄〜黄色の多色性がある.	大きい屈折率と小さいバイレフリンゼンス, および異常干渉色を示すことの多いのが特徴である. クリノゾイサイトとは直消光することで, ベスブ石やりん灰石とは二軸性(+)の結晶であることで, また, けい線石とはバイレフリンゼンスが小さいことで区別することができる. ゾイサイトとクリノゾイサイトは, X線粉末回折法を用いると容易に区別できる.	石灰質堆積岩の変成した岩石(カルクシリケイト片麻岩-片岩)中に方解石・グロッシュラー・アルバイト・プレーナイト・緑泥石・雲母・ホルンブレンドなどと共に出現する. ゾイサイトは高変成度の岩石中には出現しない. 苦鉄質岩が熱水変質を受けると, 灰長石からゾイサイトが生じ, 熱水性のゾイサイトもプレーナイト・方解石・白雲母・曹長石を伴っていることがよくある.
赤褐色〜黒色. 薄片では紫〜桃色. $X=$ 黄色, $Y=$ 赤紫色, $Z=$ 赤〜桃色.	色と多色性が特徴である. チューライトとは光軸角が大きいこと, 斜消光することで区別できる.	一般に, Mnに富む緑色片岩相程度の低温変成岩中に, 石英や白雲母と共存して出現する. このような変成岩で, 紅れん石は黒雲母と共存しない. 紅れん石は安山岩や流紋岩中の熱水脈に産出することもある.
淡褐色〜黒色. 薄片では一般に黄褐色〜褐色で, きわめてまれに無色のことがある. $X=$ 赤褐色〜淡褐色, $Y=$ 黄褐色〜赤褐色, 淡緑色. $Z=$ 緑褐色〜暗赤褐色, 緑色の多色性がある.	大きい屈折率, 色および多色性, 累帯構造が特徴. 一般に弱い放射能をもっていて, 結晶がメタミクト化していたり, 黒雲母に接する場合は多色性ハローを生じている. メタミクト化していないものは, 褐色ホルンブレンドに似ることがあるが, へき開が1方向であることや, b軸に伸びたものが直消光することで区別できる.	花こう岩, 花こうせん緑岩, せん緑岩の副成分鉱物として産出する. また, ペグマタイト中にもよく出現し, 変成岩中にも, ごくまれに出現することがある. 堆積岩中には砕屑性のものが出現する.

Chapter 6

鉱物名・化学組成	比重(D)・硬度(H)	結晶系・形態	へき開・双晶	光学性・屈折率(n)・バイレフリンゼンス(δ)・光学的分散
パンペリー石 (Pumpellyrite) $Ca_2Al_2(Al, Fe^{3+}, Fe^{2+},$ $Mg, etc)_{10} [Si_2 (O, OH)_7]$- $[SiO_4] (OH, O)_3$	$D=3.16 \sim 3.25$ $H=5.5 \sim 6$	単斜晶系 $a=8.8$Å $b=5.9$Å $c=19.1$Å $\beta=97.5°$ b 軸の方向に伸長した繊維状、または柱状結晶の集合体となって出現する。	へき開は（001）と（100）に強いものが発達している。 双晶は（001）と（100）を双晶面とする。	二軸性（+） $2Vz=7 \sim 110°$ $Z \wedge c=4 \sim 32°$ $Y=b$ OAP $/\!/$ (010) $\alpha = 1.665 \sim 1.710$ $\beta = 1.670 \sim 1.720$ $\gamma = 1.683 \sim 1.726$ $\delta = 0.010 \sim 0.020$ $\gamma < v$ まれに $\gamma > v$
きん青石 (Cordierite) $(Mg, Fe)_2 [Si_5Al_4O_{18}]\cdot$ nH_2O	$D=2.53 \sim 2.78$ $H=7$	斜方晶系（擬六方晶系）	へき開は（100）に見られる。 双晶は（110）と（130）を双晶面とするものがふつうである。c 軸に垂直な面では（110）を双晶面とする放射状の集片双晶片が、三つまたは六つの花びらのように、また平行な集片双晶に見えることがある。	二軸性で（−）と（+）がある。 $2Vx=35 \sim 106°$ $X=c, Y=a, Z=b$ OAP $/\!/$ (100) $\alpha = 1.527 \sim 1.560$ $\beta = 1.532 \sim 1.574$ $\gamma = 1.537 \sim 1.578$ $\delta = 0.008 \sim 0.018$ $\gamma < v$, 弱い。
電気石 (Tourmaline) $(Na, Ca) (Mg, Fe, Mn,$ $Li, Al)_3 (Al, Mg, Fe^{3+})_6$- $[Si_6O_{18}] (BO_3)_3 (O, OH)_3$- (OH, F)	$D=3.03 \sim 3.25$ $H=7$	六方晶系 $a=15.8 \sim 16.0$Å $c=7.1 \sim 7.25$Å ふつう c 軸方向に伸びた柱状結晶として産出する。	明瞭なへき開は発達していないが、ときどき（11$\bar{2}$0）と（10$\bar{1}$1）に弱いものがある。双晶はほとんど見られないが、まれに（10$\bar{1}$1）と（40$\bar{4}$1）に見られることがある。	一軸性（−） ドラバイト： $\omega = 1.634 \sim 1.661$ $\varepsilon = 1.612 \sim 1.632$ $\delta = 0.021 \sim 0.029$ ショール： $\omega = 1.660 \sim 1.671$ $\varepsilon = 1.635 \sim 1.650$ $\delta = 0.025 \sim 0.035$ エルバイト： $\omega = 1.633 \sim 1.651$ $\varepsilon = 1.615 \sim 1.630$ $\delta = 0.017 \sim 0.021$

第6章　偏光顕微鏡による造岩鉱物の見分け方

色・多色性	鏡下の特徴	産　状
緑，灰緑，褐色．薄片では無色，緑色，褐色などを示し，多色性が強い．$X=$無色〜淡黄緑色・淡黄褐色，$Y=$青緑色・緑褐色・黄褐色，$Z=$無色・淡緑褐色・黄褐色である．	比較的粗粒の柱状結晶のうち，色の薄いものはクリノゾイサイトに似ている．しかし，パンペリー石のほうが屈折率が小さく，バイレフリンゼンスが大きい．色の濃いものは緑れん石に似ているが，Y軸色が特徴的な青緑色であることで区別できる．	ぶどう石-パンペリー石相やらんせん石片岩相の変成岩に産出する．玄武岩質の溶岩が原岩であるとき，その気泡のあとに放射状に発達していることがある．
灰青色，紫青色〜濃青色．薄片では一般に無色であるが，淡青色を示すものもある．色のついたものは火山岩中によく出現する．比較的Feに富んだものは$X=$無色，$Y=$紫色を示し，Mgに富んだものは$X=$淡黄〜淡緑色，$Y=$淡青色，$Z=$淡青〜淡紫色を示す．	石英と屈折率がよく似ているが，二軸性であること，(001)のへき開面や割れ目に沿って変質すること，ジルコンを含有した場合の多色性ハローなどで区別できる．ピナイトと呼ばれる白雲母・緑泥石・蛇紋石の集合体に変質していることがある．	接触変成作用や比較的圧力の低い変成作用を受けた泥質岩に産出し，角せん石岩相低温部ぐらいの変成度で出現する．この場合は基質部より著しく粗粒の斑状変晶を作って，細かい石英・長石・白雲母などを包有する．斑状変晶は放射状の集片双晶を示す．
結晶の色は，ドラバイトが黒〜茶色，ショールが黒色，エルバイトが青・緑・黄・赤あるいは無色．薄片では，ドラバイトが黄〜無色，ショールが青〜黄色，エルバイトが無色．電気石は，ほぼ純粋なエルバイトを除き，強い多色性を示す．	直消光すること，および著しい多色性が鑑定上の特徴である．結晶の伸び(c軸)の方向が下方ポーラの振動方向に垂直になったとき，色が最も濃くなる．これは黒雲母やホルンブレンドの多色性と逆の関係になっている．電気石はよく色累帯を示す．	電気石は花こう岩質ペグマタイトに特徴的な鉱物である．その他，花こう岩や変成岩および堆積岩にもふつうに見られる．

Chapter 6

＜ネソけい酸塩鉱物＞

鉱物名・化学組成	比重(D)・硬度(H)	結晶系・形態	へき開・双晶	光学性・屈折率(n)・バイレフリンゼンス(δ)・光学的分散
かんらん石 (Olivine) $(Mg, Fe)_2[SiO_4]$ フォルステライト (Forsterite, Mg_2SiO_4) とファヤライト (Fayalite, Fe_2SiO_4) の固溶体	フォルステライト $D=3.222$ $H=7$ ファヤライト $D=4.392$ $H=6.5$	斜方晶系 フォルステライト： $a=4.7540$ Å $b=10.1971$ Å $c=5.9806$ Å ファヤライト： $a=4.8211$ Å $b=10.4779$ Å $c=6.0889$ Å	へき開は(010)，(100)に弱いものがあるが，ふつう見られない．双晶はほとんどつくらないが，まれに(011)，(012)，(031)である．	$X=b, Y=c, Z=a$ OAP ∥ (001) フォルステライト　ファヤライト 二軸性(＋)　　二軸性(－) $2V_z=82°$　　$2V_z=134°$ α　1.635　　1.827 β　1.651　　1.869 γ　1.670　　1.879 δ　0.035　　0.052 $\gamma>v$　　　$\gamma>v$ 組成によって図6.11のように変化する．
ジルコン (Zircon) $Zr[SiO_4]$	$D=4.6\sim4.7$ $H=7.5$	正方晶系 $a=6.61$ Å $c=5.99$ Å	へき開は(110)，(111)に弱いものがある．双晶は(111)にまれに発達する．	$\varepsilon=1.923\sim1.960$ $\omega=1.961\sim2.015$ $\delta=0.042\sim0.065$ 光学的分散は非常に強い．
スフェーン (Sphene, くさび石) $CaTi[SiO_4]$-(O, OH, F)	$D=3.48\sim3.60$ $H=5$	単斜晶系 $a=7.069$ Å $b=8.722$ Å $c=6.566$ Å $\beta=113°58'$	へき開は(110)によく発達している．双晶は単純双晶(100)．	二軸性(＋) $2V_z=17\sim40°$ $Z\wedge c=51°, Y=b$ OAP ∥ (010) $\alpha=1.843\sim1.950$ $\beta=1.870\sim2.034$ $\gamma=1.943\sim2.110$ $\delta=0.100\sim0.192$ $\gamma>v$, 強い．

第6章　偏光顕微鏡による造岩鉱物の見分け方

色・多色性	鏡下の特徴	産状
フォルステライト：緑色，レモン色〜黄色，薄片では無色．ファヤライト：黄緑色，黄〜コハク色，薄片では淡黄色，多色性（$X=Z=$淡黄，$Y=$オレンジ黄色）を示す．	かんらん石は屈折率が大きいので，表面がざらざらし，輝いて見えるのが特徴である．輝石と似ているが，かんらん石は粒状で，自形の結晶の両端が屋根形を示し，へき開がほとんど見られないことも鑑定の基準になる．このほか斜方輝石はバイレフリンゼンスが小さいこと，単斜輝石は斜消光することで，容易に区別できる．ファヤライトは黄緑色の多色性を示し，一見緑れん石と似ている．緑れん石のほうが光軸角が大きく，斜消光を示すという特徴がある．	玄武岩・はんれい岩など，塩基性および超苦鉄質火成岩の主要造岩鉱物として産出する．$Fo_{20}Fa_{80}$よりFeに富むかんらん石は火成岩中にはほとんど産出しない．かんらん石はふつう石英と共存できないが，ファヤライトはアルカリ輝石を伴って石英と共存している．また，ファヤライトは火成岩中の分泌脈にも産出することがある．かんらん石は変成岩にも産出する．ほぼ純粋なフォルステライトはけい質ドロマイト岩の熱変成で生じる．また，ほぼ純粋なファヤライトは，鉄鉱層など，Feに富む堆積岩が変成したときに生ずる．
赤褐色，黄色，灰色，緑色，無色．薄片では無色から淡褐色である．多色性はほとんど示さない．	バイレフリンゼンスが大きく，形は短柱状〜長柱状である．黒雲母に含有されていると，ジルコンの周囲には放射能によって侵されたハローが見られる．	副成分鉱物として，大部分の火成岩に産出する．火山岩よりせん長岩・花こう岩・せん緑岩のような深成岩に多く含まれている．変成岩や堆積岩にも副成分鉱物として含まれている．
無色，黄色，緑色，褐色，黒色．薄片では無色，黄色，褐色である．$X=$淡黄色，$Y=$黄褐色，$Z=$オレンジ〜褐色の多色性を示す．	菱形か，くさび形の断面が特徴的で，屈折率，バイレフリンゼンスが大きく，光学的分散が強い．	火成岩の副成分鉱物として産出する．中性〜酸性の深成岩に多く含まれているが，火山岩にはあまり含まれていない．変成岩にも産出する．

鉱物名・化学組成	比重(D)・硬度(H)	結晶系・形態	へき開・双晶	光学性・屈折率(n)・バイレフリンゼンス(δ)・光学的分散
ざくろ石族 (Garnet group) 化学組成はp.239を参照.	D=4.318（アルマンディン），3.859（アンドラダイト），3.594（グロシュラー），3.582（パイロープ），4.190（スペッサルティン），3.83（ウバロバイト） H=6〜7.5	等軸晶系ではないかと考えられているものもある． a=11.459Å（アルマンディン），12.056Å（アンドラダイト），11.851Å（グロシュラー），11.459Å（パイロープ），11.621Å（スペッサルティン），11.996Å（ウバロバイト）	へき開はない．ときには（110）にパーティングが見られる． 双晶は複合双晶，セクター双晶が見られる．	n=1.830（アルマンディン），1.887（アンドラダイト），1.734（グロシュラー），1.714（パイロープ），1.800（スペッサルティン），1.865（ウバロバイト）
ベスブ石 (Vesuvianite) $Ca_{19}(Al, Fe)_{10}$-$(Mg, Fe)_3$-$[Si_2O_7]_4 [SiO_4]_{10}$-$(O, OH, F)_{10}$	D=3.32〜3.43 H=6〜7	ふつう，正方晶系． a=15.4〜15.6Å c≃11.8Å	へき開は（110）に弱いものが，（100）と（001）にもきわめて弱いへき開がある．	一軸性($-$)，二軸性($+$)のものも知られている． $X=c$ ε=1.700〜1.746 ω=1.703〜1.752 δ=0.001〜0.009 光学的分散は強い．
けい線石 (Sillimanite) $Al_2O [SiO_4]$	D=3.23〜3.27 H=6.5〜7.5	斜方晶系 a=7.48Å b=7.67Å c=5.77Å	へき開は（010）によく発達している．	二軸性($+$) $2Vz$=21〜30° $X=a, Y=b, Z=c$ OAP ∥ (010) α=1.653〜1.661 β=1.657〜1.662 γ=1.672〜1.683 δ=0.018〜0.022 $\gamma>v$，強い．

第6章　偏光顕微鏡による造岩鉱物の見分け方

色・多色性	鏡下の特徴	産状
赤，褐色，黒，緑，黄，ピンク，白．薄片では無色，ピンク，黄，褐色など．	屈折率が大きく，浮き上がって見える．グロシュラー−アンドラダイト系列のざくろ石は弱いバイレフリンゼンスを示すことが多い．屈折率が Mg・Al−スピネルに似ているため，区別しにくいことがある．	低変成度から高変成度の変成岩・花こう岩・ペグマタイト・酸性火山岩などに産出する．アルマンディンは片岩・片麻岩や酸性火成岩に広く産出する．低変成度の変成岩中のものは，スペッサルティン成分を多く固溶している．パイロープ成分に富むざくろ石はグラニュライト・エクロジャイトあるいはガーネットペリドタイトに含まれている．グロシュラーとアンドラダイトは石灰質の変成岩やスカルンに産出する．
黄色，緑色，褐色，まれに赤色あるいは青色．薄片では多くの場合無色．褐色〜黄褐色の弱い多色性を示すこともある．	屈折率が大きいので，強く浮き上がって見える．有色のものは色の違う部分が帯状を示すことがある．無色のものでも直交ポーラで累帯構造が見えることがある．屈折率の大きいこと，顕著なへき開のないことが，緑れん石との区別基準である．結晶の伸長は負である．	石灰岩の接触変成帯に産出する．ざくろ石・透輝石・けい灰石などとともに，スカルンを形成していることがある．また，塩基性岩や超塩基性岩に伴う脈に産出し，霞石せん長岩にも産出が知られている．
ふつうは無色か白色，黄色，褐色，灰緑色，青緑色．薄片では無色であるが，まれに $X=$ 淡褐色〜淡黄色，$Y=$ 褐色〜緑色，$Z=$ 暗褐色〜暗青色の多色性を示す．	正の伸長を示す．紅柱石よりバイレフリンゼンスが大きく，光軸角が小さいのが特徴である．（010）に著しいへき開をもつ長柱状結晶，あるいは繊維状結晶の集合体として出現する．繊維状のものをフィブロライト（Fibrolite）という．	高温・高圧の変成度の高い泥質岩起源の変成岩に産出する．また，ときには花こう岩にも含まれていることがある．

Chapter 6

鉱物名・化学組成	比重(D)・硬度(H)	結晶系・形態	へき開・双晶	光学性・屈折率(n)・バイレフリンゼンス(δ)・光学的分散
紅柱石 (Andalusite) $Al_2O[SiO_4]$	$D=3.13\sim3.16$ $H=6.5\sim7.5$	斜方晶系 $a=7.79$Å $b=7.90$Å $c=5.56$Å	へき開は(110)に強く，(100)に弱いものがある。$(110)\wedge(1\bar{1}0)=89°$ 双晶はまれに見ることができる。	二軸性($-$) $2Vx=73\sim86°$ $X=c, Y=b, Z=a$ OAP∥(010) $\alpha=1.629\sim1.640$ $\beta=1.634\sim1.644$ $\gamma=1.638\sim1.650$ $\delta=0.009\sim0.012$ $\gamma<v$
らん晶石 (Kyanite) $Al_2O[SiO_4]$	$D=3.53\sim3.65$ $H=5.5\sim7$	三斜晶系 $a=7.12$Å $b=7.85$Å $c=5.57$Å $\alpha=89.98°$ $\beta=101.102°$ $\gamma=106.01°$	へき開は(100)と(010)によく発達していて，(001)にパーティングがある。双晶はラメラ双晶(100)と集片双晶(001)が，発達している。	二軸性($-$) $2Vx=78\sim83°$ $X\perp(100)$に近い $Z'\wedge c=(100)$面上で$27\sim32°$，(010)面上で$5\sim8°$である。 $X'\wedge a$は(001)面上で$0\sim3°$である。 $\alpha=1.710\sim1.718$ $\beta=1.719\sim1.724$ $\gamma=1.724\sim1.734$ $\delta=0.012\sim0.016$ $\gamma>v$, 弱い。
十字石 (Staurolite) $(Fe^{2+}, Mg, Zn)_2$ $(Al, Fe^{3+}, Ti)_9O_6$ $[(Si, Al)O_4]_4$ $(O, OH)_4$	$D=3.74\sim3.83$ $H=7.5$	単斜晶系 (擬斜方晶系) $a=7.86\sim7.90$Å $b=16.60\sim16.64$Å $c=5.65\sim5.67$Å $\beta=90°$	へき開は(010)に見られる。双晶は(023)・(232)透入双晶で，十字形になることがある。	二軸性($+$) $2Vz=80\sim90°$ $X=b, Y=a, Z=c$ OAP∥(100) $\alpha=1.736\sim1.747$ $\beta=1.742\sim1.753$ $\gamma=1.748\sim1.761$ $\delta=0.011\sim0.014$ $\gamma>v$, 弱い。

第6章　偏光顕微鏡による造岩鉱物の見分け方

色・多色性	鏡　下　の　特　徴	産　　　状
一般にピンク色であるが，含有物によって灰色，紫，黄，緑などにも見える．薄片ではふつう無色か淡いピンク色で，色のついたものは X ＝ローズピンク〜淡褐色，$Y \simeq Z$ ＝無色〜黄緑色の多色性がある．	屈折率が大きく，浮き上がって見える．c 軸に垂直な断面は四角形で，二つのへき開はほぼ 90° で交わる．光軸角が大きいこと，バイレフリンゼンスが小さいこと，伸長方向が負であることでけい線石と区別できる．規則正しく炭質物を含有して縞模様を示す紅柱石を，空晶石という．	泥質岩起源の変成岩に産出する．ふつうに見られる鉱物組み合わせは，紅柱石-黒雲母-白雲母-石英-斜長石である．きん青石と共存していることもあり，さらに，変成度の高い変成岩では，けい線石はカリ長石と共存して産出する．また，花こう岩や流紋岩中にも含まれていることがある．
青色〜白色，灰色，緑色，黄色，ピンク．薄片では淡青色〜無色．厚い薄片では X ＝無色，Y ＝紫色〜青色，Z ＝コバルト青色の多色性が見られることがある．	紅柱石やけい線石より屈折率が大きく，浮き上がって見える．けい線石よりバイレフリンゼンスが小さいのが特徴である．	中圧の広域変成作用によって生じた泥質変成岩に産出する．温度が高くなるとけい線石に転移し，圧力が下がると紅柱石に転移する．らん晶石は，花こう岩質ペグマタイトの中に，電気石，雲母などとともに産出することがある．このようならん晶石の結晶は 10 cm を超えるものがあるが，日本ではこのような大きな結晶の産出は知られていない．
褐色，赤褐色，黄褐色を示す．薄片では淡黄金色で，X ＝無色，Y ＝淡黄色，Z ＝黄金色の多色性がある．	無色から黄金色の多色性を示すこと，直消光であること，屈折率が大きくバイレフリンゼンスが比較的小さいことが特徴である．鏡下でも十字状双晶が見られることもある．	泥質起源のアルミナに富んだ低〜中変成度の広域変成岩に産出する．雲母片岩では黒雲母・ざくろ石・白雲母・らん晶石・石英・斜長石などとともに産出し，しばしばクロリトイドと共存する．十字石は不純な石灰質変成岩にも産出する．風化作用に強いので，十字石を含む変成岩の風化した泥や砂の中からも見つけ出すことができる．

Chapter 6

＜酸化鉱物・水酸化鉱物＞
赤鉄鉱族

鉱物名・ 化学組成	比 重 (D)・ 硬 度 (H)	結 晶 系・ 形　態	へ き 開・ 双　晶	光学性・屈折率(n) ・バイレフリンゼンス(δ) ・光学的分散
コランダム (Corundum, 鋼玉) $\alpha-Al_2O_3$	$D=3.98\sim4.02$ $H=9$	六方晶系 $a=4.670$Å $c=12.98$Å	へき開はない. (0001) と (10$\bar{1}$1) にパーティングが ある.	一軸性（－） $\varepsilon=1.759\sim1.763$ $\omega=1.767\sim1.772$ $\delta=0.008\sim0.009$
			双晶は (10$\bar{1}$1) に集片双晶がふつう で，(0001)，(10$\bar{1}$1) を双晶面とす る単純双晶もある.	
赤鉄鉱 (Hematite) 理想式は Fe_2O_3	$D=5.256$ $H=5\sim6$	六方晶系 $a=5.0345$Å $c=13.749$Å	へき開はない. (0001) と (10$\bar{1}$1) にパーティングが ある. 双晶は (0001) と (10$\bar{1}$1) を双晶面 とするラメラ双晶 がある.	一軸性（－） $\varepsilon=2.87\sim2.94$ $\omega=3.15\sim3.22$ $\delta=0.28$ 光学的分散は非常 に強い.
イルメナイト (Ilmenite, チタン鉄鉱) 理想式は $FeTiO_3$	$D=4.70\sim4.78$ $H=5\sim6$	六方晶系 $a=5.089$Å $c=14.163$Å	へき開はほとんど 発達していない. (0001) と (10$\bar{1}$1) にパーティングが ある.	$n\simeq2.7$ 不透明である. バイレフリンゼン スは非常に強い. 光学的分散は強い.
			双晶は (0001) 面の単純双晶，($\bar{1}$011) に集片双晶が発達している.	

第6章　偏光顕微鏡による造岩鉱物の見分け方

色・多色性	鏡下の特徴	産状
いろいろな色がある．薄片は一般的に無色．	屈折率が大きく，石英より低いバイレフリンゼンス，さらに集片双晶が特徴．一軸性（－）の結晶であるが，双晶が著しく発達した結晶の場合は二軸性となり，30°内外の光軸角を示すことがある．	SiO_2 に乏しく，Al_2O_3 に富む高温変成岩，例えば片麻岩や火成岩中の泥質捕獲岩に特徴的に産出する．また，SiO_2 に不飽和なネフェリンせん長岩などに伴うペグマタイトにも産出する．
赤褐色〜黒褐色．薄片では一般に不透明である．	粒状または鱗片状の形をして出現する．きわめて薄い部分がわずかに光を通し，赤褐色に見えるのが特徴である．	火成岩では花こう岩，流紋岩，せん長岩など FeO/Fe_2O_3 比の小さい岩石に含まれているほか，ペグマタイト中にも初生鉱物として産出する．
色は黒色（不透明）である．反射光ではやや褐色がかった灰白色で，弱い内部反射が見られる．	不透明であるため，偏光顕微鏡での鑑定は一般に困難．ただし，スケルトン状の形態を示したり，一部分がリューコキシン（Leucoxene：白チタン石）と呼ばれる灰白色のルチル・アナテース・くさび石などの細かい集合体に変質している場合は，イルメナイトと決めることが可能である．	多くの火成岩・変成岩の副成分鉱物として産出している．特に，はんれい岩・玄武岩などの苦鉄質岩や斜長岩などには，比較的多く含まれている．

275

鉱物名・化学組成	比重(D)・硬度(H)	結晶系・形態	へき開・双晶	光学性・屈折率(n)・バイレフリンゼンス(δ)・光学的分散
ルチル (Rutile, 金紅石) TiO_2	$D=4.23\sim5.5$ $H=6\sim6.5$	正方晶系 $a\simeq4.59$Å $c\simeq2.96$Å	へき開は(110)に著しく発達したものがあり、(100)にもある．(092)と(011)にパーティングがある．双晶は(011)に繰り返し双晶が発達する．また，すべり双晶が(011)や(092)に発達し，接触双晶が(031)に発達している．	一軸性(+) $\varepsilon=2.899\sim2.901$ $\omega=2.605\sim2.613$ $\delta=0.286\sim0.296$ 光学的分散は非常に強い．
スピネル(族) (Spinel group, 尖晶石族)	$H=7.5\sim8$	すべて等軸晶系	へき開はない．まれに(111)にパーティングが発達する．双晶は(111)を双晶面とするスピネル双晶である．	

	化学組成	比重	屈折率	a(Å)	色
スピネル	$MgAl_2O_4$	3.55	1.719	8.103	ほとんど無色
ヘルシナイト	$Fe^{2+}Al_2O_4$	4.40	1.835	8.135	淡緑色～黒色
クロマイト	$Fe^{2+}Cr_2O_4$	5.09	2.16	8.378	黒色
マグネシオクロマイト	$MgCr_2O_4$	4.43	2.00	8.334	黒色

固溶や割合によって，これらの中間の値をとる．
クロムスピネルのMgの一部をFe^{2+}で置換したものをピコタイトという．

第6章　偏光顕微鏡による造岩鉱物の見分け方

色・多色性	鏡下の特徴	産状
一般に特徴的な赤褐色で、まれに黒、紫、緑色を示すものもある。薄片の色は黄褐色〜赤褐色、黄色、緑色である。多色性は弱いが明瞭である。	黄褐色〜赤褐色の色と、非常に大きい屈折率が特徴。ルチルの色はNbやTaの含有量が多くなるにしたがって濃くなる。変形作用を受けたルチルは、二軸性の干渉像を示すことがある。ルチルと同質異像の関係にあるアナテース（Anatase：鋭錐石）は光学的（−）結晶であり、ブルッカイト（Brookite：板チタン石）は斜方晶系であることから区別できる。	火成岩中で、一般に微小結晶として点在している。ホルンブレンドや黒雲母がオパサイト化した場合にも、磁鉄鉱や単斜輝石に伴う細粒結晶として産出する。変成岩ではらんせん石片岩相、角せん岩相・エクロジャイト相・グラニュライト相の岩石に出現する。大理石中にもしばしばルチルの粗粒結晶が産出する。堆積岩中のルチルは砕屑性のもが多いが、粘板岩中などには変成作用で生じた針状結晶のものもある。
Crがいくらか含まれていると赤色、Fe^{2+}が存在すると青色、Fe^{3+}が存在すると褐色がかってくる。ピコタイト：黄褐色、クロムスピネル：赤色、クロマイト：暗赤色〜不透明。薄片の色は無色、緑色、黄褐色、暗赤色〜不透明。薄片が厚いとピコタイトやクロムスピネルでも不透明に見える。	光学的等方体であり、大きい屈折率とへき開のないことが特徴。また、緑色〜暗赤色の色も重要な決め手となる。磁鉄鉱の割合が増えると不透明になる。特にクロムスピネルは、ふつうは不透明に近く、光源を著しく強くしたり、コンデンサレンズを入れたときだけ、わずかに暗赤色に見える特徴がある。	ドロマイト質大理石や、やや不純な大理石の中にかんらん石・透輝石・金雲母・斜ヒューム石・コンドロダイトなどと共存して産出する。また、SiO_2に乏しい高変成泥質岩では、きん青石や斜方輝石と共存して産出する。いずれの場合も純粋なスピネルはまれで、いくらかのヘルシナイト成分を含ん
	でいる。ほぼ純粋なヘルシナイトは、Feに富んだ高変成泥質岩中に産出する。クロムスピネルやピコタイトは蛇紋岩・滑石片岩・超苦鉄質岩・玄武岩中などに産出する。	

Chapter 6

鉱物名・化学組成	比重(D)・硬度(H)	結晶系・形態	へき開・双晶	光学性・屈折率(n)・バイレフリンゼンス(δ)・光学的分散
磁鉄鉱 （Magnetite） 理想式は $Fe^{2+}Fe^{3+}_2O_4$	$D=4.5〜5.5$ $H=5.2〜6.5$	等軸晶系	へき開はない．双晶は（111）面にラメラ双晶が発達している．	$n=2.42$
褐鉄鉱 （Limonite） $FeO・OH・nH_2O$	$D=2.7〜4.3$ $H=4〜5.5$	非晶質か非顕晶質．ゲータイトとレピドクロサイトは斜方晶系である．	へき開はない．双晶はない．	$n=2.0〜2.1$

＜硫化鉱物＞

鉱物名・化学組成	比重(D)・硬度(H)	結晶系・形態	へき開・双晶	光学性・屈折率(n)・バイレフリンゼンス(δ)・光学的分散
黄鉄鉱 （Pyrite） FeS_2	$D=4.95〜5.03$ $H=6〜6.5$	等軸晶系 $a=5.417Å$ 立方体あるいは五角十二面体の大きな結晶として産出する．	へき開は（001）にまれに発達している．双晶は（011）を双晶面，（001）を双晶軸とする貫入双晶である．	

第6章　偏光顕微鏡による造岩鉱物の見分け方

色・多色性	鏡下の特徴	産状
黒色．薄片では磁鉄鉱，チタン磁鉄鉱ともに不透明である．	黒色不透明で三角形，四角形，菱形の輪かくを示すことがよくある．類似鉱物としてイルメナイトがあるが，イルメナイトはリューコキシン化していることがあるので，区別できるが．	各種の火成岩，変成岩にごくふつうに出現し，また，大規模な鉱床としても産出する．火成岩の場合，けい長質岩より中性岩に多く産出する．苦鉄質岩中では磁鉄鉱は比較的少なく，チタン磁鉄鉱のほうがよく出現する．堆積岩中の磁鉄鉱は，大部分が砕屑性のものである．
色は黄，褐，黄緑色または黒褐色である．薄片でも黄色〜黄褐色に見える．	褐鉄鉱は一般に不定形で，もやもやとしている．開放ポーラでは黄色か黄褐色を示し，直交ポーラにすると一般に暗黒になるのが特徴であるが，バイレフリンゼンス（0.04ぐらい）を示すこともある．	褐鉄鉱は含鉄鉱物が変質して二次的に生ずる鉱物である．ほとんどあらゆる種類の変質した岩石に出現している．

色・多色性	鏡下の特徴	産状
真ちゅう黄色．微細な結晶の集合体は黒色に見える．薄片ではどんなに薄くしても，不透明である．	薄片では正方形・矩形または三角形の断面をとる．不透明のために磁鉄鉱・黄銅鉱・磁硫鉄鉱などと区別することができない．反射光で観察すると，黄鉄鉱は黄色であることから磁鉄鉱と区別することができ，黄色が淡いことから黄銅鉱とも区別することができる．また，磁硫鉄鉱の反射光は青銅黄色に近い色を示すので，黄鉄鉱と区別することができる．	少量であるが火成岩に初生鉱物として含まれ，また，熱水変質によって二次的に生じる．変成岩では緑色片岩相程度以下の低温の岩石によく含まれ，角せん岩相以上にはほとんど含まれず，代わりに磁硫鉄鉱が含まれている．泥質や石灰質の堆積岩にもよく含まれている．

＜炭酸塩鉱物＞
方解石族

鉱物名・化学組成	比重(D)・硬度(H)	結晶系・形態	へき開・双晶	光学性・屈折率(n)・バイレフリンゼンス(δ)・光学的分散
方解石 (Calcite) $CaCO_3$	$D=2.715\sim$ (2.94) $H=3$	六方晶系 $a=4.990$Å $c=17.061$Å	へき開は，($10\bar{1}1$)に発達が著しい．双晶は，($01\bar{1}2$)を双晶面とするラメラ双晶がよく発達している．(0001)にも発達しているが，($10\bar{1}1$)にもまれに見られる．	一軸性(－) $\varepsilon=1.486\sim(1.550)$ $\omega=1.658\sim(1.740)$ $\delta=0.172\sim(0.190)$ 光学的分散は非常に強い．
マグネサイト (Magnesite) $MgCO_3$	$D=2.98\sim$ (3.48) $H=3.5\sim4.5$	六方晶系 $a=4.6330$Å $c=15.016$Å	へき開は($10\bar{1}1$)に著しく発達している．双晶は，(0001)面上で($10\bar{1}1$)方向に転移すべり面がある．	一軸性(－) $\varepsilon=1.509\sim(1.563)$ $\omega=1.700\sim(1.782)$ $\delta=0.190\sim(0.218)$ 光学的分散は非常に強い．
菱マンガン鉱 (Rhodochrosite) 理想式は $MnCO_3$	$D=(3.20)\sim$ $3.70\sim(4.05)$ $H=3.5\sim4$	六方晶系 $a=4.777$Å $c=15.66$Å	へき開は，($10\bar{1}1$)に発達している．双晶は($01\bar{1}2$)に，まれにラメラ双晶が発達している．	一軸性(－) $\varepsilon=(1.540)\sim1.597$ $\sim(1.617)$, $\omega=(1.750)\sim1.816$ $\sim(1.850)$, $\delta=(0.19)\sim0.219$ $\sim(0.23)$. 光学的分散は強い．
シデライト (Siderite, 菱鉄鉱) $FeCO_3$	$D=(3.50)\sim$ 3.96 $H=4\sim4.5$	六方晶系 $a=4.69\sim4.73$Å $c=15.37\sim15.46$Å	へき開は，($10\bar{1}1$)に発達している．双晶は($01\bar{1}2$)に，まれに(0001)にもラメラ双晶が見られる．	一軸性(－) $\varepsilon=(1.575)\sim1.635$ $\omega=(1.782)\sim1.875$ $\delta=(0.207)\sim0.242$ 光学的分散は強い．

第6章　偏光顕微鏡による造岩鉱物の見分け方

色・多色性	鏡下の特徴	産状
無色～白色，まれには黄・桃・緑または青色を帯びることもある．薄片では無色．	①バイレフリンゼンスが非常に大きく，②光学性が一軸性（－）であり，③屈折率が方向によって大きく変化し，④菱形のへき開が著しく発達し，⑤ラメラ双晶が著しい．ドロマイトと方解石の区別は困難であるが，もし，ラメラ双晶をしている場合には，双晶のトレースとX'の方向とのなす角度が方解石で55°以上，ドロマイトでは25～40°という値になるので，区別できる．	石灰岩の主要な構成鉱物として産出し，また，砂岩中の脈やこう着物質や泥岩中のノジュールとしても産出する．ふつうの変成岩に方解石が出現するのは，ほとんどが緑色片岩相の岩石に限られていて，方解石は再結晶・粗粒化して大理石になる．火成岩中では，大部分が二次的な変質産物である．しかし，カーボナタイトと呼ばれる特殊な岩石や，ネフェリンせん長岩には，マグマから結晶した方解石が出現している．火成岩中の熱水脈にもしばしば含まれている．
白色か無色で，Feが多くなると褐色になる．薄片では無色．	ドロマイトや方解石に似ているが，ラメラ双晶を示さないことと，屈折率が大きいことで，区別できる．	蛇紋岩がCO_2に富んだ条件下で変質した場合に形成され，石英－マグネサイト岩として産出する．
ピンク，赤，褐色～黄褐色．薄片では，無色～薄いピンク色．	菱マンガン鉱はピンク色なので，他の炭酸塩鉱物とは容易に区別できる．結晶の粒の周囲がマンガン酸化物で黒く汚染されているのも，菱マンガン鉱の特徴である．	日本では中・古生層のマンガン鉱床が高温で変成したとき，ロードナイト・テフロイト・スペッサルタイトなどを伴って産出する．熱水鉱床や熱水脈からも産出する．
黄褐色～暗褐色．	結晶の方位にかかわらず，屈折率が常にカナダバルサムより大きいので，方解石やドロマイトと区別できる．また，結晶の粒の周囲や割れ目に褐色の変質物がついていることがある．	堆積性の層状鉄鉱床や熱水脈に含まれている．

鉱物名・化学組成	比重(D)・硬度(H)	結晶系・形態	へき開・双晶	光学性・屈折率(n)・バイレフリンゼンス(δ)・光学的分散
ドロマイト (Dolomite, 苦灰石) $CaMg(CO_3)_2$	$D=2.86\sim$ (2.93) $H=3.5\sim4$	六方晶系 $a=4.807\,Å$ $c=16.01\,Å$	へき開は，$(10\bar{1}1)$ に著しく発達している．双晶は，(0001)，$(10\bar{1}0)$，$(11\bar{2}0)$ に発達している．	一軸性($-$) $\varepsilon=1.500\sim(1.520)$ $\omega=1.679\sim(1.703)$ $\delta=0.179\sim(0.185)$
アラゴナイト (Aragonite, あられ石) $CaCO_3$	$D=2.94\sim2.95$ $H=3.5\sim4$	斜方晶系 $a=4.95\,Å$ $b=7.95\,Å$ $c=5.73\,Å$	へき開は(010) に発達，(110) に弱いへき開がある．双晶は，(110) を双晶面とするラメラ双晶がある．	二軸性($-$) $2V\mathrm{x}=18\sim18.5°$ $X=c,\ Y=a,\ Z=b$ $OAP\,/\!/\,(100)$ $\alpha=1.530\sim1.531$ $\beta=1.680\sim1.681$ $\gamma=1.685\sim1.686$ $\delta=0.155\sim0.156$ $\gamma<v$，弱い．

色・多色性	鏡下の特徴	産状
白色～無色．Fe・Mnが多くなると黄褐色を帯びてくる．	方解石よりバイレフリンゼンスが大きいこと，$(10\bar{1}1)$のへき開がよく発達していること，菱形の断面がしばしば見られることなどの特徴がある．X'とラメラ双晶とのつくる角が$20〜40°$で，方解石より小さいことが鑑定の基準となる．	苦灰岩の主要な構成鉱物である．日本のドロマイトの大部分は，$Ca／Mg$が1より大きいプロトドロマイトとして一次的に沈殿し，堆積または続成作用の過程で，ドロマイトと方解石に再結晶したものと考えられている．石灰岩が堆積過程で海水と反応したり，接触交代作用によって，ドロマイトを生じることもある．蛇紋岩や石英-マグネサイト岩にもよく含まれている．
無色～白色．薄片では無色である．	二軸性であること，菱形のへき開がないこと，屈折率が大きいことなどの特徴で方解石と区別できる．	火山岩の空隙を埋める二次鉱物および熱水脈鉱物として産出している．新しい堆積岩中には，海水から一次的に沈殿することがある．らんせん石片岩相などの低温高圧型の変成岩には，方解石から変わったアラゴナイトが出現する．

＜りん酸塩鉱物＞

鉱物名・ 化学組成	比　重(D)・ 硬　度(H)	結 晶 系・ 形　　態	へ き 開・ 双　　晶	光学性・屈折率(n) ・バイレフリンゼンス(δ) ・光学的分散
りん灰石 (Apatite) $Ca_5(PO_4)_3$- (OH, F, Cl)	$D=3.1\sim3.35$ $H=5$	六方晶系 $a=9.33\sim9.61$Å $c=6.76\sim6.88$Å	へき開は，(0001) と$(10\bar{1}0)$に弱く 発達している． 双晶は，$(11\bar{2}1)$ や$(10\bar{1}3)$を双晶 面として，まれに 発達している．	一軸性（一） $\varepsilon=1.624\sim1.666$ $\omega=1.629\sim1.667$ $\delta=0.001\sim0.007$ 光学的分散は中程 度．
		フローアパタイト　　　　　　　$\omega=1.633$, ハイドロキシアパタイト　　　$\omega=1.651$,　$\delta=0.007$ クロールアパタイト　　　　　$\omega=1.667$,　$\delta=0.001$ カーボネイトアパタイト　　　$\omega=1.629$, バイレフリンゼンスの値は，クロールアパタイトとハイ ドロキシアパタイトの割合によって決まる．カーボネイ トアパタイトの量がバイレフリンゼンスにどう影響する かは，まだわかっていない．		

＜ハロゲン化鉱物＞

鉱物名・ 化学組成	比　重(D)・ 硬　度(H)	結 晶 系・ 形　　態	へ き 開・ 双　　晶	光学性・屈折率(n) ・バイレフリンゼンス(δ) ・光学的分散
ほたる石 (Fluorite) CaF_2	$D=3.18$ $H=4$	等軸晶系 $a=5.463$Å	へき開は，(111) によく発達してい る． 双晶は(111)で 貫入型である．	$n=1.433\sim1.435$ 異常干渉色を示す こともある． 光学的分散は弱い．

第6章　偏光顕微鏡による造岩鉱物の見分け方

色・多色性	鏡下の特徴	産状
黄～白色，薄片では無色．	大きい屈折率（表面が鮫肌状にざらついて浮き上がって見える）と小さいバイレフリンゼンスが特徴である．一般にc軸方向に伸びた六角柱状をなしている．ベスブ石や無色の電気石とよく似ている．しかし，ベスブ石はりん灰石よりも屈折率が大きいので区別できる．	ほとんどすべての火成岩，変成岩，堆積岩に少量含まれている．カーボナタイトには，モード（容積比）で10%以上含まれていることがある．堆積岩中のりん灰石は砕屑性のものが多いようである．ペグマタイトには比較的粗粒の結晶が含まれている．

色・多色性	鏡下の特徴	産状
無色，白色，黄色，緑色，青色，紫色と変化している．薄片では無色～淡緑～淡紫色．	著しく小さい屈折率，弱い光学的分散，光学的等方体，著しいへき開が特徴である．	花こう岩・せん長岩・グライゼン中に方解石・石英などと共に熱水脈に産出する．また，ペグマタイトにもよく含まれている．例は少ないが，砂岩のこう着物質となっていることもある．

＜全国の化石の産地一覧＞

※本文中に出てくる化石を中心に、日本各地の主要な化石産地を取り上げました。産地によっては、天然記念物に指定されていたり、立入禁止区域も含まれていますが、有名な産地は記載しました。
※同じ産地に、異なる時代の地層が書かれている場合、同じ町や村の中で、別の場所にそれぞれ分布していることを示しています。
※国有林内に立ち入る時には、所轄の営林署の許可が必要となります。ただ、研究目的でないと許可がおりないのが現状です。

産　　地	時　代	産　出　化　石
北海道		
稚内市泊内, 宗谷岬	白亜紀	アンモナイト, 貝類
枝幸郡中頓別町北沢	白亜紀	アンモナイト, 貝類, ウニ
留萌郡小平町達布, 上記念別川	白亜紀	アンモナイト, 貝類
苫前郡羽幌町三毛別川	白亜紀	アンモナイト, 貝類
中川郡中川町佐久	白亜紀	アンモナイト
常呂郡佐呂間町	白亜紀	貝類
広尾郡忠類村	第四紀	ほ乳類
雨竜郡沼田町浅野ほか	第三紀	貝類, ほ乳類, 植物
芦別市芦別川上流地域	白亜紀	アンモナイト, 貝類
岩見沢市万字炭鉱	白亜紀	アンモナイト, 貝類
三笠市幾春別川上流地域	白亜紀	アンモナイト, 貝類, 甲殻類, 魚類, は虫類
夕張市大夕張	白亜紀	アンモナイト, 貝類
浦河郡浦河町	白亜紀	アンモナイト, 貝類
瀬棚郡今金町美利河, 花石, 珍古辺, 北檜山町丸山ほか	第三紀	貝類, 腕足類, 海綿, サンゴ, コケムシ, 魚類, ほ乳類
青森県		
むつ市	第三紀	生痕
西津軽郡深浦町田野沢, 北金ケ沢	第三紀	貝類, ウニ, 腕足類, フジツボ, 魚類, クジラ, 有孔虫
西津軽郡鰺ケ沢町一ツ森	第三紀	貝類, ウニ, 腕足類, フジツボ, 魚類, クジラ, 有孔虫
岩手県		
二戸市湯田	第三紀	貝類, ウニ, 腕足類, 甲殻類, 魚類, 植物
二戸市金田一	第三紀	甲殻類
九戸郡野田村港	第三紀	植物
久慈市	白亜紀	昆虫, 貝類
下閉伊郡田野畑村平井賀	白亜紀	貝類, アンモナイト, 矢石, ウニ, ウミユリ, サンゴ
下閉伊郡岩泉町	白亜紀	アンモナイト, 貝類, 恐竜
花巻市	第四紀	ほ乳類の足跡, 植物
大船渡市大野ほか	デボン紀	三葉虫, サンゴ, 腕足類, コケムシ
大船渡市樋口沢, クサヤミ沢	シルル紀	サンゴ, 層孔虫, コケムシ, 三葉虫
大船渡市鬼丸, 長岩	石炭紀	サンゴ, 紡錘虫, 貝類
大船渡市坂本沢	ペルム紀	サンゴ, 紡錘虫

大船渡市大船渡，西馬越道	白亜紀	貝類，アンモナイト

宮城県

気仙沼市月立上八瀬	ペルム紀	三葉虫，貝類，腕足類
気仙沼市大島磯草	ジュラ紀	アンモナイト，貝類，植物
気仙沼市大島磯草，長崎ほか	白亜紀	アンモナイト，貝類，サンゴ
気仙沼市岩井崎	ペルム紀	紡錘虫，サンゴ
本吉郡唐桑町舞根	ジュラ紀	アンモナイト，貝類，植物
本吉郡本吉町平磯，大沢ほか	三畳紀	貝類，アンモナイト
本吉郡歌津町韮の浜	三畳紀	貝類
本吉郡歌津町韮の浜	ジュラ紀	貝類
登米郡東和町米谷	ペルム紀	貝類，紡錘虫
桃生郡北上町追波	ジュラ紀	貝類，植物
宮城郡利府町利府	三畳紀	アンモナイト，貝類
仙台市太白区竜ノ口	第三紀	貝類
仙台市青葉区茂庭	第三紀	貝類

秋田県

山本郡二ツ井町荷上場	第三紀	サメの歯
北秋田郡阿仁町阿仁合	第三紀	植物
仙北郡南外村	第三紀	植物
本荘市万願寺	第三紀	貝類

山形県

東置賜郡川西町	第三紀	植物

福島県

相馬市富沢	ジュラ紀	サンゴ，貝，アンモナイト，層孔虫，サメ
相馬郡鹿島町上栃窪	デボン紀	腕足類
相馬郡鹿島町	ジュラ紀	アンモナイト，貝類，恐竜，植物
双葉郡広野町	白亜紀	アンモナイト，貝類，
いわき市高倉山	ペルム紀	紡錘虫，サンゴ，アンモナイト，三葉虫，植物
いわき市久之浜町	白亜紀	首長竜
いわき市浅貝	第三紀	貝類
東白川郡塙町	第三紀	貝類

茨城県

久慈郡大子町	第三紀	植物
ひたちなか市平磯	白亜紀	アンモナイト，貝類

栃木県

那須郡塩原町	第四紀	昆虫，魚類，両生類，ほ乳類，植物
安蘇郡葛生町	ペルム紀	紡錘虫
安蘇郡葛生町	第四紀	ほ乳類，両生類

群馬県

利根郡白沢村岩室	ジュラ紀	貝類，植物

吾妻郡中之条町折田	第三紀	魚類, 貝類, 甲殻類, 植物
甘楽郡下仁田町	白亜紀	アンモナイト, 貝類
甘楽郡下仁田町	第三紀	貝類, 有孔虫
甘楽郡南牧村兜岩	第三紀	昆虫, 植物
多野郡中里村瀬林	白亜紀	アンモナイト, 貝類, ウニ, 矢石, 恐竜の足跡(見学のみ), 植物
多野郡中里村叶山	石炭紀〜ペルム紀	紡錘虫, ウミユリ
多野郡上野村白井	白亜紀	アンモナイト, 貝類, 植物
多野郡上野村塩ノ沢	三畳紀	アンモナイト, 貝類

埼玉県

秩父郡小鹿野町二子山	石炭紀	紡錘虫
秩父郡小鹿野町坂本ほか	白亜紀	アンモナイト, 貝類, ウニ
秩父郡小鹿野町ようばけ	第三紀	貝類, 甲殻類, ウニ, サメの歯, 魚鱗, ほ乳類
秩父郡皆野町野巻, 前原	第三紀	貝類, 甲殻類, ウニ, サメの歯, 魚鱗, ほ乳類
飯能市吾野, 下久通	ペルム紀	紡錘虫, ウミユリ
入間市野田	第四紀	ゾウの足跡
入間市仏子	第三紀	植物, ほ乳類, 貝類

千葉県

銚子市	白亜紀	アンモナイト, 貝類, 植物
銚子市	第三紀	貝類
印西市	第四紀	貝類
東金市	第三紀	魚類
市原市瀬又	第四紀	貝類
館山市沼	第四紀	サンゴ, 貝類

東京都

青梅市成木, 小曾木	ペルム紀	紡錘虫, サンゴ
あきる野市	石炭紀	腕足類, サンゴ, ウミユリ
あきる野市	第三紀	貝類, 植物
昭島市	第四紀	ほ乳類, ゾウの足跡, 植物
日野市	第四紀	貝類, 魚類, ゾウの足跡, 甲殻類, 貝形虫, 有孔虫, 植物
府中市	第四紀	貝類
狛江市	第四紀	貝類, ほ乳類, 有孔虫
小笠原村母島	第三紀	有孔虫

神奈川県

川崎市多摩区登戸ほか	第三紀	貝類, ほ乳類, 植物
横浜市金沢区野島町	第三紀	貝類
鎌倉市大船植木ほか	第四紀	貝類
横須賀市津久井	第四紀	貝類, 腕足類, フジツボ
三浦郡葉山町御用邸岬	第三紀	貝類, サンゴ, サメ
三浦市南下浦町上宮田	第四紀	貝類, 腕足類, フジツボ
逗子市桜山ほか	第三紀	貝類, サンゴ, サメ
相模原市当麻	第三紀	貝類, 甲殻類

愛甲郡愛川町小沢	第三紀	貝類, 甲殻類
愛甲郡清川村中津渓谷	第三紀	貝類, 有孔虫, 石灰藻
中郡二宮町	第三紀	貝類
足柄上郡山北町	第三紀	貝類, サンゴ

新潟県

十日町市東下組	第三紀〜第四紀	貝類, 植物
糸魚川市小滝	ジュラ紀	植物
糸魚川市明星山	石炭紀〜ペルム紀	紡錘虫, サンゴ, 腕足類
西頸城郡青海町電化工業石灰山	石炭紀〜ペルム紀	紡錘虫, サンゴ, 腕足類, コケムシ
西頸城郡青海町上路	ジュラ紀	植物

富山県

上新川郡大山町	白亜紀	恐竜の足跡
上新川郡大山町有峰ほか	ジュラ紀	貝類, アンモナイト, 植物
婦負郡八尾町桐谷	ジュラ紀	貝類, アンモナイト
婦負郡八尾町	第三紀	貝類
氷見市朝日山	第三紀〜第四紀	貝類

石川県

珠洲市狼煙	第三紀	昆虫, 植物
金沢市大桑	第三紀〜第四紀	貝類
石川郡尾口村, 白峰村	白亜紀	貝類, 脊椎動物, 植物

福井県

勝山市	白亜紀	脊椎動物, 貝類
足羽郡美山町	白亜紀	植物
今立郡池田町	白亜紀	植物
大野郡和泉村	シルル紀	サンゴ, 三葉虫
大野郡和泉村野尻ほか	デボン紀	サンゴ, 三葉虫, 貝形虫, 貝類
大野郡和泉村下山	ジュラ紀	アンモナイト, 貝類, 植物
大飯郡高浜町難波江, 西三松	三畳紀	貝類, 腕足類

山梨県

北都留郡上野原町八ツ沢	第三紀	貝類

長野県

上水内郡戸隠村	第三紀	貝類, ウニ, 腕足類, フジツボ
北安曇郡小谷村来馬	ジュラ紀	貝類, 植物
佐久市内山	第三紀	貝類, 昆虫, 植物
南佐久郡佐久町	白亜紀	アンモナイト, 貝類
上伊那郡長谷村戸台	白亜紀	アンモナイト, 貝類
下伊那郡阿南町	第三紀	貝類, 腕足類, フジツボ, ウニ, 甲殻類, ほ乳類, 植物

化石産地一覧

岐阜県

吉城郡上宝村福地	デボン紀	サンゴ，三葉虫，貝形虫，層孔虫，コケムシ，オウムガイ，ウミユリ
吉城郡上宝村福地	石炭紀～ペルム紀	紡錘虫，サンゴ，腕足類，コケムシ，石灰藻
大野郡丹生川村	ペルム紀	紡錘虫，石灰藻
大野郡清見村樽谷	デボン紀	サンゴ，層孔虫
大野郡荘川村	ジュラ紀～白亜紀	アンモナイト，貝類，植物
山県郡美山町舟伏山	ペルム紀	紡錘虫，サンゴ，貝類
揖斐郡大野町石山	ペルム紀	紡錘虫，石灰藻
大垣市赤坂町金生山	ペルム紀	紡錘虫，サンゴ，オウムガイ，腕足類，ウニ，貝類
可児市	第三紀	カメ，ほ乳類，植物
瑞浪市	第三紀	貝類，植物，脊椎動物
土岐市	第三紀	貝類，腕足類，ほ乳類，ウニ，サメ，石灰藻

静岡県

田方郡中伊豆町	第三紀	有孔虫，貝類，サンゴ，石灰藻
庵原郡蒲原町城山	第三紀	貝類，ウニ
磐田郡水窪町	白亜紀	アンモナイト，貝類
榛原郡相良町	第三紀	サンゴ，有孔虫，石灰藻
榛原郡御前崎町	第三紀	生痕
袋井市大日	第三紀	貝類
掛川市	第三紀	貝類
引佐郡引佐町伊平	白亜紀	アンモナイト，貝類

愛知県

知多郡南知多町日間賀島	第三紀	貝類，甲殻類，ウニ，魚類
幡豆郡一色町佐久島	第三紀	貝類，甲殻類

三重県

上野市	第三紀	貝類，ほ乳類，植物
阿山郡大山田村	第三紀	貝類，ゾウの足跡
鳥羽市	白亜紀	貝類，恐竜
度会郡南勢町	白亜紀	アンモナイト，貝類，ウニ

滋賀県

坂田郡伊吹町伊吹山	ペルム紀	紡錘虫，ウミユリ
坂田郡米原町霊仙山	ペルム紀	紡錘虫
犬上郡多賀町	ペルム紀	紡錘虫
蒲生郡日野町	第四紀	ゾウの足跡，植物
甲賀郡水口町	第三紀	貝類，植物

京都府

舞鶴市志高	三畳紀	貝類，植物
天田郡夜久野町	三畳紀	貝類
京都市伏見区深草	第四紀	貝類

綴喜郡宇治田原町	第三紀	貝類

大阪府
高槻市	ペルム紀	紡錘虫，サンゴ
高槻市	三畳紀〜ジュラ紀	放散虫
貝塚市蕎原	白亜紀	アンモナイト，貝類

兵庫県
篠山市王地山	白亜紀	カイエビ，貝類，植物
神戸市須磨区	第三紀	植物
三原郡西淡町阿那賀	白亜紀	アンモナイト
三原郡南淡町	白亜紀	貝類，アンモナイト，ウニ，甲殻類，サメ，植物

奈良県
山辺郡都祁村	第三紀	貝類

和歌山県
和歌山市加太町	白亜紀	ウニ
有田郡湯浅町	白亜紀	アンモナイト，貝類，ウニ，ヒトデ
有田郡湯浅町端崎ほか	白亜紀	植物
有田郡金屋町	白亜紀	アンモナイト，貝類，ウニ
日高郡由良町	ペルム紀	紡錘虫

鳥取県
八頭郡佐治村辰己峠	第三紀	昆虫，植物

島根県
邇摩郡仁摩町宅野町	第三紀	貝類

岡山県
津山市新田	第三紀	貝類
新見市阿哲台	ペルム紀	紡錘虫，サンゴ，ウミユリ，コノドント
川上郡成羽町日名畑	三畳紀	貝類，植物
後月郡芳井町日南	石炭紀	サンゴ，三葉虫
井原市山地	白亜紀	カイエビ，貝形虫

広島県
庄原市	第三紀	貝類
三次市	第三紀	貝類
比婆郡東城町	石炭紀	紡錘虫，サンゴ
深安郡神辺町	白亜紀	カイエビ，貝類，貝形虫，植物

山口県
阿武郡阿東町蔵目喜	ペルム紀	紡錘虫
阿武郡阿東町蔵目喜	第四紀	ほ乳類
大津郡日置町	第三紀	貝類，植物
美祢郡秋芳町秋吉台	石炭紀〜ペルム紀	紡錘虫，サンゴ，貝類

美祢市大嶺町	三畳紀	昆虫, 貝類, 腕足類, 植物	
豊浦郡豊田町	ジュラ紀	アンモナイト, 貝類	
豊浦郡菊川町西中山	ジュラ紀	アンモナイト, 貝類, 魚類, 植物	
豊浦郡菊川町歌野	ジュラ紀	植物	
下関市	白亜紀	貝類	

徳島県

坂野郡城町宮川内	白亜紀	アンモナイト, 貝類, 植物
三好郡三好町	白亜紀	アンモナイト
勝浦郡上勝町	白亜紀	アンモナイト, 貝類, 植物
那賀郡羽ノ浦町	白亜紀	アンモナイト, 貝類, 植物

香川県

大川郡長尾町	白亜紀	アンモナイト, 貝類, オウムガイ, ウニ
香川郡香南町岡	第三紀～第四紀	植物

愛媛県

新居浜市仏崎	白亜紀	アンモナイト, 貝類, 矢石
松山市	白亜紀	アンモナイト, 貝類
伊予市郡中	第四紀	貝類, 植物
上浮穴郡久万町二名	第三紀	植物
東宇和郡野村町岡成	シルル紀	サンゴ, 層孔虫, ウミユリ, コケムシ, 三葉虫
東宇和郡城川町田穂	三畳紀	アンモナイト, コノドント, 貝類
宇和島市	白亜紀	アンモナイト, 貝類, ウニ, 甲殻類, 植物
北宇和郡広見町	白亜紀	アンモナイト, 貝類

高知県

安芸郡安田町唐浜	第三紀	貝類, サンゴ, ウニ, フジツボ, 甲殻類, オウムガイ, 植物
香美郡物部村	白亜紀	貝類, アンモナイト
香美郡香北町	白亜紀	貝類, アンモナイト, ウニ, コケムシ, 植物
香美郡野市町三宝山	三畳紀	貝類, 腕足類
香美郡土佐山田町	ペルム紀	サンゴ, 紡錘虫
香美郡土佐山田町	白亜紀	貝類, 植物
南国市領石	白亜紀	貝類, 植物
高知市	白亜紀	貝類, アンモナイト, ウニ, 植物
吾川郡伊野町	三畳紀	貝類
高岡郡佐川町大平山	ペルム紀	三葉虫, サンゴ, 紡錘虫, 貝類
高岡郡佐川町蔵法院	三畳紀	貝類
高岡郡佐川町鳥の巣	ジュラ紀	サンゴ, 層孔虫, 腕足類
高岡郡佐川町	ジュラ紀	貝類, ウニ, アンモナイト
高岡郡越知町横倉山	シルル紀	サンゴ, 層孔虫, 腕足類, コケムシ, 三葉虫, オウムガイ, ウミユリ

福岡県

北九州市	第三紀	貝類

北九州市	白亜紀	貝類, 貝形虫, 恐竜, カイエビ, 魚類
鞍手郡宮田町	白亜紀	貝類, 貝形虫, カイエビ

佐賀県
杵島郡北方町	第三紀	貝類
西松浦郡有田町	第三紀	貝類

長崎県
佐世保市	第三紀	貝類, 植物
西彼杵郡多良見町	第三紀	貝類, オウムガイ
西彼杵郡伊王島町	第三紀	貝類, オウムガイ

熊本県
上益城郡御船町	白亜紀	アンモナイト, 貝類, 植物
八代郡泉村矢山岳	石炭紀〜ペルム紀	紡錘虫, サンゴ, コケムシ, 石灰藻
八代郡東陽村	白亜紀	アンモナイト, 貝類
八代郡坂本村	ジュラ紀	アンモナイト, 貝類
八代市	白亜紀	アンモナイト, 貝類, ウニ, サンゴ
芦北郡田浦町	三畳紀	貝類, アンモナイト, オウムガイ
芦北郡田浦町	白亜紀	貝類
天草郡姫戸町	白亜紀	アンモナイト, 貝類
天草郡御所浦町	白亜紀	アンモナイト, 貝類, 恐竜
牛深市牛深	第三紀	貝類

大分県
玖珠郡玖珠町	第三紀	魚類, 植物
大野郡犬飼町	白亜紀	貝類
大野郡三重町	白亜紀	貝類, アンモナイト, 植物
津久見市	石炭紀〜ペルム紀	紡錘虫

宮崎県
西臼杵郡高千穂町上村	ペルム紀	紡錘虫
西臼杵郡高千穂町上村	三畳紀	アンモナイト
西臼杵郡五ケ瀬町	シルル紀	サンゴ, 三葉虫, 層孔虫, 腕足類
西臼杵郡五ケ瀬町	ペルム紀	紡錘虫, サンゴ
西臼杵郡五ケ瀬町	白亜紀	二枚貝
西都市	第三紀	貝類

鹿児島県
出水郡東町獅子島	白亜紀	貝類, ウニ, オウムガイ, アンモナイト
川内市	白亜紀	アンモナイト, 貝類

沖縄県
国頭郡国頭村	三畳紀	アンモナイト, 貝類
名護市天仁屋	第三紀	生痕
島尻郡佐敷町	第三紀	貝類, サンゴ

＜顕微鏡観察に役立つホームページ＞

顕微鏡および関連機器

http://www.olympus.co.jp/
オリンパス株式会社．生物顕微鏡，工業顕微鏡，偏光顕微鏡，実体顕微鏡．

http://www.nikon-instruments.jp/
㈱ニコンインステック．生物顕微鏡，工業顕微鏡，実体顕微鏡．

http://www.vixen.co.jp/HOME/index.html
㈱ビクセン．光学顕微鏡，実体顕微鏡．

http://www.jeol.co.jp/
日本電子株式会社．電子顕微鏡．

岩石・化石情報

http://www.ne.jp/asahi/mining/japan/index.html
日本の金属鉱山情報．

http://www.katch.ne.jp/~ace-ace/
全国の鉱物，岩石，その付近の情景を写真を交えて解説．新潟の翡翠，岐阜のルビーなどの宝石鉱物，金属鉱物，希産鉱物も紹介．

http://www.asahi-net.or.jp/~BP7N-KMY/
中部各地の化石と地層を紹介．化石年代記など化石一般の概説と採集の仕方，処理の仕方なども紹介．博物館ガイドや化石関連のイベントも紹介．

http://www.u-gakugei.ac.jp/~matsukaw/
東京学芸大学松川研究室．卒論・研究室紹介のほか，観光案内付きで化石産地も紹介されている．

http://www.dino-paradise.com/
恐竜を中心に，化石関連ニュースや化石博物館，イベント情報，リンク集などが紹介されている．

http://www.city.mine.lg.jp/
「フォッシルパーク」で山口県美祢市化石館収蔵の化石を紹介．中学生の化石学習のコーナーもあり．

http://www.nariken.net/
信州新町周辺の化石の紹介と地層の解説．信州新町化石博物館の紹介も．

http://web.kyoto-inet.or.jp/people/ka8001/index.html
日本および世界の自然史博物館ガイド，地学関係の研究機関，関連学会，研究所などのガイド．

化石・鉱物コレクション

http://www.asahi-net.or.jp/~ug7s-ktu/index.htm
　　加藤氏の化石・鉱物コレクション．

http://www.asahi-net.or.jp/~eh9k-ngt/geo/museum_j.html
　　「永田の化石・鉱物電子ミュージアム」．化石・鉱物の採集記録と写真．

http://www.alles.or.jp/~marukou/
　　日本大学鉱物研究会．鉱物コレクションの公開と採集のノウハウなど．

微化石

http://www.u-gakugei.ac.jp/~mayama/diatoms/Diatom.htm
　　東京学芸大学真山研究室ＨＰ「珪藻の世界」．珪藻の採集・観察法, 生態などを美しい写真と共に紹介．

http://www.daiwageolab.jp/work4.html
　　㈱大和地質研究所ＨＰ．微化石鑑定に用いる，ＥＳＲ法, ^{11}Ｃ法, ＴＬ法などの年代鑑定法を紹介．

http://city.hokkai.or.jp/~kubinaga/fossils_geology/whatsmicro.html
　　北海道中川町郷土資料館ＨＰの中で，有孔虫などの微化石写真を公開．

http://www.ias.tokushima-u.ac.jp/iasnews/01/specs.html
　　徳島大学総合科学部石田啓祐研究室．微化石と地球科学について．

観察法・鑑定法

http://kescriv.kj.yamagata-u.ac.jp/hakuhen/hakuhen.html
　　山形大学教育学部理科教育講座地学研究室のページ．水ヤスリを使って簡単に岩石薄片を作る方法を紹介している．

http://www2.nkansai.ne.jp/users/believes/hpdata/henkou.htm
　　岩石薄片をかんたん偏光顕微鏡で見る方法. 中学３年生理科第２分野「火山と火成岩」に役立つ．

http://earth.s.kanazawa-u.ac.jp/ishiwata/min_id_j.htm
　　金沢大学理学部地球学科石渡明氏による偏光顕微鏡による主要造岩鉱物の簡易鑑定表．

教材・地学教育

http://www.planey.co.jp/
　　化石・鉱物・隕石・輸入地学標本の専門商社㈱プラニー商会ＨＰ．

http://www.h-hagiya.com/es/
　　萩谷宏の個人ＨＰ．鉱物薄片写真集のほか，砂つぶの地球科学，水と空気の話，資源と環境など．

http://homepage3.nifty.com/tak3/
　　初心者にもわかりやすい連載「鉱物学の基礎」などが載っている．

http://homepage3.nifty.com/kawaita/
　　神奈川県私立小学校理科部会．学校の下の地層から微化石を探す．化石探しの授業への取り入れ，探し方，標本作成法，微化石写真などを紹介．

偏光顕微鏡写真集

http://www.p.s.osakafu-u.ac.jp/~maekawa/microscopy.html
　　偏光顕微鏡の世界．偏光顕微鏡写真集．

http://staff.aist.go.jp/t-yoshikawa/Pictures/Thinart/Thinart.htm
　　「薄片の中の小宇宙」で偏光顕微鏡写真を紹介．

博物館・科学館など

http://www.mus.akita-u.ac.jp/
　　秋田大学付属鉱業博物館．所有岩石・鉱石・宝貴石・化石の一覧．

http://www.dges.tohoku.ac.jp/museum/museumj.html
　　東北大学理学部自然史標本館．大きなサイズの化石や鉱物などの写真．

http://www.kagakukan.sendai-c.ed.jp/nature/top.html
　　仙台市科学館．宮城県を中心とした東北6県の動・植物，化石，岩石，鉱物のデータベース．

http://www.dino-nakasato.org/
　　中里村恐竜センター．展示物の紹介と，恐竜化石のレプリカ作成，日本人大学生の新種恐竜発見手記，恐竜Q＆A，中里バーチャル博物館など．

http://www.um.u-tokyo.ac.jp/DM_CD/MENU/HOME.HTM
　　東京大学総合研究博物館．

http://www.sizen.muse-tokai.jp/
　　東海大学自然史博物館．

http://park7.wakwak.com/~akishimakujira/
　　クジラの館．アキシマクジラの化石紹介．

http://www.dinosaur.pref.fukui.jp/
　　福井県立恐竜博物館．

http://www.mus-nh.city.osaka.jp/index.html
　　大阪市立自然史博物館．

http://www.nat-museum.sanda.hyogo.jp/
　　兵庫県立人と自然の博物館．

欧文のサイト

http://www.minerals.si.edu/
アメリカ,スミソニアン博物館,鉱物学部門. 鉱物や宝石のコレクション.

http://www.emporia.edu/earthsci/museum/museum.htm
アメリカ, カンサス, エンポリア州立大学地球科学科, 化石と鉱物等.

http://mineral.galleries.com/
The Mineral Gallery. アメリカ, 鉱物ギャラリー.

http://www.geocities.com/trilobitologist/
Kevin's TRILOBITE home page. アメリカ, Kevin 氏の三葉虫.

http://www.iucr.org/iucr-top/welcome.html
International Union of Crystallography. イギリス, 国際結晶学連合.

http://www.immr.tu-clausthal.de/
ドイツ, クラウスタル工業大学鉱物資源研究所.

http://www.osomin.com/index.htm
OsoSoft Mineral Connection. アメリカ, Ososoft 鉱物販売店.

http://www.stonesbones.com/
Stones & Bones Fossil Company. アメリカ, 鉱物・化石販売店.

http://www.rockhounds.com/
Bob's Rock Shop. アメリカ, Bob 氏の鉱物販売店.

http://www.fossils-for-sale.com/
Famous Fossils & Lyme Bay Fossils. イギリス, Ian 氏の有名化石販売店.

＜参考文献と参考書＞

第2章
化石全般
1) 松川正樹（1981）『化石の採集と見分け方——採集地案内』．グリーンブックス 71，ニューサイエンス社．
2) 松川正樹（1983）『化石の採集と見分け方Ⅱ』．グリーンブックス 105，ニューサイエンス社．
3) 化石研究会 編（2000）『化石の研究法』．共立出版．
4) Cox, L.R., et al.（1969）Treatise on Invertebrate Paleontology, Part N,volume 1,2 Mollusca 6 (1 of 3),(2 of 3) Mollusca (eds by Moore, R.C.), University of Kansas Press.
5) Stanley, S.M. （1970）Relation of shell form to life habits of the bivalvia (mollusca). The Geological Society of America, Memoir 125.

アンモナイト
6) Arkell,W.J., et al.（1957）Treatise on Invertebrate Paleontology, Part L, Mollusca 4, Cephalopoda and Ammonoidea, (eds by Moore, R.C.), University of Kansas Press.
7) Wright,C.W. （1996）Treatise on Invertebrate Paleontology, Part L, Mollusca 4 revised：Cretaceous Ammonoidea, University of Kansas Press.

二枚貝
8) Tanabe , K. and Zushi, Y.（1988）Larval paleoecology of five bivalve species from the Upper Pliocene of southwest Japan. *Transactions and Proceedings of the Palaeontological Society of Japan* **150**：491-500.

恐竜
9) 松川正樹（1998）『恐竜ハイウェー』．PHP新書054，PHP研究所．
10) Matsukawa, M. and Obata, I. （1985）Dinosaur footprints and other indentations in the Cretaceous Sebayashi Formation, Sebayashi, Japan. *Bulletin of the National Science Museum, ser. C (Gology)* **11**：9-36.

植物化石
11) 吉山寛（1992）『原寸イラストによる落葉図鑑』．文一総合出版．
12) 西田治文（1998）『植物のたどってきた道』．NHK BOOKS 819，日本放送出版協会．

第3章
紡錘虫，有孔虫
1) 浅野清 編（1970）『微古生物学（上）』（有孔虫類,フズリナ類）．朝倉書店．
2) 浅野清 編（1973）『新版古生物学Ⅰ』（原生動物）．朝倉書店．
3) Takayanagi, Y. and Saito, T. （1992）Studies in Benthic Foraminifera．Tokai University Press.
4) Moore, R. C. (ed.)（1966）Treatise on Invertebrate Paleontology, Part C Protista 2 volume 1, The Geological Society of America and The University of Kansas Press.

放散虫類，けい藻類
5) 浅野清 編（1976）『微古生物学（中）』（放散虫類，珪藻類）．朝倉書店．

コノドント
6) 鹿間時夫 編（1975）『新版古生物学Ⅲ』（コノドント類）．朝倉書店．
7) 浅野清編（1976）『微古生物学（下）』（コノドント類）．朝倉書店．
8) Robison, R. A. (ed.) (1981) Treatise on Invertebrate Paleontology, Part W Miscellanea, Supplement 2 Conodonta, The Geological Society of America and The University of Kansas Press.
9) Aldridge, R. J. (1987) Palaeobiology of Conodonts, British Micropaleontlologicall Society Series. Ellis Horwood Limited.
10) Sweet, W. C. (1988) The Conodonta, Oxford Monographs on Geology and Geophysics No.10. Clarendon Press, Oxford.

貝形虫
11) Brasier, M. D. (1980) Microfossils. Geoarge Allen & Unwin.
12) 藤山家徳他 監修（1982）『日本古生物図鑑』（池谷仙之「新生代甲殻類（介形虫）」：374-379，図版187-189）．北隆館．
13) 池谷仙之・山口寿之（1993）『進化古生物学入門――甲殻類の進化を追う』．東京大学出版会．
14) 日本古生物学会 編集（1991）『古生物学事典』（石崎国熙「貝形類」）．朝倉書店．
15) 間嶋隆一・池谷仙之（1996）『古生物学入門』．朝倉書店．
16) Moore, R. C. (ed.), (1961) Ostracoda in Treatise on Invertebrate Paleontology, Part Q-Arthoropoda 3-Crustacea-Ostracoda, Geological Society of America and University of Kansas Press, Lawrence, Q.
17) 岡田要 監修（1965）『新日本動物図鑑（中）』（花井哲郎・上野益三「介形亜綱（Ostracoda）概説」：453-456）．北隆館．
18) 松本達郎 編（1974）『新版古生物学Ⅱ』（今泉力蔵・花井哲郎「Ⅲ大顎亜門 Mandibulata, 9甲殻綱 Crustacea 4貝形亜綱 Ostracoda」：224-230）．朝倉書店．
19) 浅野清 編（1976）『微古生物学（下）』（岩崎国熙「9貝形虫類」：1-53, 図版1-5）．朝倉書店．
20) 井尻正二 監修（1981）『古生物学各論Ⅲ 無脊椎動物化石（下）』（岩崎国熙「c貝形類」：172-182）．築地書館．

第4章
偏光顕微鏡
1) 内藤卯三郎（1930）『光学要論』．培風館．
2) 都城秋穂（1949）『岩石顕微鏡』．発行：日本鉱物趣味の会，発売：教研社．
3) 坪井誠太郎（1959）『偏光顕微鏡』．岩波書店．
4) 柴田秀賢（1969）『偏光顕微鏡』．朝倉書店．
5) 都城秋穂・久城育夫（1972）『岩石学Ⅰ 偏光顕微鏡と造岩鉱物』．共立出版．
6) 酒井栄吾（1978）『地学領域の実験観察の技能，現代理科教育大系6，Ⅻ 実験観察とその指導』．東洋館出版社．
7) 鈴木敬信・島村福太郎・甲斐啓造・富永政英・池上良平・永沢譲次・鹿沼

茂三郎・西尾敏夫・石井醇・稲森潤・岡村三郎（1963）『大学課程地学実験』．東京教学社．
8) 小沼直樹（1972）『講談社現代の化学シリーズ④ 宇宙化学』．講談社．
写真撮影法
9) 相場博明 著・藤田ひおこ 絵(1997)『使い切りカメラの実験』．さ・え・ら書房．

第5章
岩石学
1) 千葉とき子・斉藤靖二（1996）『かわらの小石の図鑑——日本列島の生い立ちを考える』．東海大学出版会．
2) 都城秋穂・久城育夫（1975）『岩石学Ⅱ 岩石の性質と分類』．共立出版．
3) 都城秋穂・久城育夫（1977）『岩石学Ⅲ 岩石の成因』．共立出版．
4) 水谷伸治郎・斉藤靖二・勘米良亀齢 編（1987）『日本の堆積岩』．岩波書店．
5) 島　正子（1998）『科学のとびら 29 隕石——宇宙からの贈りもの』．東京化学同人．
薄片作成法
6) 加納　博（1959）「能率的な岩石薄片の作り方, 全ラップ式単指研磨法について」．地球科学, **7**：36-38．
7) 鈴木敬信・島村福太郎・甲斐啓造・富永政英・池上良平・永沢譲次・鹿沼茂三郎・西尾敏夫・石井醇・稲森潤・岡村三郎（1963）『大学課程地学実験』．東京教学社．

第6章
鉱物全般
1) 都城秋穂・久城育夫（1972）『岩石学Ⅰ 偏光顕微鏡と造岩鉱物』．共立出版．
2) 桐山良一（1950）『新制図解鉱物学』．増進堂．
3) 黒田吉益・諏訪兼位（1983）『偏光顕微鏡と岩石鉱物 第2版』．共立出版社．
4) 森本信男・砂川一郎・都城秋穂（1975）『鉱物学』．岩波書店．
5) 森本信男（1993）『造岩鉱物学』．東京大学出版会．
6) 秀文堂編集部 編（1975）『改訂 現代地学図説』．秀文堂．
7) Deer, W. A., Howie, R. A. and Zussman, J. (1926-1963) Rock-forming Minerals. Vols.1-5. Longman, London.
8) Deer, W. A., Howie, R. A. and Zussman, J. (1978) Rock-forming Minerals. 2nd ed., Vols.1A and 2A, Longman, London.
9) Deer, W. A., Howie, R. A. and Zussman, J. (1966) An Introduction to the Rock-forming Minerals. Longman, London.
10) Enami, M. and Banno, S. (1980) Zoisite-clinozoisite relations in low-to medium grade high-pressure metamorphic rocks and their implications. Mineralogical Magazine, **43**, 1005-1013.
11) Moorhouse, W. W. (1959) The Study of Rocks in Thin Section. Harper and Row, New York.
12) Winchell, A. N. and Winchell, H. (1951) Elements of Optical Mineralogy, Part Ⅱ, 4th ed., John Wily & Sons, New York.

あとがき

　本書は，新版顕微鏡シリーズの中の1冊として企画されたものですが，旧版の『鉱物の顕微鏡観察』を全面改訂し，新しい内容を加えて『岩石・化石の顕微鏡観察』として生まれ変わりました．旧版の時と同じように，筆者が構成や内容の取りまとめ役となり，作業を進めてきました．

　旧版は「偏光顕微鏡」というものに重点が置かれ，技術的で原理的な面が主体になっており，扱う岩石も火成岩が中心でした．しかし，岩石を構成している鉱物は，火成岩だけではなく堆積岩や変成岩にも存在するものですので，本書では，日本列島にごく普通に見られる種類の岩石について火成岩以外のものも取り上げました．また，鉱物の鏡下の観察に使いやすくするような試みとして，各鉱物のごく一般的な事項の記載とともに，結晶系や色などの物理的性質や光学的性質などを表にまとめ，第6章に作成しました．その内容や顕微鏡のスケッチなどは，ほとんどが旧版のものからですが，化学組成や硬度，比重，屈折率などについて検討を行いました．

　今回の改訂では，「観察」という観点を重視し，第2章と第3章に化石や微化石の顕微鏡観察を加えました．地層の中の小さな微化石から，アンモナイトのような大型化石などについて，どのような採集方法で，どのようなときに顕微鏡を使い，どこを見たら解決への方向になるのか，そして，観察結果からどのようなまとめが導き出されるのか．読者の方々が，こうした研究についての方法を経験されることができたら著者一同の望外の喜びです．

　第4章は偏光顕微鏡の解説ですが，中学校や高等学校で用いられている簡易型のものについても充実を図り，鉱物の紫外線の反応も

付け加えました．第5章では，偏光顕微鏡を用いた岩石の観察法を紹介しました．薄片作りのコツを丁寧に解説した後，偏光顕微鏡写真とスケッチ見本を対比させながら鏡下での見どころを述べ，読者が実際に顕微鏡をのぞいているような気持ちになれるよう工夫しました．

　旧版発行以来20年近くが経過し，大学の教育学部では電子顕微鏡やX線回折装置の設備も珍しくなくなりましたが，偏光顕微鏡による観察は岩石を扱う人の基本です．偏光顕微鏡や双眼実体顕微鏡の改良や開発に伴い，型式の変化，さらに普及型や簡易型のものの実用化がかなり進歩し，価格も低いものが提供されるようになっております．一方，学校教育では，理科における観察・実験の重視が一層叫ばれている今日，拡大して見ることにより，見えなかったものが見えた喜びは何ものにも代え難いものであります．

　末筆ですが，本書がここまでになりましたこと，ご協力いただいた多くの方々に感謝いたします．北辰光器の冨木和司氏には，いろいろと美しい鉱物を鑑賞させていただき，また，その一部を本書にも掲載をお認めいただきましたこと厚く御礼申し上げます．オリンパス光学工業㈱，㈱ニコンインステック，東京書籍㈱の各社からも数々の写真をご提供いただき，各社並びにご担当者の方々に，心より御礼申し上げます．また，写真撮影にご協力いただいた小荒井千人氏と東京学芸大学教育学部松川研究室の皆さんにも深く感謝いたします．最後に，地人書館の塩坂比奈子さんには構成や内容の検討にいろいろなアイディアをいただき，勤務地や専門分野の異なる人の間を駆け回られ，ようやくここまでまとめることができましたこと，衷心より感謝申し上げます．

平成13年2月5日

榊原　雄太郎

和 文 索 引

【あ行】

亜鉛華 170
アクチノせん石 233
アクチノライト 233, 260
アーケオコピーダ目 107, 108
亜硝酸コバルトナトリウム 187
亜硝酸コバルトナトリウム溶液処理 189
アデュラリア 221
アナイト 225
アナテース 240, 277
アナルサイト 216, 224, 248
アノーサイト 222
アノーソクレイス 216, 221, 246
アパタイト 243
アフィリックな組織 192
アユイ 3
アラゴナイト 217, 243, 282
アラルダイト 173, 182
あられ石 243, 282
アランダム 76, 172, 176, 185
アリザニンレッド溶液 190
アルカリ角せん石系列 216
アルカリ輝石系列 216, 229
アルカリ長石 216, 220, 221
アルコース砂岩 201
アルバイト 220, 221
アルバイト双晶 195, 196, 221
アルバイレラ科 101
Albertosaurus の歯の化石 口絵, 43, 44
α-ゾイサイト 264
アルベゾナイト 216
アルマンディン 239, 270
アロンアルファー 183
アンケライト 243
安山岩 193

アンセテーカ 79
アンダープリント 48
アンチゴライト 216, 227
アンチパーサイト 221
アンデシン 222
アンドラダイト 239, 270
アンモナイト 23, 31
　――の産出順序 36
　――の分類 37, 38, 39
アンモナイト目 35, 36

異常光 124
イーストナイト 225
板チタン石 277
異地性化石 9, 10
イノけい酸塩鉱物 216, 228, 254
異はく石 256
イルメナイト 217, 240, 274
印象材 27
隕石 口絵, 211
インド石 236

ウーイド 205
ウエールライト 229
ウォルフ 57
ウバロバイト 239, 270
ウラストナイト 230, 232, 258
ウラライト化作用 261
ウルボスピネル 217, 241
うろこ鉄鉱 217
雲母 219
雲母検板 136
雲母族 216, 224

エアースクライバー 口絵, 27, 28
エイコンドライト 212
鋭錐石 277
鋭敏色 137
鋭敏色検板 136

エジリン 216, 229
SiO 四面体 218
SiO 層状構造 219
SiO 単鎖構造 218
SiO 複鎖構造 218
SiO 立体構造 219
X 線粉末回折法 236, 242
エッチング 188, 191
エデナイト 234, 260
エポキシ系の接着剤 76
エルバイト 236, 266
塩化バリウム飽和水溶液 187
塩化バリウム飽和水溶液処理 189
塩基性岩 193
塩酸 190
　――のエッチング 191
エンスタタイト 228, 254
エンタクテイニア科 101

黄鉄鉱 217, 241, 278
オウムガイ 31
大型化石 8, 66
オザワイネラ 86
雄型 28
オストラコーダ 66
オージャイト 216, 229, 230, 256
オーソコーツァイト 201
鬼の洗濯岩 208
オパール 170, 206, 215, 216, 244
オリゴクレイス 221
オリンパス POS 132
オルソクレイス 246
オルソスコープ 128, 149, 150
　――での観察 150
オルソフェロシライト 228, 254
オンファサイト 232
オンファス輝石 216, 229

【か行】

貝形虫(介形虫) 口絵, 66, 105
　——のからだのつくり 106
　——の殻の表面装飾 116, 117
　——の抽出法 110, 111
　——のピッキング 114
　——の分類・同定 115
開口数 134
カイチノゾア 66
灰長石 220
灰鉄輝石 254
回転研磨盤 180
灰ほう石 170
開放ポーラ 146, 150, 151
カオリナイト 207
化学岩 199
角せん岩 261
角せん石 218
角せん石族 216, 233
殻壁(紡錘虫) 77
　——の構造 78, 79
隔壁(アンモナイト) 31, 32
隔壁(紡錘虫) 77, 79, 80
隔壁孔 80
隔壁構造(紡錘虫) 78
角礫岩 199
花こう岩 187, 198
花こうせん緑岩 187
火砕性堆積岩 199
過酸化水素水法 112, 113
火山岩 192, 193
火成岩 口絵, 191, 192, 193
化石 口絵, 8, 66
　——のクリーニング 口絵, 27, 58
　——の産状 9, 10, 26, 58
　——の整理 口絵, 27, 29
化石採集道具 24, 25
化石産出層準 13
化石層序 19, 21
化石帯 83

化石葉 60
片面ずり 175, 180
各個柱状図 12, 13
滑石 216, 226, 252
褐鉄鉱 241, 278
褐鉄鉱族 217
褐れん石 217, 236, 264
カナダバルサム 150, 172
ガーネット 239
カバーガラス 172
下部テクトリウム 78, 79
貨幣石 23
下方ポーラ 128, 132, 133, 136, 144
下方ポーラ(簡易型偏光顕微鏡) 144, 147
カーボネイトアパタイト 243, 284
カーボノシュワゲリナ 85, 92
カーボランダム 172, 174, 176, 180, 185
カミングトナイト 233, 258
カミングトナイト-グリュネライト 216, 233
カリ長石 187, 220
　——の染色 187
カルサイト 190
カルシウム角せん石系列 216
カルシウム輝石系列 216, 229
カルスバド双晶 196, 222
カルセドニイ 206, 215, 216, 220, 244
簡易型偏光顕微鏡 144, 147
　——の構造 145
　——の調整法 148
岩塩 170
頑火輝石 228, 254
干渉色 128, 130, 160, 178
干渉色図表 160, 161
岩床 192
岩石 191, 214
　——の染色 186
岩石カッター 75
岩石研磨機 172, 179

岩石切断機 172
岩石薄片 172
　——の作り方 176
岩相 13, 14, 15, 16, 19
岩相層序 19
岩相層序区分 16, 17
岩相層序単位 15, 17
岩脈 192
かんらん石 217, 218, 237, 268
　——の組成 237
かんらん石族 217, 237
かんらん石玄武岩 口絵, 194
間粒状組織 193
眼瘤 117
擬けい灰石 233, 258
基質 200
キシレン 172
輝石 218
輝石族 216, 228
絹雲母 225
機能形態学 41
輝沸石 224, 248
気房 31
級化層理 200
旧赤色砂岩 200
吸熱フィルター 131, 132, 136
凝灰岩 199
鏡台 132, 133
鏡柱 132, 133
鏡筒 132, 135
鏡筒(簡易型偏光顕微鏡) 146
恐竜 41
　——の足跡 52, 53, 54
玉髄 206, 215, 244
魚骨状組織 232
鋸歯 44, 55
魚卵状石灰岩 口絵, 204, 205
魚卵石 205
金紅石 240, 276
きん青石 211, 217, 236, 266
きん青石ホルンフェルス 口絵

金属碗　113

苦灰岩　203
苦灰石　190, 282
くさび石　268
屈折率　124, 153, 214
クラドコピーナ亜目　108
グラニュライト相　240
グランダイト　239
クランプ　132, 133, 135
グリシメリス・ロットゥンダ
　　46, 47
クリストバライト　215, 216,
　　220, 244
クリソタイル　227
クリソライト　237
クリーニング（化石の——）27,
　　58
クリノエンスタタイト　216,
　　229, 230
クリノゾイサイト　235, 262
クリノヒューマイト　238
クリノフェロシライト　216,
　　229
クリノメーター　24, 25
グリュネライト　233, 258
グレイワッケ　201
グレンストーン　203
黒雲母　157, 216, 225, 250
　　——の(001)へき開線　142
黒雲母花こう岩　口絵, 198
黒雲母片岩　209
グロシュラー　239, 270
クロッサイト　235, 263
クロマイト　241, 276
クロムスピネル　241
クロムダイオプサイド　230
クロム鉄鉱　241
クロリトイド　239
クロールアパタイト　243, 284
群集スライド　96, 115
群集組成　110

けい灰石　216, 229, 230, 232,
　　258

けい線石　217, 239
けい酸亜鉛鉱　170
けい酸塩鉱物　215, 216
　　——の構造　218, 219
けい線石　235, 270
けい藻　103
　　——の抽出法　104
けい藻土　68
携帯型双眼実体顕微鏡　72
ゲータイト　217, 241
頁岩　口絵, 68, 199, 207
結晶系　214
結晶質石灰岩　口絵, 190, 209,
　　211
結晶主軸　123
結晶片岩　209, 210
ケヤキの葉の化石　口絵
ケリオテーカ　78, 79, 80
ケルスータイト　216
原殻　45, 46
顕球形　92
現地性化石　9, 10
検板　133, 136, 137, 158
検板挿入孔　132
玄武岩　193
玄武ホルンブレンド　234

紅亜鉛鉱　170
広域変成岩　208
広域変成作用　208
高温石英　215
光学性　214
光学的一軸性　125, 126
光学的異方性　124
光学的異方体　124, 125
光学的正号　126
光学的等方性　124
光学的等方体　125
光学的二軸性　125, 126
光学的負号　126
光学的方位　214
鋼玉　274
光軸　123, 126
高次の干渉色　162

鉱石　185
　　——の表面研磨　185
紅柱石　217, 239, 272
後背地　199
鉱物　2, 120
　　——の光学的性質　120
　　——の種類と分類　214,
　　216, 217
　　——のスケッチ法　163, 164
　　——の粒の薄片の作り方
　　182
　　——の特徴　163
鉱物名の表記　214
鉱物粒　184
　　——の薄片の作り方　184,
　　185
紅れん石　217, 235, 264
古気温　58
　　——の推定　58
古気候　55
ココリス　66
コーサイト　215, 220
ゴーストプリント　48
コッコリトフォリード　66
コーティング　190
コナラ　56
ゴナルダイト　224
ゴニアタイト目　34, 35, 36
コノスコープ　149, 150
コノドント　66, 93, 97, 207
　　——の形態　94
　　——の抽出法（石灰岩）　93
　　——の抽出法（チャート）
　　94
　　——のピッキング　95
コノドント動物　97
　　——の復元図　98
コマータ　77, 80, 81
固溶体　220
コランダム　217, 239, 274
コロエデネロコピーナ亜目
　　107, 108
コロフォーム状　244
コンタミネーション　70, 100

コンデンサ 131, 132, 133, 134
コンドルール 212
コンドロダイト 238

【さ行】

サイクロけい酸塩鉱物 217, 235, 262
最終研磨 181
砕屑岩 199
砕屑物 199
砂岩 199, 200, 202
ざくろ石族 217, 239, 270
さざれ石 203
サニディン 187, 216, 246
サブカルシックオージャイト 230
サブカルシックフェロオージャイト 230
サーライト 230, 254
酸化鉱物 217, 239, 274
三斜晶系 125
酸性岩 192, 193
三葉虫 23
仕上げずり 175, 177
ジオペタル構造 205
軸充塡物 81
軸色 156
軸副隔壁 79, 80
自形 212
自在回転台 132
c 軸 120, 123, 126
示準化石 20, 23, 30, 66, 106
歯状縁 59
自然集合体 98
示相化石 23, 24, 109
紫蘇輝石普通輝石安山岩 口絵, 194
磁鉄鉱 217, 241, 278
磁鉄鉱族 217
シデライト 217, 242, 280
シデロフィライト 225
絞り 131, 132

視野棚 135
斜交正切断面 74
斜交断面 74
斜交葉理 16, 200
斜消光 157
斜晶石 170
ジャスパー 245
斜長石 187, 216, 220, 221, 246
——の屈折率 223
斜方角せん石 216
斜方輝石 216, 228, 254
——の屈折率 228
——の斑晶 232
スチルウォーター型の—— 229
ブッシュフェルト型の—— 229
斜方晶系 125
斜方鉄けい石 228
蛇紋石 216, 252
集塊岩 199
終殻 45, 46
重鋸歯状縁 59
十字石 217, 239, 272
十字線 135
重晶石 170
住房 31
シュードシュワゲリナ 82, 88
シュードドリオリナ 90
シュードフズリナ 88
シューベルテラ 86
シュワゲリナ 88
シュワゲリナ型 79
準輝石系列 216, 229
準コマータ 80
小鋸歯状縁 59
消光 130, 156, 157
消光位 156
消光角 157
上部テクトリウム 78, 79
上方ポーラ 128, 132, 133, 137
上方ポーラ(簡易型偏光顕微鏡) 145, 147
植物化石 55

初房 77
ショール 236, 266
シリカ鉱物族 215, 216, 244
シリコンゴム印象材 28
磁硫鉄鉱 241
ジルコン 217, 238, 268
シルト岩 68, 199
白雲母 216, 224, 250
白チタン石 275
深成岩 192, 193
新赤色砂岩 口絵, 200, 202
真の足跡 48
水酸化鉱物 217, 239, 274
スカルン 271
スケールバー 168
スコリア 184
スコレサイト 224
スタッフェラ 86
スチルウォーター型の斜方輝石 229
スチルプノメレン 216, 226, 250
スティショバイト 215
スティルバイト 216, 224, 248
ステージ 132, 133
ステージ(簡易型偏光顕微鏡) 145
ストロンチアナイト 243
スパーリーカルサイト 206
スファエロシュワゲリナ 92
スファエロシュワゲリナ・フジフォルミス 82
スフェーン 217, 239, 268
スブメラリア亜綱 101
スピネル 217, 241, 276
スピネル族 217, 241, 276
スペッサルティン 239, 270
スポジューメン 216, 229
スメクタイト 207
スライドガラス 172
スレート 207
正横断面 73, 74, 80
生痕化石 8

生砕物　204
正縦断面　73, 74, 80
正切縦断面　74
正旋回副隔壁　79, 80
正長石　187, 216, 219, 246
生物岩　199
正方晶系　125
セイロナイト　241
石英　187, 215, 216, 219, 244
石質アレナイト　201
赤鉄鉱　217, 240, 274
赤鉄鉱族　217, 239, 274
石灰岩　67, 93, 202, 204
　——の採集方法　69
石灰質ナンノプランクトン　66
石灰泥　204
接眼方眼ミクロメーター　164
接眼レンズ　132, 133, 135
接眼レンズ（簡易型偏光顕微
　鏡）　145
石基　192, 210
石膏検板　136
石膏模型　28
接触変成岩　209
瀬林層　15, 16
セプタ　31
セラタイト目　34, 35, 36
全縁葉　55, 56, 59
全縁率　56, 57, 60, 62
旋回軸　74
旋回副隔壁　79
尖晶石　241
尖晶石族　241, 276
センターリング　140
前壁　79
千枚岩　209, 211
せん緑岩　口絵, 197
浅裂状縁　59

ゾイサイト　217, 235, 264
　α-ゾイサイト　264
　β-ゾイサイト　264
層　16, 17
相加現象　158

相減現象　158
双眼鏡筒　133
造岩鉱物　214
双眼実体顕微鏡　71, 72
　（透過照明架台）　72
層群　17
層厚　14, 15
総合柱状図　14, 15
造山運動　208
双晶　214
草食恐竜　42
層序　16
層状チャート　70
曹微斜長石　246
層理面　16, 70
続成作用　192
束沸石　224, 248
側方伸長　117
ソーダ雲母　250
ソーダオージャイト　230
ソーダ沸石　224
粗動ハンドル　132, 133
ソービー　3
ソロけい酸塩鉱物　217, 235,
　262

【た行】

ダイアスポア　217
ダイアレイジ　256
ダイオプサイド　229, 230, 254
ダイオプサイド-ヘデン輝石系
　列　216, 229, 230, 254
対角位　130, 156
体化石　8, 66
体管　31
堆積岩　口絵, 191, 199
堆積相　58
堆積粒子　48, 54
堆積粒子配列　49, 50
対物ミクロメーター　168
対物レンズ　132, 133
　——の分解能　134
ダイヤモンド　170
大理石　190, 209, 211

タガネ　24, 25
濁沸石　248
多形　215
他形　197, 212
多色性　129, 156
多色性ハロー　251
谷　34
単位格子　3
単鋸歯状縁　59
単孔スライド　96
炭酸塩鉱物　217, 242, 280
単斜角せん石　216
単斜頑火輝石　229
単斜輝石　216, 229
　——の組成　231
単斜輝石系列　216, 229
単斜晶系　125
単斜鉄けい石　229
炭素質コンドライト　212
たん白石　215, 244

チェルマカイト　234, 260
地史　16
地質温度計　190, 242
地質系統　18
地質時代　82
地質年代　18
地層　12
　——の対比　83
　——の同時性　83
地層区分　16
地層名　16
地層同定の法則　83
地層累重の法則　12, 19
チタノマグヘマイト　241
チタンオージャイト　230
チタン鉄鉱　240, 274
チャート　口絵, 67, 205, 206
　——の採集方法　70
チャート・アレナイト　201
チャート層　67
チャバザイト　224
チャルノッカイト　229
中間ピジョン輝石　231

和文索引

抽出法
　貝形虫の—— 110, 111
　けい藻の—— 104
　コノドントの—— 93, 94
　放散虫の—— 100
　有孔虫の—— 103
柱状図 12
中心調整 140, 141
中性岩 192, 193
中裂状縁 59
チューライト 235, 265
長石質アレナイト 201
長石族 216, 220, 246
長石の双晶 222
超微化石 66
直消光 157
直せん石 216, 233
直線偏光 127
直交ポーラ 150, 151

ツィルケル 3
通常光 124

TiO_2 鉱物 240
ディアファノテーカ 78, 79
低温石英 215
泥岩 68, 207
低次の干渉色 162
ディストーション指数 236
ティラノサウルス 42
テクタム 78, 79, 80
テクトけい酸塩鉱物 215, 216
鉄けい灰石 233
鉄けい石 254
鉄尖晶石 241
転化ピジョン輝石 232
塡間状組織 195
電気石 217, 236, 266

砥石　口絵, 207, 208
透輝石 229, 254
等軸晶系 125
同時性 20
同質異像 215
同種双型 92

透せん石 233
透明方解石 204
等粒状組織 192
ドフィーネ双晶 220
トムソナイト 216, 224, 248
トムソン沸石 224
トラカイト 247
ドラバイト 236, 266
トリティシーテス 88
トリティシーテス型 79
トリディマイト 215, 216, 220, 244
トリヤマイヤ 86
トレモライト 233, 260
トレモライト-アクチノライト 216, 234
トレモライト-フェロアクチノライト 233
トロコフォア幼生 45
ドロマイト 190, 217, 242, 282
トンネル 77, 80

【な行】

内生型 10
中ずり 175, 177
ナチュラルプリント 48
ナッセラリア亜綱 101
ナトロライト 216, 224, 248
ナトロライト族 216, 248
ナフサ法 112, 114
鳴滝砥石 208
肉食恐竜 42, 43
ニコル 3
ニコルプリズム 3, 4
ニコン ECLIPSE E600POL 133
二酸化けい素 67
二次研磨 177
ニッポニテーラ 81
日本式双晶 220
二枚貝 44
　——の殻の構成 46
　——の生活史 45

　——の生活様式 10
二枚貝化石 44
二名法 29

ヌムライテス 85

ネオシュワゲリナ 90
ネオフズリネラ 86
ネソけい酸塩鉱物 217, 237, 268
粘板岩 207

ノジュール 25, 281
ノルベルガイド 238

【は行】

ハイアロシデライト 237
バイオクラスト 204
バイトウナイト 222
ハイドロキシアパタイト 243, 284
ハイパーシン 228
パイラルスパイト 239
バイレフリンゼンス 124, 162
パイロープ 239, 270
パイロフィライト 225, 226
バーガサイト 234, 260
薄片 127, 172
　——の厚さ 178
　——の入れ方 148
　——の断面図 151, 172
パーサイト 221
パーサイト構造 198
ハージストン石 170
波状縁 59
パックストーン 203
発光性 169
はねのけレンズ 131
葉の形態的特徴 57
ハーパタイト 170
バーミキュライト 216, 227, 252
パミス 184
ばら輝石 216, 229
パラけい灰石 233, 258

パラゴナイト　216, 225, 250
パラフズリナ　90, 92
バリウム長石　221
はり長石　246
針鉄鉱　217
ハルツバージャイト　229
バルトリン　3
パレオコピーダ目　107, 108
ハロゲン化鉱物　217, 243, 284
半自形　197, 212
反射鏡　130, 132
反射偏光顕微鏡　185, 186
斑晶　192, 193
斑状組織　192
半深成岩　192
バンドストーン　203
ハンドレベル　14
パンペリー石　217, 236, 266
はんれい岩　口絵, 195, 196

微化石　66
　　——の採集方法　69
微化石用スライド　96, 115
ビカリア　23
微球形　92
ピクロクロマイト　241
ピコタイト　241
微尺　135
微斜長石　246
ピジョン輝石　216, 229, 231, 232, 256
ひすい輝石　216, 229, 232, 256
ピスタサイト　235
非全縁葉　55, 56
ピソイド　205
ビーダイナ　88
ピッキング作業　95, 114
ピッキング用トレイ　115
微動ハンドル　132, 133
ヒヤシンス　238
ヒューマイト　238
ヒューマイト族　217, 238
ヒューランダイト　216, 224,
　　248
ヒューランダイト族　216, 248
氷酢酸　93
表生型　10
ひる石　252
ピント合わせ　139

ファヤライト　237, 268
フィブロライト　271
フィリップサイト　224
フィロけい酸塩鉱物　216, 224, 250
フェルベキーナ　90
フェロアクチノせん石　233
フェロアクチノライト　233, 260
フェロアンチゴライト　216, 227
フェロエデナイト　234, 260
フェロオージャイト　230
フェロサーライト　230, 254
フェロシライト　228, 230
フェロチェルマカイト　234, 260
フェロハイパーシン　228
フェロピジョン輝石　231
フェロフェスチングサイト　234, 260
フェロホルトノライト　237
フェロらんせん石　234
フェンジャイト　224
フォトルミネッセンス　169
　　——の色　170
フォラミナ　80
フォルステライト　237, 268
副隔壁　79, 80
複屈折　124
副尺　132
副旋回副隔壁　79, 80
フズリナ　66, 88
フズリネラ　78, 88
フズリネラ型　78
部層　17
普通角せん石　233, 260
普通輝石　256
フッ化水素酸　94, 187
　　——のエッチング　188, 189
フッ化水素酸法　114
ブッシュフェルト型の斜方輝石　229
沸石族　216, 224, 248
ぶどう石　216, 227, 252
部分化石　66
ブラジル双晶　220
ブラッグ父子　3
プラットフォーム　94
プラットフォーム状コノドント　98
プラティコピーナ亜目　107, 108
プランクトン栄養型　45
フランクリン石　170
ブルーサイト　217
ブルースター　3
ブルッカイト　217, 240, 277
プレオネイスト　241
プレーナイト　227, 252
プレパラート　127, 172
フローアパタイト　243, 284
フロゴパイト　225
プロフズリネラ　78, 86
プロフズリネラ型　78
ブロンザイト　228

ベイリキコピーナ亜目　107, 108
へき開　121
へき開線　142
へき開片　121
碧玉　206
ベスブ石　217, 235, 239, 270
臍　33, 35
　　——の中心　33
β-ゾイサイト　264
ベッケ線　153, 154, 168
ヘッケルの法則　85
ヘデン輝石　229, 230, 254
ベネルカルディア・パンダ

和文索引

46, 47
ペリクリン双晶 222
ベリジャー幼生 45
ヘルシナイト 217, 241, 276
ベルトランレンズ 132, 135, 138
ペレット 205
ペロイド 205
ベロブスカイト 217
偏光 123, 126, 127
　——の強さ 129
偏光顕微鏡 127, 144
　（鏡筒上下型） 132
　（ステージ上下型） 133
　——の原理 128
　——の構造 131, 132, 133
　——の調整 139
　——の使い方 138
偏光顕微鏡写真 165
　——の撮影方法 167
偏光顕微鏡写真撮影装置 165
偏光装置 128, 136
偏光板 4, 123, 131, 136
変成岩 口絵, 191, 208
変成作用 208
片麻岩 209
片麻状組織 209
片理 209

ホイヘンス 3
方鉛鉱 170
方解石 120, 121, 190, 217, 242, 280
　——の染色 190
　——のへき開片 121
方解石族 217, 242, 280
縫合線 32, 35
　——の褶曲 33
　——の長さ 40
　——のパターン 36
放散虫 66, 99
　——の抽出法 100
　——の分類 101
紡錘虫 23, 66, 73, 82, 84

——の外形 73
——の殻の構造 77
——の進化 81
——の属の同定 82
——の特徴と地質年代 86
——の薄片作成法 73, 77
——の分類 82
紡錘虫石灰岩 203
宝石の研磨 185
方曹達石 170
方沸石 248
ほたる石 217, 243, 284
ポドコピーダ目 107, 108
ポドコピーナ亜目 107, 108
ポドザマイテス・ランセオラータス 43
ポラビジョン・ビデオシステム 167
ポーラロイド 4
ポリデイクソデーナ 92
ホルクとダンハムの分類法 203
ホルダー 135
ホルダー型式対物レンズ 134
ボルテングクロス 100
ホルトノライト 237
ホルンフェルス 209, 211
ホルンブレンド 216, 233, 234, 260
　——の端成分 234

【ま行】

マイクロクリン 216, 221, 246
マウントメディア 104
マグネサイト 217, 242, 280
マグネシアンピジョン輝石 231
Mg・Fe 角せん石系列 216
マグネシオクロマイト 241, 276
マグネシオリーベッカイト 234
マグマ 192
マス目板 95

マテバシイ 56, 59
マトリクス 200, 210
マラコン 238
マリュス 3
ミオドコピーダ目 107, 108
ミオドコピーナ亜目 108
ミクライト 204
ミシェルレビィの干渉色図表 160, 161
ミッセリナ 90
ミネラライト 169
ミレレラ 86

無色鉱物 187

雌型 28
メソライト 224
メタコピーナ亜目 107, 108
瑪瑙 206
面出し 174

模式断面 23
模式地 23
モルデナイト 224
もろぶた 口絵, 29
モンチパーラス 85

【や行】

ヤベイナ 90
ヤベイナ・グロボウサ 80
山 34
有孔虫 102
　——の抽出法 103
優黒色岩 193
有色鉱物 155
優白色岩 192
ゆうれん石 235, 264
ユーライト 228

葉縁 55, 57, 59
幼生 45
葉理 200
ヨハンセナイト 230
4分の1波長検板 136, 137

311

【ら行】

ライム・マッドストーン 203
ラウエ 3
螺環 33
ラジオラリア 66, 99
ラブラドライト 222
卵栄養型 45
らん晶石 217, 239, 272
らんせん石 216, 234, 262
らんせん石片岩 209
ランド 4
ランプハウス 133

リザルダイト 227
リシア輝石 229
リーベッカイト 216, 234
リモプシス・タジマエ 46
硫化鉱物 217, 241, 278
硫酸ナトリウム法 112, 113
硫酸ナトリウム–ナフサ法 112
流紋岩 口絵, 195, 196
流理構造 195
リューコキシン 275
リューサイト 249

梁 117
両雲母片麻岩 口絵, 210
菱鉄鉱 280
菱マンガン鉱 217, 242, 280
緑色片岩 209
緑泥石 216, 227, 252
緑泥片岩 口絵, 210
緑れん石 217, 235, 262
緑れん石族 217, 235, 262
りん灰ウラン石 170
りん灰石 217, 235, 243, 284
りんけい石 215, 244
りん酸塩鉱物 217, 243, 284

累帯構造 195, 196
ルチル 217, 240, 276
ルチル族 217, 240
ルートマップ 12, 14

礫岩 199

レーキサイトセメント 76, 150, 172, 173
レーゾライト 229
レターデーション 137, 159, 160
レピドクロッサイト 217, 241
レピドメレン 225

レペルディティコピーダ目 107, 108
レボルバ 133, 135
レボルバ型式対物レンズ 134
漣痕 16
連室細管 32
連続固溶体 220, 236
レントゲン 3

肋 35
ロジソン酸カリウム 187
ロジソン酸カリウム溶液処理 189
ローゼンブッシュ 4
六方晶系 125
露頭 14, 67
ロードナイト 229
ロバート・フック 3
ローム 184
ローモンタイト 216, 224, 248

【わ行】

ワイラカイト 224
ワッケ 201, 202
ワッケストーン 203
割れ目充塡 188

欧文索引

【A】

actinolite 233, 260
adularia 221
alkali feldspar 221
allanite 236, 264
almandine 239
amphibole group 233
analcite 248
anatase 277
andalusite 272
andradite 239
anorthoclase 246
anthophyllite 233
apatite 243, 284
aragonite 243, 282
augite 230, 256
axial color 156
axial filling 81
axial section 73
axial septula 79

【B】

Becke's line 153
bertland lens 138
biotite 225, 250
boundstone 203
brookite 277

【C】

c 軸 120, 123, 126
calcite 242, 280
calcite group 242
centering 140
ceylonite 241
chalcedony 244
chert 67, 205
chlorite 227, 252
chomata 80
chondrodite 238
chromian diopside 230
chromite 241
chromspinel 241
chrysotile 227
clinoenstatite 230
clinohumite 238
clinopyroxene 229
clinozoisite 235
cocolithiophorids 66
colored minerals 155
condenser 131
conodont 66
conoscope 149
cordierite 236, 266
corundum 239, 274
cristobalite 244
crossed polar 150
cross-hairs 135
cummingtonite 233, 258

【D】

diagonal position 156
diallage 256
dimorphism 92
diopside 229, 254
dolomite 242, 282
dravite 236

【E】

elbaite 236
enstatite 228, 254
epidote 235, 262
epidote group 235
extinction 156
extinction angle 157
extinction position 156
eyepiece 135

【F】

fayalite 237, 268
feldspar group 220
ferroactinolite 233, 260
ferrosilite 229, 254
fibrolite 271
filter 131
fluorite 243, 284
foramina 80
formation 16, 17
forsterite 237, 268

【G】

garnet group 239, 270
geopetal 205
glaucophane 234, 262
goethite 241
grainstone 203
grandite 239
grossular 239
group 17
grunerite 233, 258
gypsum plate 136

【H】

hedenbergite 229, 254
hematite 240, 274
hercynite 241
herring-bone texure 232
heulandite 248
holder 135
hornblende 233, 234, 260
humite 238
humite group 238

【I】

ilmenite 240, 274
interference color 130, 160
iris diaphragm 131

【J】

jadeite 232, 256

jasper 245

【K】

kyanite 272

【L】

laumontite 248
lepidocrocite 241
lepidomelane 225
leucoxexe 275
lime mudstone 203
limestone 67, 202
limonite 241, 278
linearly polarized light 127
lizardite 227
lobe 34
lower polar 136

【M】

magnesite 242, 280
magnetite 241, 278
megalospheric form 92
member 17
mica group 224
mica plate 136
microcline 246
micrometer 135
microspheric form 92
mirror 130
mudstone 68, 207
muscovite 224, 250

【N】

nanno-fossil 66
natrolite 248
norbergite 238
numerical aperture 134

【O】

objective lens 133
oblique extinction 157
ocular lens 135
olivine 237, 268
olivine group 237

omphacite 229
oolitic limestone 205
opal 244
open polar 150
orthoclase 246
orthoferrosilite 228
orthopyroxene 228, 254
orthoscope 149

【P】

packstone 203
paragonite 250
phengite 224
picrochromite 241
piemontite 235, 264
pigeonite 231, 256
pistasite 235
plagioclase 221, 246
pleochroism 156
pleonaste 241
POK Ⅱ型 144
polarized light 126
polarizer 136
polarizing plate 131, 136
prehnite 227, 252
primary transverse septula 79
pumpellyite 236, 266
pyralspite 239
pyrope 239
pyroxene group 228
pyrrhotite 241
pyrite 241, 278

【Q】

quartz 244
quater wave plate 137

【R】

retardation 159
revolver 135
rhodochrosite 242, 280
rhodonite 229
rhombic pyroxene 228, 254
rock forming minerals 214

rutile 240, 276
rutile group 240

【S】

saddle 34
sagittal section 73
sandstone 200
sanidine 246
schorl 236
secondary transverse septula 79
sensitive color 137
sensitive color plate 136
sericite 225
serpentine 227, 252
shale 68
siderite 242, 280
silica minerals 215
sillimanite 270
siltstone 68
SiO 四面体 218
SiO 層状構造 219
SiO 単鎖構造 218
SiO 複鎖構造 218
SiO 立体構造 219
spessartine 239
sphene 268
spinel 241
spinel group 241, 276
spodumen 229
stage 132
staurolite 272
stilpnomelane 226, 250
straight extinction 157

【T】

talc 226, 252
test plate 136
thulite 235
titanomaghemite 241
tourmaline 236, 266
transverse septula 79
tremolite 233, 260
tridymite 244

tube　135
tunnel　80

【U】

ulvöspinel　241
unit cell　3
universal stage　132
upper polar　137
uvarovite　239

【V】

vermiculite　227, 252
vesuvianite　270

【W】

wackstone　203
wollastonite　229, 232, 258

【X】

X線粉末回折法　236, 242

【Z】

zeolite group　224
zircon　238, 268
zoisite　235, 264

【学名】

Albaillellidae　101
Albertosaurus　43, 44
Ammonitoceras　39
Australiceras　39

Baculites sp.　39
Beedina　88

Carbonoschwagerina　85, 92
Cheloniceras cornuelianum　38
Chitinozoa　66
Choristoceras marshi　39
Crioceratites nolani　39

Dumortieria levesquei　38

Ectolcites pseudoaries　38
Entactiniidae　101
Eumorphoceras bisulcatum　37

Falciferella millbournei　37
Fusulina　88
Fusulinella　78, 88

Glycymeris rotunda　46

Halicucites rusticus　37

Limopsis tajimae　46

Meekoceras gracilitatis　37
Millerella　86
Misellina　90
Montiparus　85

Nassellaria　101
Neofusulinella　86
Neoglyphioceras subcirculare　38
Neogondolella sp.　96
Neoschwagerina　90
Nipponitella　81
Nummulites　85

Otoceras woodwardi　37
Oxytropidoceras roissyanum　38
Ozawainella　86

Parafusulina　90, 92
Phyllopachyceras infundibulum　37
Podozamites lanceolatus　43, 44
Polydiexodina　92
Polyptychoceras obstrictum　39
Profusulinella　78, 86
Pseudodoliolina　90
Pseudofusulina　88
Pseudoschwagerina　82, 88

Radiolaria　99

Schubertella　86
Schwagerina　88
Sphaeroschwagerina　83, 92
Sphaeroschwagerina fusiformis　82
Spiroceras sp.　39
Spumellaria　101
Staffella　86
Stephanites superbus　38
Strigogoniatites angulatus　38
Sweetognathus sp.　96

Toriyamaia　86
Triticites　88
Turrillites costatus　39

Venericardia panda　46
Verbeekina　90

Yabeina　79, 90

監修者・著者紹介（執筆順）

井上　勤（いのうえ・つとむ）【監修】
1926年　生
1949年　東京文理科大学理学部卒
1949年　東京第二師範学校講師
その後　東京学芸大学講師，助教授を経て
1973年　東京学芸大学教授
1985年　東京学芸大学附属竹早中学校長併任
1989年　東京学芸大学名誉教授，日本医歯薬専門学校長
1991年　文京女子大学経営学部教授
1995年　文京女子大学経営学部一般教育部長
1997年　文京女子大学人間学部学部長・教授
2004年　文京学院大学（旧：文京女子大学）退職
2004年　埼玉県大井町環境審議会副議長・廃棄物対策会議副議長
理学博士（東京文理科大学）

榊原雄太郎（さかきばら・ゆうたろう）
【監修・第1, 4～6章】
1933年　生
1955年　愛知学芸大学卒
1959年　東京教育大学大学院修士修了
1963年　東京教育大学大学院博士単位取得退学
1963年　東京都立城南高校教諭
1970年　東京学芸大学助手
1970年～1972年　日本放送協会，通信教育講座高校地学講師
1973年　東京学芸大学助教授
1982年　東京学芸大学教授
1991年～1996年　東京学芸大学教育学部附属高等学校長併任
1996年　東京学芸大学定年退官
1996年　東京学芸大学名誉教授
1998年　聖徳学園岐阜教育大学教授
1999年　岐阜聖徳学園大学（校名変更）教授
2005年　岐阜聖徳学園大学名誉教授
理学博士（東京教育大学）

松川正樹（まつかわ・まさき）【第2章】
1950年　生
1974年　東京学芸大学教育学部卒
1976年　東京学芸大学大学院修了
1976年　東京都立府中西高等学校教諭
1979年　愛媛大学理学部助手
1987年　愛媛大学理学部助教授
1990年　西東京科学大学（現：帝京科学大学）理工学部助教授
1993年　コロラド大学デンバー校客員準教授
1995年　東京学芸大学教育学部助教授
2003年　コロラド大学デンバー校客員教授（2004年まで）
2004年　東京学芸大学教育学部教授
理学博士（九州大学）

大久保　敦（おおくぼ・あつし）【第2章】
1954年　生
1978年　東京学芸大学教育学部卒
1982年　東京学芸大学大学院修士課程修了
1985年　東京学芸大学教育学部附属高等学校大泉校舎教諭
2000年　東京学芸大学連合大学院博士課程修了
2001年　山口大学アドミッションセンター助教授
2005年　大阪市立大学大学教育研究センター助教授
博士（教育学）（東京学芸大学）

猪郷久治（いごう・ひさはる）【第3, 5章】
1945年　生
1969年　東京学芸大学教育学部卒
1971年　東京学芸大学大学院修了
1972年　東京学芸大学助手
1988年　東京学芸大学助教授
2001年　東京学芸大学教授
理学博士（東京教育大学）

林　慶一（はやし・けいいち）【第3章】
1955年　生
1979年　静岡大学理学部卒
1982年　東京大学大学院修了
1982年　東京都立福生高等学校教諭
1989年　東京学芸大学附属高等学校教諭
2001年　甲南大学理工学部助教授
博士（理学）（九州大学）

田中義洋（たなか・よしひろ）【第5章】
1963年　生
1985年　早稲田大学教育学部卒
1987年　東京学芸大学大学院修了
1987年　横浜市立東高等学校教諭
1992年　東京学芸大学附属高等学校教諭
教育学修士

写真・イラスト

●口絵写真
東京書籍株式会社：きんせい石ホルンフェルス，隕石
猪郷久治：アメリカ合衆国ザイオン国立公園の新赤色砂岩
大久保敦：ケヤキの葉の化石
松川正樹（撮影：小荒井千人）：化石のクリーニング，もろぶたに入った化石標本，*Albertosaurus* の歯の化石
池谷仙之・林慶一：いろいろな貝形虫
榊原雄太郎：その他の写真

●本文イラスト
トミタ・イチロー

MEMO

新版 顕微鏡観察シリーズ④
岩石・化石の顕微鏡観察

Ⓒ 2001年3月25日　初版第1刷
　2005年6月25日　初版第2刷

監　修　井　上　　　勤
発行者　上　條　　　宰
印刷所　平　河　工　業　社
製本所　カナメブックス

発 行 所　株式会社　地 人 書 館
〒162-0835　東京都新宿区中町15
　　　電　話　03-3235-4422
　　　FAX　03-3235-8984
　　　郵便振替　00160-6-1532
　URL　http://www.chijinshokan.co.jp/
　　　E-mail　chijinshokan@nifty.com

ISBN4-8052-0601-2 C3044　　　Printed in Japan

JCLS　〈㈱日本著作出版権管理システム委託出版物〉

本書の無断複写は著作権法上での例外を除き禁じられています。
複写される場合は、そのつど事前に㈱日本著作出版権管理システム（電話 03-3817-5670, FAX 03-3815-8199）の許諾を得てください。

新版 顕微鏡観察シリーズ

井上　勤 監修・全4巻・A5判・本体各3000円

顕微鏡を使っている人たちが，疑問に思ったり，知りたがったりしている観察上のコツを，ベテランの教育者たちがわかりやすく解説．顕微鏡を用いて自然を観察するだけでなく，進んで自然の機構を探究する心を養えるようにしたシリーズ．

①顕微鏡観察の基本

[主な目次]　顕微鏡の基礎光学／顕微鏡の構造と性能／顕微鏡の種類／レンズと照明法／顕微鏡の取り扱い方・観察の仕方／プレパラートの作り方／うまく見えないときどうしたらよいか／スケッチの描き方／顕微鏡写真の写し方／位相差顕微鏡の取り扱い方／顕微鏡の買い方／顕微鏡画像のデジタル化／顕微鏡および関連器具購入に関する問い合わせ先／顕微鏡観察に役立つホームページ

②植物の顕微鏡観察

[主な目次]　顕微鏡でどんな研究ができるか／プレパラートの作り方／植物プランクトンの採集・培養・観察法／胞子の観察／花粉の観察／葉の外部形態の観察／花・葉・茎・根の内部組織の観察／染色体の観察と研究／酵母・カビ・肉食菌類など身近な微生物の培養と観察／クローン植物の作成法／植物細胞・組織培養法／細胞融合法／細胞観察の新しい手法／顕微鏡観察に役立つホームページ

③動物の顕微鏡観察

[主な目次]　顕微鏡でどんな研究ができるか／プレパラートの作り方／原生動物の採集・培養・観察法／プランクトンの採集・飼育・観察法／土壌微生物の観察／昆虫の外部形態の観察／ダニや寄生虫の観察／メダカとウニの発生の観察／血液と血球の観察／ショウジョウバエを用いた染色体の観察／動物の内部組織の観察法／永久プレパラートの作り方／走査電子顕微鏡による表面構造の観察／顕微鏡観察に役立つホームページ

④岩石・化石の顕微鏡観察

[主な目次]　化石と地層／アンモナイト・二枚貝・恐竜の足跡・葉化石の観察／微化石の採集・抽出法／実体顕微鏡による化石・微化石の観察／紡錘虫・コノドント・放散虫・有孔虫・けい藻・貝形虫の観察／鉱物の光学的性質／偏光顕微鏡のしくみと使い方／岩石薄片作成法／オルソスコープによる観察／偏光顕微鏡写真撮影法とスケッチの仕方／造岩鉱物識別法／簡易型偏光顕微鏡／化石の産地一覧／顕微鏡観察に役立つホームページ